Technisches
Lesebuch für Ausländer

München und Berlin 1943

Verlag von R. Oldenbourg

Bestell-Nr. 4184

Herausgegeben vom Technisch-Wirtschaftlichen Beratungsdienst und Ausschuß für Übersetzung deutscher Normen und Lieferbedingungen (TWB-AFÜ) beim Reichskuratorium für Wirtschaftlichkeit, Berlin, in Verbindung mit dem Goethe-Institut der Deutschen Akademie, München

mit 74 Abbildungen

Druck von R. Oldenbourg, München

Wandere, lerne
In der Ferne
Viel und gerne,
Übe die Zunge und den Sinn
In fremden Sprachen,
Es bringt Gewinn.

Friedrich Theodor Vischer

Vorwort

Schon immer haben deutsche Kultur, deutsche Technik und deutsche Arbeit in der Welt ihre Anerkennung gefunden. Es ist deshalb nur natürlich, daß im Ausland auch der Wunsch besteht, die Kenntnisse über das Tun und Denken der Deutschen zu vertiefen, sich mit deutschem Schrifttum zu befassen oder in Deutschland zu studieren. Zu oft stehen jedoch mangelnde Sprachkenntnisse und die Schwierigkeiten, die die deutsche Sprache dem Ausländer an sich bereitet, der Erfüllung dieses Wunsches entgegen. Man ist daher in den letzten Jahren dazu übergegangen, den Deutschunterricht im Ausland mehr und mehr zu fördern. Besonders hat sich die Deutsche Akademie München mit den von ihr errichteten Auslandslektoraten für die Verbreitung der deutschen Sprache tatkräftig eingesetzt. Der Besuch dieser Einrichtungen hat auch bewiesen, wie stark das Interesse dafür ist. Für technische Kreise bedeutet es indessen eine Unzulänglichkeit, daß die Lehrbücher der deutschen Sprache gewöhnlich nur das Umgangsdeutsch vermitteln, ohne auf das Gebiet der Technik, die heute zweifellos für die Menschen eine ungeheure Bedeutung besitzt, gebührend Rücksicht zu nehmen. Hier soll das „Technische Lesebuch für Ausländer" eine Lücke füllen und allen denen, die bereits hinreichende Vorkenntnisse in der deutschen Sprache besitzen, die technischen Ausdrucksformen näherbringen.

Die Herausgabe des Buches erfolgt im Augenblick des gewaltigsten Ringens der Weltgeschichte. Die großen militärischen Erfolge Deutschlands und seiner Verbündeten gewährleisten schon jetzt den Neuaufbau Europas, und die Welt wird diese Entwicklung eines Tages als eine abgeschlossene Tatsache anerkennen müssen. Die Gesundung der europäischen Verhältnisse wird aber nicht ohne eine Neugestaltung der überkommenen Wirtschaftsformen erfolgen. Deutschland wird dabei, wie es seine führenden Männer wiederholt ausgesprochen haben, keine Weltherrschaft anstreben, sondern mit allen anderen Staaten in einem gerechten und gesunden Austausch zusammenarbeiten. Daß der Technik hierbei ein besonderer Anteil zukommen wird, ist bei ihrem Einfluß auf Wirtschaft und Zivilisation selbstverständlich. Deutsche Wertarbeit wird noch größere Beachtung finden und zu ihren alten Freunden viele neue gewinnen. Diejenigen Kreise im Ausland, die über die nötigen deutschen Sprachkenntnisse auch im Reich der Technik verfügen, werden dann bestimmt im Vorteil sein. Ihnen hierbei den Weg zu erleichtern, ist eine der wesentlichsten Aufgaben dieses Buches.

Bei der Auswahl der Aufsätze und der Bearbeitung des Stoffes wurde davon ausgegangen, das große Gebiet der Technik möglichst interessant zu behandeln und es dem Ausländer in leicht verständlicher Form darzubieten. Um dem Leser, der mit der deutschen Sprache noch nicht voll vertraut ist, die Einfühlung zu erleichtern, sind am Anfang die gebräuchlichsten technischen Einrichtungen des Haushalts und die Verkehrsmittel beschrieben, die jedermann bekannt sind. Erst in den folgenden Abschnitten finden sich schwerere Lesestücke für Fortgeschrittene. Der wichtigste Grundsatz bei der Bearbeitung des Buches war, möglichst viele Fachausdrücke zu bringen und auch die schwierigeren technischen Dinge dem Verständnis der ausländischen Leser in eindrucksvoller Form zu erschließen. Der Umfang des Buches beschränkte naturgemäß die Auswahl des Inhalts; es muß daher weiteren in Aussicht genommenen Spezialbänden vorbehalten bleiben, die notwendigen Ergänzungen zu bringen. Da das vorliegende „Technische Lesebuch für Ausländer" kein Lehrbuch der Technik sein will, so setzt es, besonders in den späteren Lesestücken, technische Kenntnisse voraus. Es wendet sich somit in erster Linie an Techniker, Laboranten, technische Kaufleute, Studierende der Technik, kann aber auch von Schülern höherer Schulen und von allen anderen, die der Technik Interesse entgegenbringen, zur Übung der deutschen Sprache benutzt werden.

Um den Ausländern die recht unterschiedlichen Stile der deutschen Sprache zu zeigen, sind verschiedene Verfasser zu Worte gekommen. Alle Aufsätze wurden jedoch sowohl technisch als auch sprachlich noch überarbeitet. Somit dürfte das Buch als Gemeinschaftsarbeit technischer und sprachlicher Kreise geeignet sein, auch das Studium des übrigen deutschen technischen Schrifttums dem Ausländer wesentlich zu erleichtern. Für die weitere Ausbildung auf Sondergebieten werden außer den im Anhang aufgeführten maßgebenden Fachzeitschriften die technischen Sprachhefte des VDI-Verlages (Verlag des Vereins Deutscher Ingenieure) „Bildwort Deutsch" empfohlen, von denen bisher folgende erschienen sind:

Heft Nr. 1: „Ingenieurbau",
Heft Nr. 2: „Heben und Fördern",
Heft Nr. 3: „Starkstromtechnik",
Heft Nr. 4: „Chemische Technik",
Heft Nr. 5: „Energieerzeugung",
Heft Nr. 6: „Maschinenteile",
Heft Nr. 7: „Metallische Werkstoffe".

Allen an der Mitarbeit des Buches beteiligten Stellen der deutschen Wirtschaft und der deutschen Industrie danken die Herausgeber für die Unterstützung, die sie durch Überlassung von Textmaterial, Abbildungen usw. gewährt haben. Besonderer Dank gebührt Herrn Oberingenieur W. Rusch, Berlin, auf dessen Anregung hin das vorliegende Buch entstanden ist und der sich für dessen Herausgabe mit besonderer Energie eingesetzt hat.

Die Herausgeber.

I. Technik im Haushalt.

1. Die elektrische Klingel.

Zur Anlage einer elektrischen Klingel brauchen wir zunächst die Klingel selbst, außerdem einen Klingelknopf, Drähte für die Verbindung dieser Teile und vor allem elektrischen Strom. Diesen elektrischen Strom müssen wir durch eine Stromquelle beschaffen. Dazu benutzen wir ein galvanisches Element, eine Akkumulatorenbatterie oder im Notfall die Batterie einer Taschenlampe. Die Stromquelle muß mit der Klingel und dem Klingelknopf durch Drähte verbunden werden. Die Verbindung muß so hergestellt werden, daß

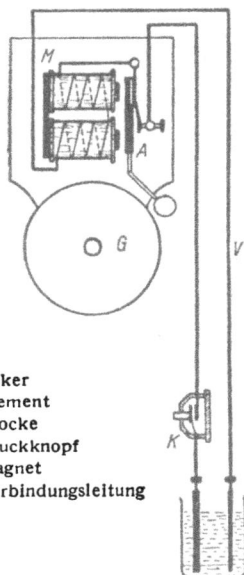

A = Anker
E = Element
G = Glocke
K = Druckknopf
M = Magnet
V = Verbindungsleitung

Abb. 1:
Elektrische Klingelanlage

Abb. 2:
Elektrische Klingel (geöffnet)

ein geschlossener Stromkreis entsteht. Man kann nämlich den elektrischen Strom nicht wie etwa Wasser durch eine einzige Leitung führen; er fließt nur, wenn auch eine Rückleitung zur Stromquelle vorhanden ist.

Haben wir auf diese Weise die Verbindung zwischen Batterie, Klingel und Klingelknopf durch die Drähte hergestellt, dann genügt ein Druck auf den

Knopf, damit die Klingel ertönt. Der Klingelknopf enthält nämlich zwei übereinander liegende Metallplättchen. Diese berühren sich zunächst nicht. Erst durch den Druck auf den Knopf wird eine Berührung der beiden metallischen Teile hergestellt und der künstlich unterbrochene Stromkreis geschlossen. Die Klingel selbst besitzt eine Glocke. Gegen letztere schlägt ein beweglicher Klöppel. Der Klöppel ist mit dem Anker eines Elektromagneten verbunden. Beim Druck auf den Klingelknopf berühren sich zwei Kontaktfedern des Knopfes, und der Stromkreis zwischen Batterie und Klingel wird geschlossen. Dadurch fließt der Strom durch die Elektromagnete. Diese werden erregt und ziehen den Anker an. Hierbei tritt eine Unterbrechung des Stromkreises ein. Die Elektromagnete verlieren dadurch ihre magnetische Kraft, und der Anker wird durch Federkraft zurückgezogen. Jetzt kommt die Unterbrecherfeder mit dem Kontakt wieder in Berührung, der Stromkreis wird von neuem geschlossen, und das Spiel wiederholt sich. Beim Abzug schlägt der Klöppel jedesmal gegen die Glocke. Damit wird die elektrische Energie in Schallenergie umgesetzt.

Ob wir nun die Klingel in die Nähe der Batterie und des Klingelknopfes legen oder entfernt davon, ist gleichgültig. Ist allerdings die Entfernung zwischen den Klingelteilen sehr groß, so daß eine lange Verbindungsleitung erforderlich wird, dann reicht eine Taschenlampenbatterie oder ein Element nicht mehr aus. Es werden je nach der Länge der Leitung mehrere Elemente notwendig.

Wir können auch unser Lichtnetz als Stromquelle benutzen, wenn wir einen passenden Transformator besitzen. Mit diesem setzen wir die Lichtspannung auf den Wert herunter, für den die Klingel gebaut ist.

2. Die elektrische Glühlampe.

Die elektrische Glühlampe finden wir heute fast in jedem Haushalt, in jedem Büro, in der Werkstatt und auf der Straße. Schnell wollen wir einmal mit einem einfachen Griff die elektrische Beleuchtung einschalten. Wir sehen nun, daß die Lampe brennt, und fragen erstaunt: „Wie kommt das?"

Aus der Schulzeit wissen wir noch etwas von den Wirkungen des elektrischen Stromes. Eine dieser Wirkungen ist bekanntlich die Erwärmung eines vom elektrischen Strom durchflossenen Leiters. Wenn die entwickelte Wärmemenge groß genug ist, so beginnt der Leiter zu glühen.

In der elektrischen Glühlampe ist auch ein solcher Leiter vorhanden. Er wird vom Strom bis zur Weißglut erhitzt, sendet also Licht aus: er leuchtet. Da der Leiter sehr heiß ist, würde sich der Werkstoff mit dem Sauerstoff der Luft verbinden und verbrennen. Um dies zu vermeiden, hat man den Leuchtkörper der Glühlampe in einen luftleeren Glaskolben eingeschmolzen.

Im Jahre 1854 verwirklichte ein bis dahin unbekannter Uhrmacher und Optiker, der Deutsche Heinrich G o e b e l, als erster diesen Gedanken. Goebel war 1848 nach Amerika ausgewandert. Mit einem kleinen Handwagen fuhr er nachts durch die Straßen New Yorks, um seinen Lebensunterhalt zu verdienen. Auf seinem Wägelchen hatte er ein selbstgebautes Fernrohr befestigt. Durch dieses ließ er die Leute gegen geringes Entgelt die Sterne betrachten. Er beleuchtete den kleinen Wagen mit einer Glühlampe. Den Leuchtfaden dieser Lampe hatte er aus verkohlten Bambusfasern hergestellt und ihn in eine alte Parfümflasche eingebaut, aus der er soweit wie möglich die Luft und damit den Sauerstoff entfernt hatte. Aber erst mehrere Jahrzehnte später führte sich die Glühlampe als Lichtquelle ein, nachdem man die Voraussetzungen für den Betrieb der Lampe durch Erfindung der elektrischen Dynamomaschine geschaffen hatte. Sie besaß bereits einen Glühfaden. Diese alten Kohlenfadenlampen lieferten aber nur ein verhältnismäßig schwaches Licht, obwohl der Stromverbrauch hoch war. Man ging daher in der Folgezeit von der Kohle zu schwer schmelzbaren Metallen, dem Tantal, dem Osmium und schließlich dem Wolfram, über. Auf diese Weise konnte die Glühtemperatur des Leuchtkörpers erhöht und damit der Wirkungsgrad der Lampe gesteigert werden.

Die Glühfäden der heutigen Glühlampen bestehen aus gezogenem Wolframdraht. Er wird in Schraubenlinienform gewickelt. Die Wicklung heißt Wendel. Neuerdings hat man auch Doppelwendel geschaffen. Diese Leuchtkörper glühen bei den meisten der handelsüblichen Lampen nicht mehr in einem luftleeren Behälter, sondern in einem mit Gas gefüllten Glaskolben. Zur

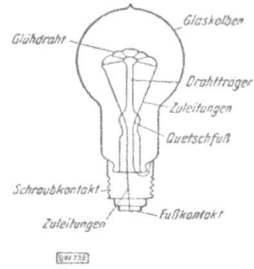

Abb. 3.
Elektrische Glühbirne

| Kohlenfaden-Lampen | | | Wolframdraht-Lampen | |
Goebel-Lampe	Edison-Lampe		Einfachwendel-Lampe	Doppelwendel-Lampe
1854	1881	Herstellungsjahr	1915	1935
75 W	75 W	Leistungsaufnahme	75 W	75 W
∼100 Std.	∼600 Std.	Lebensdauer	∼800 Std.	∼1000 Std.

Abb. 4. Vergleich zwischen Kohlenfaden- und Wolframdraht-Lampen

Füllung wird Argon oder Stickstoff, in letzter Zeit auch Krypton, verwendet. Es sind dies Gase, die in der Luft in sehr geringen Mengen vorkommen und

9

die Eigenschaft haben, sich nicht mit dem Wolfram zu verbinden. Die Gasfüllung verzögert die Verbrennung des Leuchtkörpers durch die starke Erhitzung und ermöglicht eine weitere Temperatursteigerung. So wird die Leuchtkraft der Lampe und ihr Wirkungsgrad weiter erhöht. Der Leuchtkörper ist mit dem Traggestell in dem Glaskolben eingebaut und mit den Anschlußstellen verbunden. Diese sind im Sockel der Lampe befestigt. Man schraubt die Lampe in die Fassung ein und erhält so die Verbindung mit der Leitung.

Die heute üblichen Glühlampen werden für eine Leistungsaufnahme von 15, 25, 40, 60, 75 und 100 bis 50 000 Watt hergestellt. Sie ist ebenso wie die Spannung, für die die Lampe gebaut ist, auf dem Sockel einer jeden Glühlampe angegeben.

Die elektrische Glühlampe gestattet es, alle Beleuchtungsaufgaben zu lösen, die Beleuchtung jedem Arbeitsvorgang anzupassen und jede gewünschte Lichtwirkung in Wohn- und Aufenthaltsräumen herzustellen.

Heute wird die elektrische Glühlampe in der ganzen Welt in ihrer Bedeutung für Beleuchtungszwecke anerkannt. Sie ist ständig betriebsbereit, einfach zu bedienen, gefahrlos und anpassungsfähig. Weiter vermeidet sie die Bildung von Verbrennungsgasen und verschlechtert daher auch nicht die Luft wie viele andere Lichtquellen. Alle diese Vorzüge haben der Glühlampe zum Sieg verholfen. So ist das elektrische Licht für den modernen Menschen unentbehrlich geworden.

3. Das Rundfunkgerät.

Ich höre fast jeden Abend Rundfunk. Früher besaß ich nur ein kleines Detektorgerät mit Kopfhörern. Jetzt habe ich mir ein modernes Röhrengerät mit Lautsprecher gekauft. Ich kann es sehr leicht auf die Sender meines Landes einstellen und habe auch keine Schwierigkeiten im Empfang fremder Sendestationen.

Früher wußte ich nichts über die technische Seite des Rundfunks. Einer meiner Freunde sprach zwar sehr gelehrt über Schwingungen, lange und kurze Wellen, Skalen, Kondensatoren, Selbstinduktion und Kapazität, Spulen, Schalter, Transformatoren, Hochspannung und Niederspannung. Das alles war aber für mich noch recht unverständlich. Ich konnte gerade die Knöpfe meines Gerätes drehen und die Sender einstellen, die ich hören wollte. Neulich hat mir nun ein Freund einige gute Aufklärungen über den Rundfunk gegeben.

Wie das Licht, so sind auch die Rundfunkwellen ebenso wie Röntgenstrahlen ein elektromagnetischer Schwingungsvorgang. Die Fortpflanzungsgeschwindigkeit beträgt in allen diesen Fällen rund 300 000 km je Sekunde. Auch der Schall wird durch ähnliche Schwingungen der Luft mit einer Geschwindigkeit von rund 330 m je Sekunde übertragen. Man kann nun beispielsweise bei dem Ton „a" mit 435 Schwingungen in der Sekunde die Wellenlänge berechnen, indem man die Geschwindigkeit durch die Schwingungszahl oder „Frequenz" teilt. Mithin ergibt sich die Länge der Wellen des Tones „a" zu $\frac{330}{435}$ = rund 0,75 m. In ähnlicher Weise berechnet man die Länge der elektromagnetischen Wellen. Da sie sich mit einer Geschwindigkeit von rund 300 000 km fortpflanzen, so würde die Wellenlänge bei einer Schwingungszahl von 100 000 also $\frac{300\,000}{100\,000} = 3\,km = 3000\,m$ betragen.

Da unsere Rundfunksender gewöhnlich mit einer Wellenlänge unter 2000 m arbeiten, so folgt daraus, daß dazu eine wesentlich höhere Schwingungszahl erforderlich ist. Man spricht deshalb beim Rundfunk von Hochfrequenz. Bei dem Sender der Stadt München mit 405 m Wellenlänge beträgt z. B. die Schwingungszahl $\frac{300\,000}{0,405} =$ rund 766 000.

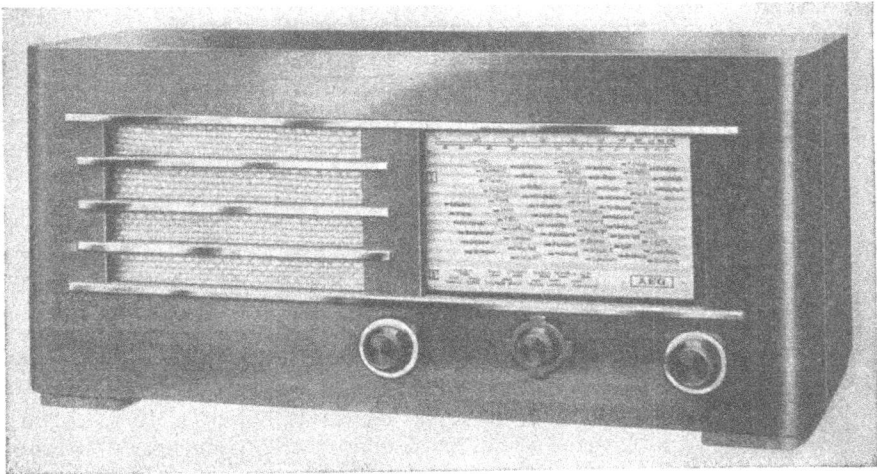

Abb. 5. Rundfunkgerät

Bei einem Kurzwellensender müßte die Schwingungszahl noch höher sein.

Das Kernstück meines Röhrengerätes ist die Elektronenröhre. Je nach ihrer Verwendung bezeichnet man sie auch als Audionröhre, Verstärkerröhre, Senderöhre oder Glühkathodenröhre. Äußerlich ähnelt sie einer gewöhnlichen Glühlampe, ist nahezu luftleer und enthält einen Draht, der durch den elektrischen Strom zum Glühen gebracht wird. Sie besitzt vier Anschlüsse für den Strom. Davon sind zwei zur Erhitzung des Glühfadens bestimmt, der dritte führt an das Gitter und der letzte an die Anode.

Das Gitter ist eine Art Metallsieb oder ein schraubenförmig gewickelter Draht. Es umfaßt den Glühfaden, ohne ihn zu berühren. Das Gitter mit dem Glühfaden wird wieder von einem aus Blech bestehenden ähnlichen Sieb umfaßt, das die Anode darstellt.

Sobald der Glühfaden durch den elektrischen Strom des Heizakkumulators zum Glühen gebracht ist, sendet er Elektronen aus. Das sind die feinsten und

11

letzten Bausteine aller Stoffe. Ihre Masse beträgt nur etwa $^1/_{2000}$ derjenigen des Wasserstoffatoms. Sie sind die Bestandteile der negativen Elektrizität. Der glühende Heizfaden ist als Kathode also die Quelle negativer Elektrizität.

Im Betrieb des Radiogerätes wird die Kathode mit dem negativen, die Anode mit dem positiven Pol einer Batterie verbunden. Da die Anode also jetzt positiv ist, zieht sie die Elektronen an, die von der Kathode ausgehen. Es entsteht in der Röhre ein Strom negativer Elektrizität zur Anode, der Elektronenstrom. Man nennt ihn auch den Anodenstrom.

Gibt man jetzt auch noch dem Gitter eine positive Spannung, so kann durch Veränderung dieser Gitterspannung der Anodenstrom beeinflußt, man sagt, „gesteuert" werden. Schon ganz geringe Spannungsschwankungen am Gitter machen sich durch starke Schwankungen des Anodenstromes bemerkbar.

Dieser Vorgang wird im Radiogerät benutzt. Von der Antenne werden nur sehr schwache elektromagnetische Schwingungen aufgefangen. Sie werden dann in geeigneter Weise dem Gitter zugeführt und verursachen stärkere Schwankungen des Anodenstromes. Durch Verwendung mehrerer Röhren können diese elektromagnetischen Schwingungen so verstärkt werden, daß sie der Lautsprecher in Schallwellen umsetzen kann.

An meinem Radiogerät befindet sich auch ein Skalenband. Dieses hat den Zweck, das Gerät auf die Wellenlängen der verschiedenen Sendestationen richtig einzustellen. Der im Gerät befindliche Kondensator besteht aus zwei voneinander isolierten, elektrisch leitfähigen Platten, die durch einen elektrischen Strom aufgeladen werden. Wenn man an jede der beiden Platten nach der Aufladung einen Draht anbringt und die Drahtenden einander nähert, so springt ein elektrischer Funke über. Man sagt: der Kondensator entlädt sich. Je größer die Menge der Elektrizität ist, die ein Kondensator aufnehmen kann, um so größer ist seine Aufnahmefähigkeit oder „Kapazität". Man benutzt für Rundfunkgeräte Blockkondensatoren mit unveränderlicher Kapazität und Drehkondensatoren, bei denen die Kapazität verändert werden kann. Dies geschieht durch einen besonderen Drehknopf am Radiogerät. Reicht die Bewegung des Kondensator-Drehknopfes nicht aus, so gibt es noch einen zweiten Drehknopf, mit dem man die Lage der Induktionsspulen zueinander verändert. Durch Änderung sowohl der Kapazität als auch der Induktion kann man das Empfangsgerät auf die gewünschte Wellenlänge abstimmen. Auch Transformatoren enthält der Radioapparat, die die hohe Spannung der Lichtleitung auf die niedrige Gebrauchsspannung der Lampenröhren herabsetzen.

Ich benutze mein Radiogerät hauptsächlich, um meine Kenntnisse der deutschen Sprache zu verbessern. Ich finde dies sehr nützlich als Ergänzung zu den Sprachkursen, an denen ich mich beteilige.

4. Der Fernsprecher.

Der Fernsprecher oder das „Telefon" ist ein Gerät, das mittels des elektrischen Stromes Gespräche zwischen örtlich getrennten Teilnehmern ermöglicht. Er wurde im Jahre 1861 von dem deutschen Lehrer Philipp R e i s zuerst erfunden.

Zu jeder modernen Fernsprechstelle gehören ein Sprechmikrofon, ein Hörmikrofon, eine Kontaktgabel und der Verbindungsmechanismus mit der Wählerscheibe.' Zur Verbindung der einzelnen Fernsprechstellen untereinander sind Telefonleitungen erforderlich, die von einer Stromquelle gespeist werden.

Das Sprechmikrofon ist heute mit dem Hörmikrofon durch einen Handgriff verbunden. Wird das Mikrofon geöffnet, so entdeckt man kleine Elektromagnete, um deren Pole Drahtspulen liegen. Den Polen und Spulen unmittelbar vorgelagert ist eine dünne Metallplatte, die man die Membran nennt. Spricht man nun in das Mikrofon, so setzen die Schallwellen die Membran in Schwingungen, wobei in den Spulen durch Induktionswirkung Stromschwankungen erzeugt werden. Diese Stromstöße werden dem Hörmikrofon des Empfängers zugeleitet und dort auf umgekehrtem Wege wieder in Schallwellen verwandelt. Die Induktionsströme, die hierbei im Hörmikrofon durch die Membranschwingungen entstehen, sind aber sehr schwach. Deshalb wird zur Übertragung auf große Strecken eine Verstärkung durch eine besondere Stromquelle vorgenommen. Diese Stromquelle kann als Akkumulatorenbatterie in die Fernsprechleitung eingebaut werden.

Von den vielen Formen des Mikrofons findet man am häufigsten das Körnermikrofon. Es besteht aus einer Kapsel, in der Kohlekörnchen eingeschlossen sind. Auf den Kohlekörnchen ruht die Membran. Sobald sie durch Schallwellen in Schwingungen versetzt wird, drückt sie bald stärker und bald schwächer auf die Körnchen. Dadurch wird aber dem Durchfluß des elektrischen Stromes ein entsprechend veränderter Widerstand entgegengesetzt. Infolgedessen schwankt die Stromstärke und erzeugt gleichsinnige Schwankungen der Membran im Empfängermikrofon, die wieder Schallwellen hervorrufen und damit das ursprüngliche Wort hörbar werden lassen.

Viel empfindlicher als das Körnermikrofon ist das Bändchenmikrofon. Bei ihm hängt zwischen den Polen eines kräftigen Hufeisenmagneten ein schmaler, etwa fingerlanger Streifen aus sehr dünnem, geripptem Aluminium. Durch die Schallwellen beginnt er zu schwanken und verändert fortwährend seine Lage gegenüber den Magnetpolen. In dem Bändchen entstehen somit Induktionsströme, deren Stärke und Richtung nun den Schallwellen entsprechend auch schwanken.

Das mit dem Hörmikrofon durch den Handgriff verbundene Sprechmikrofon wird allgemein Hörer genannt und liegt auf einer Gabel, die als Kontaktgeber ausgebildet ist. Erst wenn wir den Hörer von der Gabel abheben, schließen wir den Stromkreis. In den Ruhezeiten ist also der Strom unterbrochen. So kann ein Stromfluß und Energieverbrauch nur eintreten, solange das Telefon wirklich benutzt wird.

Bei den meisten Anlagen sind die Teilnehmer nicht unmittelbar miteinander verbunden, sondern die Verbindungsleitungen führen zu einer Vermittlungsstelle. Will ein Teilnehmer einen anderen Teilnehmer anrufen, so muß er nach Abnehmen des Hörers der Vermittlungsstelle bei Handbetrieb zunächst die Anschlußnummer des Empfängers angeben. Die Vermittlungsstelle stellt darauf eine Verbindung zum Empfängergerät durch Stöpselung her. Auf der Empfängerseite ertönt nun eine Glocke, die darauf aufmerksam macht, daß jemand am Fernsprecher verlangt wird. Beim Abnehmen des Hörers ist dann die Verbindung zwischen den beiden Teilnehmern hergestellt.

Eine Neuerung bilden die Selbstanschlußanlagen, bei denen sich die Teilnehmer die gewünschte Verbindung mit Hilfe der Nummernscheibe über die Selbstanschlußämter allein herstellen. Die Vermittlung führt hier der sogenannte Hebdrehwähler aus. Dreht nämlich der anrufende Teilnehmer die Nummernscheibe, so werden Stromstöße hervorgerufen. Unter ihrer Einwirkung hebt ein Elektromagnet zunächst den Kontaktarm des Hebdrehwählers. Durch weitere Betätigung der Nummernscheibe wird der Kontaktarm gedreht. Bei Ämtern mit einer größeren Teilnehmerzahl geht die Verbindung über mehrere Hebdrehwähler zu dem gewünschten Fernsprechgerät. Spricht der angerufene Teilnehmer bereits anderweitig, so wird sein Gerät selbsttätig auf einen Summer umgeschaltet. Infolgedessen ertönt im Hörmikrofon das Besetztzeichen. Nach Beendigung des Gespräches kehren die Hebdrehwähler selbsttätig in ihre Ruhelage zurück.

Die zwischen den Teilnehmern und der Vermittlungsstelle erforderlichen Verbindungsleitungen wurden bis vor wenigen Jahren noch als Freileitungen auf Masten verlegt. Heute werden, besonders in Städten, hierfür Kabelleitungen bevorzugt.

Eine wichtige Einrichtung im Fernsprechverkehr ist das Fernsprechbuch oder „Telefonverzeichnis". Die Benutzung des Verzeichnisses ist sehr einfach. Es enthält sämtliche Anschlußnummern der Fernsprechteilnehmer eines bestimmten Bezirkes, dessen Orte alphabetisch angeordnet sind. In einer weiteren Unterteilung sind dann wieder die Teilnehmer mit Angabe der Wohnung und der Rufnummer nach dem Alphabet aufgeführt.

Durch die Benutzung von Verstärkern mit Elektronenröhren ist die Möglichkeit geschaffen, Telefongespräche auch über sehr große Entfernungen zu führen.

5. Die elektrischen Koch- und Heizgeräte.

Wenn wir uns in einem modernen Haushalt umsehen, so finden wir neben vielen anderen elektrischen Apparaten bestimmt auch elektrische Kochgeräte.

Es ist eine bekannte Tatsache, daß der elektrische Strom einen Widerstand erwärmt. Darauf beruhen auch alle elektrischen Koch- und Heizgeräte. Die Wärme, die der elektrische Apparat erzeugt, hängt vom Werkstoff des Widerstandsdrahtes ab, außerdem von seiner Länge, von seiner Stärke, und schließlich auch von der Menge des durchfließenden Stromes. Es kann daher bei allen Koch- und Heizgeräten durch entsprechende Abmessung der Leitungsdrähte, hier Heizwiderstand genannt, für eine geeignete Wärme-

14

menge gesorgt werden. Meistens finden wir in der Küche eines modernen Haushaltes außer dem elektrischen Kochherd noch Kochtöpfe, Kochplatten, Wasserkocher, Tauchsieder und Bügeleisen, die alle elektrisch erwärmt werden.

Zur Bereitung von warmem Wasser für den Haushalt finden wir in der Küche oder im Badezimmer einen elektrischen Heißwasserspender oder auch einen Heißwasserspeicher. Aber nicht nur in der Küche oder im Bad werden elektrische Geräte heute verwendet. Auch im Wohnzimmer kann auf dem Tisch eine elektrische Kaffee- oder Teemaschine stehen. Elektrische Brotröster oder Wasserkocher werden in Formen ausgeführt, die bestimmt jeden Tisch zieren.

Das Erwärmen der Wohnräume durch elektrische Heizöfen ist heute schon überall weit verbreitet. Der elektrische Heizofen bietet infolge seiner steten Betriebsbereitschaft und durch die Wärmewirkung, die sofort nach dem Einschalten beginnt, große Vorteile. Jede Luftverschlechterung, giftige Abgase oder übelriechende Verbrennungsrückstände werden vermieden. Im Frühjahr und Herbst, aber auch als Zusatz zu anderen Wärmespendern, verwendet man elektrische Heizsonnen und Strahlöfen. Diese sind besonders wirtschaftlich, wenn in einem Raum ein bestimmter Platz zu erwärmen ist. Sie sind leicht zu tragen und können ohne weiteres an jede Lichtleitung angeschlossen werden. Ihre Wärmewirkung tritt unmittelbar nach dem Einschalten ein.

Abb. 6. Elektrischer Herd

Der Heizkörper besteht bei allen diesen Heiz- und Kochapparaten aus einer Widerstandswicklung mit hohem Widerstand und hohem Schmelzpunkt. Er wird entweder in Form einer Fläche eingebaut, wie beim Bügeleisen, beim Kochtopf, bei der Kochplatte, oder als Patrone, wie beim Heißwasserspeicher, oder auch in Stabform, wie beim Heizofen. Der Wickelträger, auf den der Widerstandsdraht mit einer Isolierschicht aufgewickelt ist, sorgt gleichzeitig für die Festigkeit des Heizkörpers.

Wenn auch die Anschaffungskosten und der Betrieb der elektrischen Koch- und Heizapparate in den meisten Fällen noch etwas höher sind als bei Holz-, Kohle- oder Gasfeuerung, so gewähren sie doch große Vorteile; sie sind bequem, betriebssicher, ersparen Zeit, verursachen keinen Staub, keine Asche oder Rauchbelästigung und ermöglichen eine zweckmäßige Wärmeverteilung. Deshalb gewinnt das elektrische Kochen und Heizen immer größere Bedeutung.

6. Der Kühlschrank.

Wärme und Kälte sind bekanntlich im physikalischen Sinn keine Gegensätze, sondern nur verschiedene Ausdrucksformen derselben Energie. Kälte bedeutet nichts anderes als Wärmemangel. Deshalb spricht man in der Physik überhaupt nicht von Kälte, sondern von Wärme höherer oder tieferer Temperatur. Jeder Körper hat noch eine gewisse Wärmemenge in sich, auch wenn er uns als sehr kalt erscheint. Erst beim absoluten Nullpunkt (minus 273 Grad Celsius) verschwindet die Wärmeenergie vollständig.

Zur Erzeugung einer niedrigen Temperatur ist es also notwendig, einem Körper Wärme zu entziehen. Wenn sich aber ein heißer Körper auf die Temperatur seiner Umgebung abkühlt, so wird das noch nicht als Kälteerzeugung bezeichnet. Erst wenn die Temperatur durch Entziehung von Wärme soweit erniedrigt wird, daß sie unter der Temperatur der Umgebung liegt, spricht man im alltäglichen Leben von „Kälteerzeugung".

Der einfachste Weg zur Kälteerzeugung ist das Verdampfen einer Flüssigkeit. Jedermann weiß, daß z. B. bei der Verdampfung von Wasser große Wärmemengen gebunden werden.

In der Kältetechnik wendet man nun als Kältemittel nicht Wasser, sondern eine andere Flüssigkeit an, besonders Ammoniak. Sorgt man dafür, daß der Druck über der Flüssigkeit genügend niedrig ist, so beginnt die Verdampfung von selbst. Die hierzu notwendige Wärmemenge wird im Kühlschrank aus der Luft des Kühlraumes entnommen. Infolgedessen werden auch die Lebensmittel gekühlt, die im Kühlschrank lagern. In der Kältemaschine wird das verdampfte Kältemittel nun wieder zurückgewonnen, um zu hohe Betriebskosten zu vermeiden. Man verdichtet also das verdunstete Kältemittel wieder zur Flüssigkeit oder man „kondensiert" es, wie der Fachausdruck lautet. Dieser Gedanke hat die moderne Kältemaschinentechnik überhaupt erst möglich gemacht. Für eine Kältemaschine ist daher erforderlich:

a) der Verdampfer, der die Kälteflüssigkeit verdampft;

b) der Kompressor, der die Aufgabe hat, die bei niedrigem Druck verdampfte Kälteflüssigkeit wieder auf hohen Druck zu bringen;

c) der Kondensator, der das Kältemittel wieder verflüssigt.

Ein außerdem vorgesehenes Reduzierventil entspannt die unter hohem Druck befindliche Flüssigkeit wieder auf den niedrigen Verdampferdruck. Das Kältemittel wird dann in den Verdampfer zurückgeführt. Nunmehr kann das Spiel von neuem beginnen: Verdampfen des Kältemittels bei niedrigem

Druck, also Kühlen, Verdichten der Dämpfe, Verflüssigen bei höherem Druck und Entspannung auf den ursprünglichen Druck. Das Kältemittel läuft dabei in einem geschlossenen Röhrensystem um.

Eine solche Anlage nennt man eine Kompressionskältemaschine. Sie erfordert stets eine Kraftquelle, die den Kompressor antreibt. Auch Absorptionskältemaschinen bieten Möglichkeiten für künstliche Kühlung. Ihr Vorzug besteht darin, daß sie keine mechanische Kraftquelle benötigen und daher keine beweglichen Teile aufzuweisen haben. Die Schwierigkeiten der Schmierung und der Abdichtung umlaufender Teile fallen deshalb fort. Sie nützen die Eigenschaft einiger Kältemittel aus, mit anderen Stoffen eine innige Verbindung einzugehen. So wird z. B. Ammoniak von Wasser gierig geschluckt, d. h. absorbiert. Werden also die Ammoniakdämpfe aus dem Verdampfer in einen Behälter geleitet, der Wasser enthält, so werden die Dämpfe durch das Wasser aufgesogen.

Es ist eigentlich sonderbar, daß Kühlschränke geheizt werden müssen. Aber durch diese Erwärmung erhält man die Druckerhöhung des Kältemittels, die zur Wiederverflüssigung notwendig ist. Zur Heizung verwendet man Gas oder Elektrizität. In letzterem Fall wird elektrischer Strom durch einen Heizwiderstand geschickt, der diesen wie bei Heiz- und Kochapparaten erwärmt.

Die Leistung einer Kühlmaschine wird im allgemeinen so groß gewählt, daß sie mehr Kälte erzeugen kann als auch in den heißen Tagen zur Frischhaltung der im Schrank befindlichen Speisen erforderlich ist. Um die Kühltemperatur stets auf dem gleichen Grad zu halten, wird deshalb ein Regler eingebaut. Er regelt genau die Erzeugung derjenigen Kältemenge, die bei der

Abb. 7   Elektrischer Kühlschrank

jeweiligen Außentemperatur und der Belastung des Schrankes nötig ist. Er schaltet die Maschine selbsttätig ein, wenn die Temperatur im Schrank steigt, und er schaltet sie wieder aus, sobald die richtige Kühltemperatur erreicht ist. Ein solcher Schrank braucht somit nicht überwacht zu werden. Die Luft in einem Kühlschrank wird nicht allein kühl, sondern auch, soweit erforderlich, trocken gehalten. Es werden so die Lebensmittel vor Gärung und Fäulniserregern geschützt und die Voraussetzungen zu einer einwandfreien Frischhaltung der Speisen in idealer Weise erfüllt.

7. Der Heißwasserspeicher.

Zu den Errungenschaften unserer Zivilisation gehört ohne Zweifel die Versorgung der Wohnung mit warmem Wasser. Da aber in den meisten Häusern die Warmwasserversorgung von einer Zentralstelle aus fehlt, hat die moderne Technik andere Lösungen gefunden. Eine der besten Lösungen ist der Heißwasserspeicher; das ist ein großer Kessel, der von einer dicken Isolationsschicht umgeben ist. In dem Kessel speichert man Wasser, das über Nacht mit billigem Nachtstrom erwärmt wird. Die meisten Elektrizitätswerke geben den Strom etwa zwischen abends 8 Uhr und morgens 6 Uhr zu einem ganz bedeutend herabgesetzten Preis ab. Durch diese Maßnahme wird der Stromverbrauch auch in diesen Stunden angeregt. Die Stromerzeugungsanlagen, die sonst nachts wenig oder unbenutzt still liegen, werden so besser ausgenutzt.

Die Abbildung 8 zeigt einen modernen Heißwasserspeicher. Man erkennt den inneren, mit Wasser gefüllten Behälter, der mit einer dicken Schicht aus Korkschrot oder Glaswolle als Wärmeisolation umgeben ist. In dem Bild ist „f" der elektrische Heizkörper, der das Wasser erwärmt, und „g" ist der Temperaturregler, der die Stromzufuhr zur Heizpatrone abschaltet, sobald die Temperatur des Wassers auf 85⁰ C gestiegen ist. Der Temperaturregler läßt den Speicher selbsttätig arbeiten und gestattet es überhaupt erst, den billigen Nachtstrom auszunutzen.

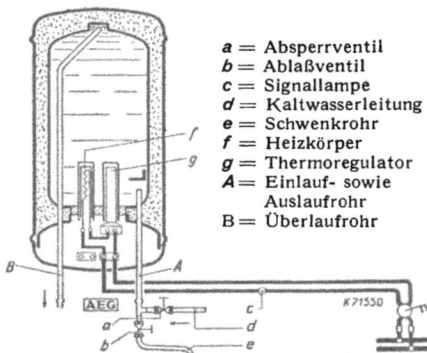

a = Absperrventil
b = Ablaßventil
c = Signallampe
d = Kaltwasserleitung
e = Schwenkrohr
f = Heizkörper
g = Thermoregulator
A = Einlauf- sowie
    Auslaufrohr
B = Überlaufrohr

Abb. 8.
Niederdruck-Heißwasserspeicher
als Auslaufspeicher

Die Heißwasserspeicher werden entweder als Hochdruckspeicher oder als Niederdruckspeicher gebaut. Der Hochdruckspeicher dient dazu, mehrere Zapfstellen von einem einzigen Behälter aus zu versorgen, während die Niederdruckspeicher vor allem zur Wasserentnahme an Ort und Stelle bestimmt sind. Die Niederdruckspeicher können entweder als Überlaufspeicher oder Entleerungsspeicher betrieben werden. Beim Überlauf-Heißwasserspeicher läßt man von unten in den Kessel kaltes Leitungswasser einströmen. Das heiße Wasser wird dann durch das stets offene Überlaufrohr herausgedrängt. Dieses Rohr verhindert auch einen Überdruck beim Ausdehnen des Wassers während des Anheizens. Das Zulaufrohr ist durch ein Ventil verschließbar. Will man heißes Wasser entnehmen, so muß dieses Ventil geöffnet werden, wodurch kaltes Wasser in den Speicher fließt, das das heiße Wasser verdrängt, bis es durch das Überlaufrohr abfließt. Eine Mischung des kalten Wassers mit dem heißen Wasser tritt nur in geringem Maße ein, weil das heiße Wasser leichter ist und sozusagen auf dem kalten schwimmt. Außerdem ist ein Leitblech über der Einströmöffnung angebracht. Dadurch wird eine starke Wirbelbildung des zulaufenden Wassers im Behälter vermieden. Wenn eine geringe Mischung von kaltem und warmem Wasser eintritt, so ist sie belanglos. Nur in seltenen Fällen ist ja heißes Wasser von Höchsttemperatur erwünscht. Aus einem 50-l-Speicher z. B. kann man ununterbrochen etwa 40 l entnehmen, ohne die Temperatur des Wassers unter 80⁰ C zu senken. Erst bei Mehrentnahme sinkt die Temperatur des Wassers auf 70⁰ C. Dieser Temperaturrückgang stellt aber keinen Wärmeverlust dar, da das einströmende Frischwasser entsprechend vorgewärmt und also bei der nächsten Anheizperiode weniger Strom verbraucht wird.

Will man dagegen über den ganzen Wasserinhalt eines Speichers mit Höchsttemperatur verfügen, so muß man sich einen Entleerungs-Heißwasserspeicher anschaffen. Im Aufbau gleicht er dem Überlauf-Heißwasserspeicher. Die Rohranschlüsse sind jedoch so geschaltet, daß das heiße Wasser unten aus dem Behälter entnommen wird, ohne gleichzeitig durch frisches Wasser ersetzt zu werden.

Der Hochdruckspeicher arbeitet wie der Überlaufspeicher. Im Gegensatz dazu ist aber sein innerer Kessel druckfest gebaut, so daß er ständig unter vollem Wasserleitungsdruck stehen kann. Wie beim Überlaufspeicher strömt das kalte Wasser von unten in den Behälter ein, während die Zapfstellen am Überlaufrohr angeschlossen sind. Im Gegensatz zu dem Überlauf-Heißwasserspeicher nach dem Niederdrucksystem ist das Füllrohr des Hochdruckspeichers dauernd mit der Wasserleitung verbunden, während das Auslaufrohr durch Hähne abgeschlossen ist.

Erwähnenswert ist schließlich noch, daß sich neuerdings beim Bau der Heißwasserspeicher deutsche Werkstoffe durchgesetzt und überaus gut bewährt haben. Es schien zweckmäßig, den inneren Behälter, der bisher aus verzinntem Kupfer hergestellt wurde, durch einen im Inland erzeugten Baustoff zu ersetzen. Verzinktes Eisen kommt als Ersatz kaum in Betracht, da das Wasser meist Beimengungen enthält, die Metalle angreifen. Rostfreier Stahl und ähnliche Legierungen sind für diesen Zweck zu teuer. Eine interessante Lösung wird in der Abbildung 9 durch Verwendung eines Porzellanbehälters für die Aufnahme des Wassers gezeigt. Man erzielt damit mehrere wesentliche Vorteile.

Abb. 9.
Porzellanbehälter
im Schnitt mit
Heizflansch

Die deutsche Erde liefert den Rohstoff, außerdem ist Porzellan hygienisch vollkommen einwandfrei und gegen jedes Wasser widerstandsfest. Auch Temperaturschwankungen, wie sie beim Betrieb des Heißwasserspeichers vorkommen, schaden dem Porzellanbehälter nicht. Seine Lebensdauer ist praktisch unbegrenzt. Schließlich leitet dieser Behälter die Wärme wesentlich schlechter als Metall. Man kann also die Wärmeisolationsschicht dünner halten als früher bei anderen Werkstoffen.

II. Technik im Verkehr

8. Das Fahrrad.

Das Fahrrad ist ein Hauptverkehrsmittel des werktätigen Volkes. Es ist sowohl in der Stadt wie auf dem Lande zu finden. Es ist ein schnelles, billiges und stets bereites Verkehrsmittel und bietet vielen Berufstätigen überhaupt die einzige Möglichkeit, abgelegene Arbeitsplätze zu erreichen.

Die Kraft, die das Fahrrad vorwärts treibt, ist die Muskelkraft der menschlichen Beine. Sie wirkt auf die Tretkurbel, wird von hier über einen Kettentrieb, der aus zwei Kettenrädern und einer endlosen Kette besteht, auf die Achse des Hinterrades übertragen und dort in Bewegung des Rades umgeformt. Durch die Übersetzung des Kettentriebes wird die Bewegung der Tretkurbel nicht nur übertragen, sondern auch beschleunigt. Wir haben also im Fahrrad das Beispiel einer zusammengesetzten Maschine vor uns.

Ein häufiger Trugschluß ist die Annahme, daß durch die Übersetzung die menschliche Kraft vergrößert wird. Nach dem Gesetz von der Erhaltung der Energie ist dies nicht möglich. Um den gleichen Weg zurückzulegen, sind bei einer großen Übersetzung wenige kräftige Tritte notwendig, bei einer kleinen Übersetzung genügen schwächere Tritte, wobei jedoch die Zahl der Tritte im Verhältnis erhöht werden muß. In beiden Fällen ist deshalb die mechanische Arbeit gleich.

Ein Teil des Energieaufwandes dient nun zur Überwindung der Reibung in den Lagern. Durch Verwendung von Kugellagern für Pedal, Tretkurbel und Laufräder hat man diese Reibung sehr stark vermindert. Durch Schmierung mit Fett oder Öl wird sie noch mehr herabgesetzt, weil dadurch die bestehenden Unebenheiten weiter ausgeglichen werden.

Jedes moderne Fahrrad hat eine Freilaufnabe. Sie gibt dem Radfahrer die Möglichkeit, bei einer Talfahrt nur das Eigengewicht als Antrieb auszunutzen. Auch erlaubt diese Einrichtung, die Weiterfahrt ohne dauernde Bewegung der Tretkurbel aufrechtzuhalten.

Von den weiteren Teilen sind die wichtigsten: der Rahmen, der Sattel, die Lenkstange, die Sicherheitseinrichtungen. Zu letzteren gehören die Bremse, die Klingel, die Lampe und der Rückstrahler!

Die Bremsen vermindern die Fahrgeschwindigkeit durch Reibung. Die nötige Kraft zur Überwindung der beim Bremsen auftretenden Reibung wird der Bewegungsenergie des Rades entnommen und dadurch die Fahrgeschwindigkeit herabgesetzt. Man verwendet entweder eine Vorderradbremse oder eine Hinterradbremse. Letztere liegt in der Hinterradnabe und ähnelt der Freilaufvorrichtung. Beim Rückwärtstreten des Pedals werden von innen Bremsscheiben gegen die Nabenwand gepreßt; durch verschieden starke Rückwärtsbewegung läßt sich der Bremsdruck der Bremsscheiben abstufen.

Die Klingel des Fahrrades ist einfach in Bau und Wirkungsweise. Sie nutzt die Fliehkraft schwingender Scheiben zum Anschlagen einer Glocke aus.

Die Fahrradlampe kann entweder eine Karbidlampe oder eine Elektrolampe sein. Bei der Karbidlampe wird aus Karbid und Wasser Azetylengas entwickelt, das als Leuchtmittel benutzt wird. Die Elektrolampe wird durch

a = Lenkstange
b = Handbremse
c = Laternenhalter
d = Vorderrad
e = Vorderradgabel
f = Schutzblech
g = Schutzblechstrebe
h = Sattel
i = Sattelstütze
k = Werkzeugtasche
l = Oberrohr
m = Steuerkopfrohr
n = Unterrohr
o = Sitzrohr
p = Hinterradgabel
q = Hinterrad
r_1 = rechtes Pedal
r_2 = linkes Pedal
s_1 = rechte Tretkurbel
s_2 = linke Tretkurbel
t = Kettenrad
u = Kette
v = Zahnrad
w = Kettenspanner
x = Schlauchventil
y = Bereifung

Abb. 10. Fahrrad

eine kleine Dynamomaschine gespeist, die durch die Drehung des Vorderrades in Bewegung gesetzt werden kann. Sie erzeugt elektrischen Strom, der in die Glühlampe geleitet wird.

Der Rückstrahler, auch „Katzenauge" genannt, ist nicht nur beim Fahrrad, sondern auch bei jedem anderen Gefährt, besonders beim Kraftwagen, sehr zweckmäßig. Er wirft einfallende Lichtstrahlen stark zurück und gibt so Fahrzeugen, die überholen wollen, ein optisches Signal. Beim Fahrrad wird der Rückstrahler gewöhnlich am hinteren Schutzblech befestigt. Es ist jedoch von Vorteil, Rückstrahler auch an den Pedalen anzubringen. Dann erregen sie mehr Aufmerksamkeit, da sie sich in Bewegung befinden. Jeder Radfahrer sollte sein Augenmerk auf eine gute Bereifung seines Fahrrades legen. Schlechte Bereifung ist eine Gefahrenquelle.

Es sei noch erwähnt, daß die Länder, in denen im Verhältnis zu ihrer Einwohnerzahl die meisten Fahrräder benutzt werden, Dänemark und Holland sind; an nächster Stelle steht Belgien, und dann folgt Deutschland. Vergleicht man jedoch die absolute Zahl von Fahrrädern, so steht Deutschland mit über 20 Millionen an der Spitze aller europäischen Länder.

Bei der Wichtigkeit dieses Verkehrsmittels wird in moderner Zeit auch den Radfahrwegen besondere Beachtung geschenkt. In Deutschland waren im Jahre 1934 rund 4000 km Radfahrwege vorhanden, im Jahre 1939 rund 10 000 km; angestrebt wird der Bau von insgesamt 50 000 km Radfahrwegen.

9. Der Kraftwagen.

In den Jahren 1885/86 bauten die Deutschen Carl B e n z in Mannheim und Gottlieb D a i m l e r in Stuttgart unabhängig voneinander die ersten Wagen mit

Abb. 11. Benz-Motorwagen von 1885, der Urahn des modernen Automobils

Selbstantrieb. Damals ahnte niemand, welchen Aufschwung diese Erfindung in der Welt nehmen würde. Die beiden Erfinder wurden sogar als Außenseiter verlacht.

Seitdem sind noch nicht 60 Jahre vergangen. Heute ist der Kraftwagen oder das „Automobil", kurz „Auto" genannt, eines der wichtigsten Verkehrsmittel.

Der wichtigste Teil des Autos ist der Motor. Er geht auf den von dem Deutschen O t t o im Jahre 1877 erfundenen Viertakt-Gasmotor zurück. Durch ständige Verbesserungen ist dieser Motor im Laufe der Jahre zu einem Wunderwerk der Technik entwickelt worden.

Wie arbeitet nun ein solcher Gasmotor? Er besteht in der Hauptsache aus einem zylinderförmigen Behälter, in dem sich ein Kolben hin und her bewegen kann. Diese Bewegung des Kolbens wird durch Explosion eines stark zusammengepreßten Gemisches erreicht, das aus verdunstetem Benzin und Luft besteht. Die Verdunstung oder Vergasung des Benzins sowie seine Mischung mit Luft erfolgen selbsttätig.

Die Bewegung des Kolbens, der im Zylinder auf- und abgleitet, wird durch die Kolbenstange, in diesem Falle auch Pleuelstange genannt, auf eine Kurbelwelle übertragen. Der Verbrennungsraum ist durch die Kolbenringe abgedichtet. Am Kopf des Zylinders befinden sich die Einlaßventile und die Auslaßventile, die von einer Nockenwelle gesteuert werden. In dem Zylinderkopf des Motors ist die Zündkerze eingeschraubt, die durch einen elektrischen Funken die Zündung hervorruft. Im Viertaktmotor saugt der abwärtsgehende Kolben beim ersten Takt durch das sich öffnende Einlaßventil vom Vergaser Gas-Luft-Gemisch an. Beim zweiten Takt preßt der aufwärtsgleitende Kolben bei geschlossenem Einlaßventil das Gemisch auf etwa ein Sechstel seines Raumes zusammen.

Zu Beginn des dritten Taktes wird das Gasgemisch durch einen elektrischen Funken der Zündkerze zur Entzündung gebracht und der Kolben durch den Explosionsdruck wieder abwärtsgetrieben. Dies ist also der eigentliche Arbeitstakt. Im vierten Takt treibt der wieder aufwärtsgehende Kolben die Abgase durch das Auslaßventil nach außen. Man unterscheidet also beim Viertaktmotor den Saughub, den Verdichtungshub, den Arbeitshub und den Auslaßhub.

Ein Maß für die Motorstärke ist die Größe des Hubraumes. Man versteht darunter den Hohlraum im Zylinder zwischen oberem und unterem Totpunkt des Kolbens. Über dem Hubraum befindet sich der Verbrennungsraum. Bei Krafträdern wird der Hubraum meist in Kubikzentimeter (cm³), bei Kraftwagen in Liter (l) angegeben.

Der Kraftwagenmotor kann entweder zwei oder vier oder mehr in einer Reihe angeordnete Zylinder haben. Die Arbeitstakte sind zeitlich versetzt, so daß sich die Kurbelwelle weniger stoßweise dreht. Je mehr Zylinder vor-

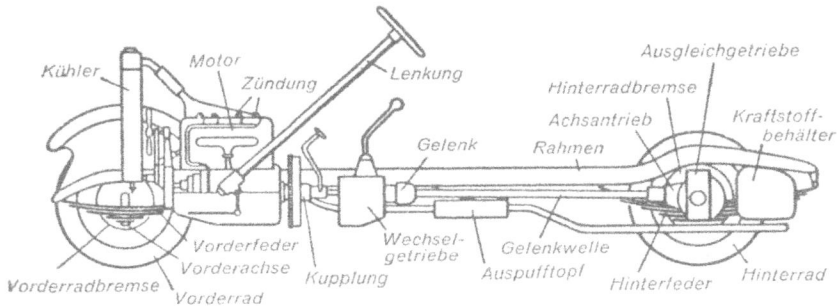

Abb. 11 a. Fahrgestell eines Kraftwagens.

23

handen sind, um so ruhiger läuft der Motor. Sein Lauf wird außerdem gleichmäßiger durch ein Schwungrad, das sich am Ende der Kurbelwelle befindet. Es mindert die Stöße der Kolben und hilft über die Leertakte hinweg.

Ein um die Zylinder gelegter und mit Wasser gefüllter Mantel sorgt für die Ableitung der Wärme, die im Motor durch die Verbrennung entsteht. Sobald das Wasser heiß wird, steigt es nach oben und wird nun mit Hilfe der Wasserpumpe zum Kühler geleitet, der an der Vorderseite des Wagens liegt. Von den zahlreichen Rippen des Kühlers, durch die der Fahrwind hindurchstreicht, wird das Wasser wieder gekühlt. Diese Kühlung wird unterstützt durch einen hinter dem Kühler befindlichen Ventilator, der den Luftstrom verstärkt. Das abgekühlte Wasser wird dann dem Motor erneut zugeführt. Da das Wasser im Winter leicht gefrieren kann, muß der unter der Kühlerhaube befindliche Kühler im Ruhestand des Motors in der kalten Jahreszeit durch Decken oder Kappen geschützt werden. Manche Garagen sind aus diesem Grunde auch geheizt.

Die Kraftübertragung erfolgt in allen Fällen nicht unmittelbar vom Motor auf die Räder, sondern durch eine Reihe von sinnreich angeordneten Getriebeteilen. Die meisten Wagen besitzen heute noch Hinterradantrieb. Einzelne Typen, besonders Kleinwagen, fahren mit Vorderradantrieb, auch „Frontantrieb" genannt, während bei Großwagen zuweilen der Vierradantrieb angewendet wird.

Ein wichtiger Teil der Kraftübertragung ist die Kupplung. Sie besteht aus einer Scheibe, die durch Federn fest gegen das Schwungrad des Motors gepreßt wird. Damit ist das Getriebe mit dem Motor verbunden, und der Wagen kann in Bewegung gesetzt werden. Durch Treten des Kupplungshebels am Führersitz kann diese Verbindung zwischen Kupplungsscheibe und Schwungrad des Motors gelöst werden. So wird die Kraftübertragung des Motors auf die Wagenräder unterbrochen.

Das Wechselgetriebe ermöglicht die Einschaltung verschieden großer Untersetzungen und damit verschiedene Geschwindigkeitsabstufungen, die man auch „Gänge" nennt. Durch Einschalten eines langsameren Ganges beim Anfahren kann man so vermeiden, daß die hohe Geschwindigkeit der Motorkurbelwelle auf die ruhenden Räder übertragen wird. Das Wechselgetriebe kann vom Führersitz aus durch Bewegung eines Schalthebels betätigt werden. Dadurch werden die verschiedenen Untersetzungen oder Gänge eingeschaltet. Im ersten Gang fährt der Kraftwagen mit der größten Untersetzung sehr langsam, im zweiten Gang schon bedeutend schneller. Im dritten Gang wird die Hauptantriebswelle unmittelbar mit der Kupplungswelle verbunden. Es besteht dann also das Geschwindigkeitsverhältnis 1:1. In dem bei vielen Wagen noch vorhandenen vierten Gang wird schließlich die Untersetzung in eine Übersetzung verwandelt und eine Höchstgeschwindigkeit erzielt. Durch Einschalten eines Zwischenrades wird der Rückwärtsgang betätigt. Dieses Wechselgetriebe ist in einem Kasten untergebracht und mit dem Fahrgestell des Wagens fest verbunden. Die Achse der Hinterräder ist nun federnd gelagert, damit der Wagen über Unebenheiten der Fahrbahn hinwegschwingt.

Deshalb darf die Welle, die das Wechselgetriebe mit der Hinterachse verbindet, nicht starr sein. Sonst besteht für die Welle Bruchgefahr. Sie besitzt daher ein Kreuzgelenk oder „Kardangelenk", das wie ein Kugelgelenk wirkt und eine weitgehende Knickung der Gelenkwelle zuläßt.

Die Drehung der Gelenkwelle muß im rechten Winkel auf die Hinterräder übertragen werden. Das geschieht durch ein am Ende der Welle befindliches Kegelzahnrad, das in ein großes Tellerrad greift. Bei der Kraftübertragung auf die Hinterräder ist aber noch etwas anderes zu beachten. In jeder Kurve legt das Außenrad einen weiteren Weg zurück als das Innenrad. Es muß sich also schneller drehen als letzteres. Wären beide Räder starr durch eine Achse verbunden, so würde das zu einem gefährlichen Schleifen der Räder führen. Um dies zu vermeiden, besteht die Hinterachse aus zwei Hälften, die durch ein verwickelt gebautes Ausgleichsgetriebe, das „Differential", verbunden sind. Dieses gleicht sinnreich die verschiedenen Geschwindigkeiten der Wagenräder aus.

Der elektrische Strom, der zum Betrieb eines Kraftwagens für verschiedene Zwecke, wie Zündung und Beleuchtung, erforderlich ist, wird von einer durch eine kleine Dynamomaschine aufgeladenen Batterie erzeugt. Die elektrische Schaltung für die Scheinwerfer und das Schlußlicht liegt auf einem Schaltbrett, das unter der Windscheibe des Wagens vor dem Führersitz eingebaut ist. Dort finden wir auch das Zündungsschloß, während der Rückspiegel entweder im Wagen über der Windscheibe angeschraubt oder auf dem linken vorderen Kotflügel aufgesetzt ist. Schließlich sind auf dem Schaltbrett noch sämtliche wichtigen Einstellgeräte angebracht, vor allem der Geschwindigkeitsmesser mit dem Kilometerzähler, die Benzinuhr, der Ölstandsmesser und das Kühlwasserthermometer. Gewöhnlich wird auch noch der Fahrtrichtungsanzeiger, kurz „Winker" genannt, vom Schaltbrett aus in Tätigkeit gesetzt, ebenso wie die elektrisch betriebenen Scheibenwischer. Die Hupe hingegen, deren elektrische Zuleitung durch die Steuersäule geführt ist, wird durch einen im Steuerrad eingebauten Knopf oder Ring betätigt. Rechts vor dem Führersitz befindet sich leicht erreichbar der Schalthebel für die verschiedenen Gänge und die Handbremse. Außer der letzteren ist noch eine Fußbremse vorhanden, die ebenso wie der Starterknopf, die Kupplung und der Gashebel durch den Boden des Fahrzeuges geleitet werden. Sehen wir uns ein Auto von außen an. Es fallen uns vor allem die hell blinkenden Lampen und die Stoßstangen auf, die als einzige Teile des Wagens vernickelt oder verchromt sind, während wir die Gepäckrasten und den in der Hinterwand eingebauten Koffer weniger bemerken, da sie in der Farbe des Wagens gehalten sind.

Die Motorisierung hat in allen Kulturländern im letzten Jahrzehnt wesentliche Fortschritte gemacht. Mitte 1932 kam z. B. in Deutschland nur ein Kraftfahrzeug auf je 100 Einwohner. Im Jahre 1939 hingegen besaß bereits jeder 40. Einwohner seinen eigenen Wagen. Damit hat Deutschland in den letzten Jahren innerhalb der Rangliste der internationalen Motorisierung rasch aufgeholt.

Der ungeheure Aufschwung, den das deutsche Kraftfahrwesen genommen hat, ist besonders dem vom Führer nach der Machtübernahme verkündeten Motorisierungsprogramm und dem Ausbau der Autostraßen zu danken. Es

Abb. 11 b. Volkswagen.

ist zu erwarten, daß die weitere Entwicklung, insbesondere auch die Schaffung des Volkswagens in der für diesen Zweck besonders errichteten Riesenfabrik bei Fallersleben (Provinz Sachsen), eine heute noch ungeahnte Entfaltung des Automobilwesens bringen wird.

10. Carl Benz und Gottlieb Daimler.

Mit der Dampfmaschine erwachte beim Menschen auch wieder die alte Sehnsucht nach dem „Wagen ohne Pferde". Die Ausnutzung der Dampfkraft bei der Eisenbahn ließ zwar diesen Traum teilweise schon zur Wirklichkeit werden, aber man sah nicht ein, warum nur der „Dampfwagen" ohne Pferde fahren sollte und nicht jeder andere Wagen auch. Unter den ersten Deutschen, die diesem Gedanken erfolgreich nachgingen, befand sich der im Jahre 1844 geborene Carl B e n z.

Er war der Sohn des Lokomotivführers Benz, der 1843 den ersten badischen Zug auf der Strecke Karlsruhe—Heidelberg geführt hatte. Obwohl der Vater früh starb, ermöglichte die Mutter dem Sohn den Besuch des Polytechnikums in Karlsruhe, der heutigen „Technischen Hochschule". Nach Abschluß des Studiums war Benz in der Karlsruher Maschinenbauanstalt tätig.

Im Jahre 1871 gründete er mit zum größten Teil selbstspartem Geld eine mechanische Werkstätte in Mannheim. Es gelang ihm nach anfänglich großen Schwierigkeiten, den Zweitakt-Gasmotor zu erfinden. Aber sein schon als Kind gehegter Wunsch war es, einen „Wagen ohne Pferde" zu schaffen.

Benz versuchte nun, einen Wagen zu bauen, der in Gestell und Antrieb von den bis dahin üblichen Kutschen und anderen Pferdewagen grundsätzlich abwich. Für den Antrieb verwendete er an Stelle des von ihm erdachten Zweitaktmotors, obwohl dieser mehr leistete, den von Otto erfundenen Viertakt-Gasmotor, der einfacher und leichter war. Nach vieler Mühe und Arbeit gelang ihm endlich der große Wurf. Im Frühjahr 1885 konnte er die ersten Versuchsfahrten auf seinem Fabrikhof unternehmen. Als der Wagen endlich lief, übermannte ihn die Erfinderfreude derart, daß er zuerst auf die Hofmauer auffuhr. Aber bald darauf lenkte er sein Fahrzeug durch die Straßen der Stadt Mannheim, und am 29. Januar 1886 erhielt er das erste Automobilpatent der Welt. Den ersten verkäuflichen Benzwagen erwarb 1887 ein Herr Roger, der mit ihm sogleich von Mannheim nach Paris fuhr.

Abb. 12. Dr. Carl Benz

Inzwischen hatte schon ein anderer Deutscher ähnliche Versuche unternommen. Es war Gottlieb Daimler, der 1834 in Scharndorf bei Stuttgart geboren worden war. Nachdem er drei Jahre in einer Werkzeugmaschinenfabrik praktiziert hatte, besuchte er von 1857—1859 das Polytechnikum in Stuttgart. Nach einigen Studienreisen, die ihn auch nach England führten, war er bei der Karlsruher Maschinenbaugesellschaft und darauf bei Langen und Otto in Köln, der späteren Gasmotorenfabrik Deutz, tätig. Hier kam er wohl auf den Gedanken der Verbesserung des von Otto gebauten Viertakt-Gasmotors. Mit Wilhelm Maybach zusammen richtete er in Cannstatt bei Stuttgart eine Werkstätte für Automobile ein. Er versuchte dort, eine Maschine zu entwickeln, die imstande sein sollte, durch Verbrennung von Benzindämpfen zu arbeiten. Zuerst fertigte er eine liegende Einzylindermaschine an, die ein großes schmiedeeisernes Schwungrad hatte. Schließlich gelang es Daimler, die sogenannte Glührohrzündung zu erfinden und einen Motor mit 900 Umdrehungen in der Minute in Betrieb zu setzen. Das von Daimler am 16. Dezember 1883 angemeldete Grundpatent bezieht sich auf diesen Benzinmotor, bei dem die Zündung durch das Zusammenwirken der Kompression mit von außen geheizten Glühkörpern im Totpunkt erfolgt. Dadurch wurde eine außerordentlich einfache und sichere selbsttätige Zündung bei hoher Drehzahl erreicht. Die neue Maschine hatte geringen Raumbedarf und geringes Gewicht bei verhältnismäßig hoher Leistung. Daimler rüstete verschiedene Fahrzeuge mit solchen Motoren aus. Ihm ist somit die Erfindung eines Motors zu verdanken, der ein geringes Gewicht hatte und trotzdem die Kraft besaß, einen Wagen schnell und sicher anzutreiben.

Im Jahre 1887 baute Daimler im Cannstatter Kurpark die erste Schienenmotorbahn. Sie erregte auf der Pariser Weltausstellung 1889 die Bewunderung aller Besucher. Auch die erste Motordraisine stammt von Daimler.

Da die Privatmittel Daimlers aber für den immer größeren Ausbau seines Werkes nicht ausreichten, wurde 1890 die Daimler-Motoren-Gesellschaft als Aktiengesellschaft

Abb. 13. Gottlieb Daimler

gegründet. Das Werk wuchs so schnell, daß Daimler nicht genug Zeit fand, seinen Erfindungen zu leben. Deshalb schied er 1891 aus. Die Fabrik gewann mit ihrem Wagen Jahr für Jahr die in Frankreich und in Italien ausgeschriebenen Rennen und ging 1895 sogar aus der 1175 km langen Fernfahrt Paris—Bordeaux—Paris als Sieger hervor. Um den Automobilbau noch schneller vorwärts zu treiben, trat Daimler daraufhin wieder in die Gesellschaft ein. Seiner Tätigkeit war es dann zu verdanken, daß die durchschnittliche Geschwindigkeit der Wagen von 24,5 km die Stunde bald auf die damals unerhörte Geschwindigkeit von 42 km gesteigert werden konnte.

Seit 1926 sind die Werke von Carl Benz und Gottlieb Daimler in der Daimler-Benz Aktiengesellschaft zu Stuttgart-Untertürckheim vereinigt.

28

11. Der Vergaser.

Alle durch Explosionsmotoren angetriebenen Fahrzeuge, das Motorrad, der Kraftwagen, das Motorboot und das Flugzeug, haben mit wenigen Ausnahmen einen Vergaser. Die Bezeichnung Vergaser ist im Sprachgebrauch üblich, aber sie ist sachlich durchaus nicht zutreffend; denn im Vergaser findet eine Vergasung nicht statt. Er hat nur den Zweck, den flüssigen Brennstoff unter gleichzeitiger Mischung mit Luft nebelförmig zu zerstäuben.

Wir wollen uns jetzt mit der Einrichtung dieses wichtigen Apparates etwas vertraut machen. Ehe wir jedoch weitere Betrachtungen anstellen, erinnern wir uns daran, daß zu jeder Verbrennung Sauerstoff notwendig ist.

1 Kraftstoff-Anschlußschraube
2
3 Dichtringe
4 Schwimmernadel
5 Abschaltvorrichtung für die Spareinrichtung
6 Spardüse
7 Drosselklappenwelle
8 und 9 Bohrungen zum Ausschalten der Spareinrichtung
10 Ringkanal für Leerlaufgemisch
11 Bohrung für Unterdruck zur Spareinrichtung
12 Steigkanal für Leerlaufgemisch
13 Saugleitung
14 Austrittsöffnung für Leerlaufgemisch
15 Drosselklappe
16 Leerlauf-Begrenzungsschraube
17 Knopf für Spareinrichtung
18 Schwimmergehäuse
19 Schwimmer
20 Kanal für Leerlaufgemisch
21 Leerlaufdüse
22 Leerlaufluftschraube
23 Lufteintrittskanal für Leerlaufgemisch
24 Düsenträger
25 Dichtring
26 Düsenhütchen
27 Hauptdüse
28 Lufttrichter
29 Eintrittskanal für Hauptluft

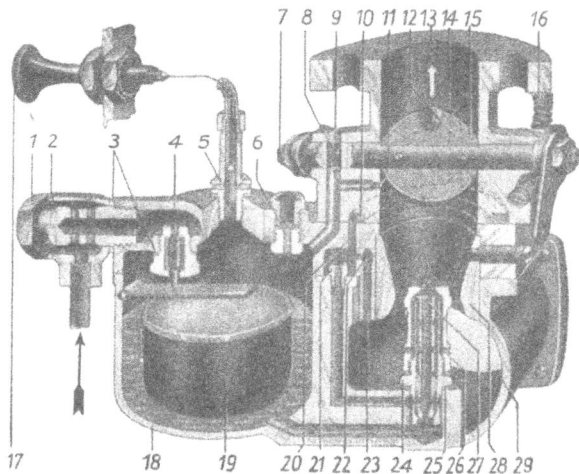

Abb. 14. Vergaser: Längsschnitt

Gewöhnlich wird er der Luft entnommen. Der Bedarf an Luft bzw. Sauerstoff ist bei der Verbrennung je nach den Brennstoffen (Holz, Kohle, Petroleum, Benzin oder Leuchtgas) verschieden. So sind z. B. zur Verbrennung von 1 Kilogramm Benzin 3,5 kg Sauerstoff erforderlich. Da die Luft bekanntlich nur 23,2% Sauerstoff enthält, werden mithin für 1 kg Benzin rund 15 kg Luft benötigt, das sind etwa 12,7 m^3.

Um ein brauchbares Gemisch zu erhalten, muß dem Brennstoff also Luft in einem bestimmten Verhältnis zugeführt werden. Diese Mischung von Brennstoff und Luft herzustellen, die schon vor ihrem Eintritt in den Zylinder bei gleichzeitiger Zerstäubung des Benzins stattfinden muß, ist Aufgabe des Vergasers.

Die Anforderungen an einen guten Vergaser gehen aber noch weiter. Das Verhältnis zwischen Brennstoff und Luft sollte im wesentlichen unveränder-

29

lich sein. Dennoch lassen sich Ausnahmen, die durch die verschiedenen Betriebszustände bedingt sind, nicht vermeiden. Bei dem Bau des Vergasers muß also darauf Rücksicht genommen werden, daß die Gemischzusammensetzung je nach dem Betriebszustand verschieden ist. Will man z. B. den Motor anlassen oder plötzlich die Geschwindigkeit steigern, so muß der Vergaser ein an Brennstoff reicheres Gemisch liefern. Das kann nun selbsttätig oder mit der Hand geregelt werden. Ferner muß der Vergaser so gebaut sein, daß er für verschiedene Brennstoffe verwendet werden kann.

Betrachten wir nun die Konstruktion eines Vergasers. Durch die Brennstoffleitung ist der Vergaser mit dem Brennstofftank verbunden. Würde man den Brennstoff, in den meisten Fällen Benzin, ohne weiteres in das Gehäuse eintreten lassen, so würde er bald überlaufen. Um dies zu verhindern, enthält der Vergaser eine sinnreiche Vorrichtung, die den Brennstoffspiegel regelt. Dies geschieht durch einen Schwimmer, der als Hohlzylinder aus dünnem Blech hergestellt ist. Er trägt oben eine kegelförmige Spitze, die Schwimmernadel. Wenn das Benzin aus der Brennstoffleitung in das Schwimmergehäuse eintritt, so wird der Schwimmer, der beim leeren Gehäuse auf dem Boden liegt, angehoben. Ist der gewünschte Brennstoffspiegel im Gehäuse erreicht, so stößt die Schwimmernadel gegen die Einlaßöffnung der Brennstoffleitung und verschließt sie. Saugt der Motor Betriebsstoff an, so sinkt der Benzinstand und damit auch der Schwimmer mit der Nadel. Nun kann wieder Benzin zufließen. So ist ein steter und geregelter Zufluß des Brennstoffes gewährleistet.

Bei anderen Ausführungen wird die Nadel durch den Schwimmer hindurchgeführt und die am Boden befindliche Benzinleitung durch einen Kegel geöffnet oder geschlossen. Manche Konstruktionen schließen die Zuleitung auch durch Gegengewichte, gegen die der Schwimmer stößt, oder durch besondere Anordnung eines Kippschwimmers. Dieser ist durch ein Gelenk am Gehäuse befestigt und verschließt oder öffnet die Brennstoffleitung durch seitliche Bewegungen.

Aus dem Schwimmergehäuse führt ein Röhrchen in die Saugleitung des Motors. Es endet in einer Düse. Bei Bewegung des Kolbens im Zylinder wird ein Unterdruck erzeugt, der Außenluft ansaugt. In der Saugleitung ist ein Zerstäuber eingebaut, der eine Verengung des Vergaserrohres bedingt. Hierdurch wird an dieser Stelle eine größere Geschwindigkeit der angesaugten Luft hervorgerufen, wobei eine kräftige Saugwirkung an der Düse auftritt, die den Brennstoff aus dieser mitreißt. Der Durchlaß des Zerstäubers und die Öffnung der Düse müssen der Größe des Motors und dem für den Brennstoff geeigneten Mischungsverhältnis angepaßt sein.

Außer diesen beschriebenen Konstruktionen gibt es noch eine große Zahl anderer. Es kann z. B. der Vergaser anstatt in vertikaler Richtung auch in horizontaler Richtung angeordnet werden, wie es hauptsächlich bei Kraftradmotoren der Fall ist. Grundsätzlich sind jedoch alle diese Ausführungen gleich, und sie zeigen, wie in der Technik dieselbe Frage verschiedenartig gelöst werden kann.

12. Die Eisenbahn.

Die Eisenbahn gehört zu den wichtigsten Verkehrsmitteln. Sie ermöglicht eine schnelle Beförderung von Menschen und Gütern und ist damit eine wesentliche Grundlage des modernen Wirtschaftslebens.

In Deutschland wurde die erste Dampfeisenbahn auf der Strecke von Nürnberg nach Fürth eingeführt. Die Probefahrten begannen am 16. November 1835. Die Eröffnung der Bahn fand am 7. Dezember desselben Jahres statt. Mit einer Stundengeschwindigkeit von 40 km, die damals Aufsehen erregte, verließ der Zug die Stadt Nürnberg. Überall, wo er vorbeifuhr, wurde er von einer begeisterten Menge begrüßt. Die Fahrt dauerte etwa 20 Minuten. Dann war die Endstation in Fürth erreicht. Die Erwartung, die man auf den Ver-

Abb. 15. Eisenbahnzug

kehr gesetzt hatte, wurde weit übertroffen; denn schon im ersten Jahre wurden mit dieser Bahn 450 000 Personen befördert.

Wenige Jahre danach wurde die Strecke Leipzig—Dresden in Betrieb genommen, der rasch weitere Bahnbauten folgten. Im Laufe der Zeit ist dann in Deutschland das große Bahnnetz entstanden, das heute als „Deutsche Reichsbahn" überall in der Welt bekannt ist.

Betrachten wir einmal einen Eisenbahnzug näher. Da sehen wir zunächst eine Antriebsmaschine, die „Lokomotive". Mit ihr ist meist ein Kohlen- und Wasserwagen verbunden, „Tender" genannt, und dann folgen die Personen- oder Güterwagen. Außerdem werden gewöhnlich noch Post- und Gepäck- wagen mitgeführt. Die Lokomotive wird in den meisten Fällen heute noch mit Dampf betrieben. Ihre Räder bewegen sich auf einem Schienenpaar, das man Gleis nennt. Die Schienen werden aus bestem Stahl hergestellt. Zur Verlegung der Gleise, die auf Schwellen erfolgt, muß ein starker Unterbau errichtet werden. Er besteht meist aus Dämmen, auf die ein Schotter aufgeschüttet wird.

Zu den wichtigsten Teilen einer Eisenbahn gehören die Signal-, Sicher- heits- und Stellwerkseinrichtungen. Besuchen wir einmal ein Stellwerk! Ein Bahnbeamter führt uns dazu zwischen den Gleisen entlang, quer über andere hinweg und schließlich eine steile Treppe zum Stellwerk hinauf, wo die wichtigsten Sicherheitseinrichtungen für den Betrieb der Eisenbahn bedient werden. Hier sehen wir eine lange Reihe ausgerichteter Hebel, das Blockwerk mit seinen blanken Knöpfen und Tische, auf denen Telegraphengeräte und Fernsprecher stehen.

Draußen pfeift eine Lokomotive. Ein Beamter ruft ihrem Führer durch das geöffnete Fenster etwas zu. Mehrere Fernsprecher klingeln gleichzeitig. Morsegeräte ticken. Hebel werden hin- und hergeworfen. Der Stellwerksleiter hat gerade Zeit, uns in der Ferne das Einfahrtsignal zu zeigen, das er soeben auf „Fahrt" gestellt hat. Ein Blockfeld im Blockwerk schnarrt und wechselt seine Farbe von weiß auf rot.

Wir sehen uns weiter im Stellwerk um und bemerken, daß einzelne Hebel rot, andere blau sind. Die roten sind die Signalhebel, die blauen die Weichenhebel. Von den Hebeln gehen doppelte Drahtzüge zu den Weichen und Signalen. Die Drähte werden durch Spannwerke, die im Erdgeschoß stehen, straff gehalten. Hinter dem Blockkasten unter einem Glasdeckel liegt das Verschlußregister, in dem die Weichen, Fahrstraßenhebel und Signale durch mechanische Verschlußstücke verriegelt werden.

Die Sicherheit des Verkehrs wird weiter erhöht durch eine Einrichtung, die einen Zug selbsttätig abbremst, falls er ein Signal überfährt, das auf „Halt" steht. Derartige Einrichtungen bezeichnet man als „Zugbeeinflussung". Diese müssen so beschaffen sein, daß sie bei Frost, Rauhreif, Nebel und Schneetreiben unbedingt zuverlässig arbeiten. Dazu sind neben der Strecke Apparate aufgestellt, die auf dem Führerstand der Lokomotive ein akustisches Warnsignal auslösen oder gar die Bremseinrichtung selbsttätig ansprechen lassen, wenn das Signal auf „Halt" steht.

Vor Abfahrt eines Zuges müssen zunächst alle Weichen der Fahrstraße richtig gestellt sein. Diese Weichenstellung wird vom Stellwerk aus meist mechanisch, in neuerer Zeit auch elektrisch vorgenommen. Der Zug verläßt den Bahnhof allerdings erst dann, wenn das Ausfahrtsignal auf „Fahrt" steht und der Fahrdienstleiter das Abfahrtzeichen gibt. Man hat bei der Deutschen Reichsbahn für die Personenbeförderung zu unterscheiden zwischen Personenzügen, die im allgemeinen auf allen Stationen, Eilzügen, die nur auf größeren Stationen, und schließlich Schnellzügen, die nur auf den größten Stationen halten. Letztere führen die Bezeichnung „D-Züge", was eine Abkürzung für das Wort „Durchgangszüge" ist. Außerdem gibt es noch sogenannte FD-Züge (Fern-Durchgangszüge), die im Gegensatz zu den D-Zügen nur auf einzelnen Strecken mit besonders hoher Geschwindigkeit verkehren.

Die Reisenden werden über die Fahrzeiten der Züge durch Kursbücher unterrichtet.

13. Die Dampflokomotive.

Die neuzeitliche Dampflokomotive stellt eine auf ein Fahrgestell aufgebaute, hochentwickelte Dampfmaschine mit Dampferzeugungsanlage dar. Sie findet als unabhängige, bewegliche Kraftmaschine im Eisenbahnbetrieb zur Beförderung von Zügen umfangreiche Verwendung. Ihre Hauptmerkmale sind:

der liegende Dampfkessel mit vorderer Rauchkammer und Schornstein,
der Dampfdom auf dem Langkessel und der hintere senkrechte Stehkessel,
der Führerstand hinter dem Dampfkessel,
der Rahmen,
die großen Treibräder und die kleinen Laufräder,
der Kurbeltrieb mit der Kupplung der großen Räder durch die äußeren Kuppelstangen,
die Dampfzylinder, die am vorderen Teil des Rahmens befestigt sind,
die Steuerung mit Umsteuerung und
die Bremse, die durch Druck der Bremsklötze auf die Radreifen der Räder wirkt.

Als man den Wert der sogenannten Verbundwirkung im ortsfesten Dampfmaschinenbau erkannt hatte, versuchte man, auch die Lokomotiven mit Zweizylinder-, Dreizylinder- bzw. Vierzylindertriebwerk und doppelter Dampfdehnung auszustatten. Man erkennt diese „Verbundlokomotiven" daran, daß sie zwei oder mehr Zylinder verschiedenen Durchmessers haben. Der Frischdampf strömt zuerst in einen oder mehrere Hochdruckzylinder von kleinem Durchmesser, wo er einen Teil seines Arbeitsvermögens an das Hochdrucktriebwerk abgibt. Der ausströmende Dampf gelangt danach mit herabgeminderter Spannung in einen oder mehrere Niederdruckzylinder von großem Durchmesser. Dort treibt er mit dem Rest seines Arbeitsvermögens das Niederdrucktriebwerk an.

Die schwierige Unterhaltung und Bedienung der Verbundlokomotive hat jedoch zur Folge gehabt, daß sie sich nur noch in einzelnen Ländern als Schnellzugmaschine halten konnte. Die Mehrheit aller Lokomotiven, die heute im Dienste der Personen- und Güterbeförderung gebraucht werden, sind mit Zylindern für einfache Dampfdehnung ausgerüstet.

In den letzten Jahrzehnten war man bestrebt, den Betriebsdruck des Kessels von 10—12 Atmosphären Überdruck (atü), wie er im 19. Jahrhundert allgemein üblich war,

Abb. 16. Saxonia, die erste in Deutschland gebaute Lokomotive aus dem Jahre 1838

zu erhöhen. Man wollte auf diese Weise eine einfache Leistungssteigerung der Lokomotive erreichen. Bis heute jedoch sind Dampfdrücke von nur 14 bis 20 atü zur Anwendung gekommen. Die hohen Dampfdrücke von 60 und 100 atü hingegen blieben Sonderbauarten vorbehalten. Dies sind die Hochdrucklokomotiven, die aber nicht zur allgemeinen Einführung gelangten.

Eine grundlegende Neuerung auf dem Gebiete des Kesselbaus war die Verwendung des Heißdampfes in den Lokomotiven. Dem deutschen Ingenieur Wilhelm Schmidt in Kassel gelang es, einen brauchbaren Überhitzer zu entwerfen und auszuführen. In seiner heute üblichen Form als Rauchröhrenüberhitzer hat er im Lokomotivbau der ganzen Welt Eingang gefunden. Die neuzeitlichen Maschinen für den Streckendienst sind ausnahmslos Heißdampflokomotiven.

Der jetzt allgemein übliche Lokomotivkessel ist ein liegender Heizröhrenkessel. Sein Feuerraum wird durch die Feuerbüchse gebildet; sie hat würfelförmige Gestalt und ist unten offen.

In dem unteren Teil der Feuerbüchse ist der Rost eingebaut, dessen Bauweise der Beschaffenheit des Brennstoffes angepaßt ist. Er wird aus einzelnen Roststäben gebildet, wenn gute Kohle verfeuert wird, während er bei Verwendung stark aschehaltiger und backender Kohle oft als Schüttelrost ausgeführt wird. Die Feuerschicht wird von Zeit zu Zeit von den unverbrennbaren Rückständen, Asche und Schlacke, befreit. Diese fallen durch die Rostspalten oder durch die Öffnung eines abgesenkten Kipprostes in einen Aschekasten, der unterhalb des Bodenringes angebracht ist und nach Bedarf entleert werden kann.

Welchen Weg nehmen nun die Heizgase, die bei der Verbrennung der Kohle in der Feuerbüchse entstehen?

Die Heizgase, die sich über der Brennschicht entwickeln, geben ihre Wärme an die direkte Heizfläche der Feuerbüchse ab. Dann durchstreichen sie die Heiz- und Rauchrohre, deren Flächen als indirekte Heizfläche bezeichnet werden. Um den Wasserumlauf innerhalb des Kessels zu fördern, werden in großen Feuerbüchsen gern Wasserumlaufrohre eingebaut, die den Feuerraum in Längsrichtung durchziehen. Sie tragen auf ihrem vorderen Teil einen Feuerschirm, durch welchen die Heizgase gestaut und gezwungen werden, den ganzen Feuerraum vollständig auszufüllen. Wenn die Gase in die Rauchkammer eintreten, werden sie durch einen Funkenfänger geleitet, der die mitgerissenen unverbrannten Kohleteile aussondert, und gelangen durch den Schornstein ins Freie.

Das Wasser, das sowohl die Feuerbüchse als auch die Heiz- und Rauchrohre umgibt, verdampft. Der Raum oberhalb des Wasserspiegels wird mit Naßdampf gefüllt. Im Dampfdom befindet sich ein Regler, der durch ein Gestänge vom Führerstand aus geöffnet und geschlossen werden kann. Der durch den Regler strömende Dampf gelangt bei Naßdampflokomotiven unmittelbar in die Zylinder, bei Heißdampflokomotiven in den Dampfsammelkasten, der in der Rauchkammer angebracht ist. An ihn sind Heizschlangen, die sogenannten Überhitzerelemente, angeschlossen. Sie sind in die Rauch-

34

röhren eingeführt und durchziehen diese fast in ganzer Länge. Wenn der Dampf diese Überhitzerelemente durchströmt, wird seine Temperatur über die Sattdampftemperatur hinaus erhöht, wodurch er seine Nässe verliert. Der nun trockene Heißdampf wird dann durch die Einströmrohre innerhalb der Rauchkammer zu den Schieberkästen geleitet. In ihnen findet mittels der Steuerung die Verteilung des Dampfes auf die vordere bzw. hintere Seite des Zylinders statt. Er bildet die Kraftquelle für die Hin- und Herbewegung des Kolbens, die durch Kolbenstange, Kreuzkopf und Treibstange auf den Treibzapfen des Treibrades übertragen und in drehende Bewegung umgesetzt wird.

Hat der Dampf in den Zylindern sein Arbeitsvermögen abgegeben, so gelangt er mit geringem Überdruck durch die Ausströmleitungen zum Blasrohr

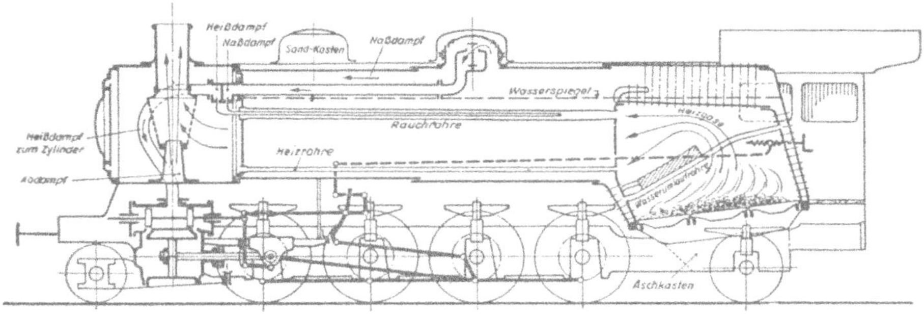

Abb. 17. Längsschnitt durch eine Heißdampflokomotive

in der Rauchkammer. In Verbindung mit dem Schornstein saugt er die Rauchgase durch die Rohre und veranlaßt den künstlichen Zug, der für die Verbrennung der Kohle auf dem Rost nötig ist.

Die Steuerung des Schiebers wird durch eine Anzahl von Hebeln vorgenommen. Mit ihrer Hilfe werden die hin- und hergehende Bewegung des Kreuzkopfes und die Drehbewegung des Treibrades zu der Bewegung des Kolbenschiebers zusammengesetzt. Sie ist so eingestellt, daß im richtigen Augenblick die Dampfzuführung zu den Zylindern geöffnet bzw. geschlossen wird. Diese Art von Steuerung nennt man „Heusinger"-Steuerung; sie ist heute allgemein verbreitet. Ihre Hauptteile sind: die Gegenkurbel am Treibzapfen, die Schwingenstange, die Schwinge, die Schieberschubstange, der Voreilhebel und die Lenkerstange, die die Bewegung des Kreuzkopfes weiterleitet. Die Heusinger-Steuerung besitzt in der Schwinge ein Mittel, von der Vorwärtsbewegung auf die Rückwärtsbewegung der Lokomotive umzuschalten. Die Einstellung der Fahrtrichtung wie auch der verschiedenen Füllungsgrade erfolgt im Führerhaus durch ein Handrad mit Steuerschraube, wenn nicht eine Kraftumsteuerung durch Dampf oder Preßluft vorgenommen wird.

3*

Der größte Gewichtsteil einer fahrenden Lokomotive liegt verhältnismäßig ruhig. Während die Räder durch die mit ihnen verbundenen Treib- und Kuppelstangen eine drehende Bewegung ausführen, befinden sich die anderen Triebwerksteile (Kolben mit Stange, Kreuzkopf) in hin- und hergehender Bewegung. Sie verursachen störende Nebenbewegungen beim Lauf der Lokomotive, die zu Entgleisungen führen können. Um dem zu begegnen, hat man in die Treib- und Kuppelräder Gegengewichte eingegossen. Auf diese Weise wird der Einfluß der umlaufenden und schwingenden Massen so weit herabgemindert, daß eine Gefahr für den Gang der Lokomotive nicht mehr besteht.

Zuweilen sind Maschinen zu sehen, bei denen die Kohlen- und Wasservorräte nicht auf einem sogenannten „Schlepptender" mitgeführt werden, sondern auf der Lokomotive selbst untergebracht sind. Solche „Tenderlokomotiven" werden besonders im örtlichen Nahverkehr und im Rangierdienst mit seinem oftmaligen Wechsel von Vorwärts- und Rückwärtsfahrt verwendet.

Die erste in Deutschland gebaute Lokomotive war die „Saxonia", die im Jahre 1839 auf der Strecke Leipzig—Dresden in Betrieb genommen wurde (Abb. 16). Sie zeigt schon nicht mehr die unbeholfenen Formen der früheren Versuchsbauten und besitzt bereits die Merkmale der gegenwärtigen Lokomotive.

Die äußere Form der Lokomotive hat sich im Laufe der Zeit natürlich stark verändert. Die „Saxonia" und ihre Nachfolgerinnen zeigen die Haupt-

Abb. 18. Heißdampflokomotive mit Stromlinienverkleidung

teile des Mechanismus noch auf den ersten Blick. Um das Jahr 1920 ging die Deutsche Reichsbahn dazu über, zu beiden Seiten des Vorderteils der Lokomotive Windleitbleche anzubringen. Sie führen den Luftstrom mit den Rauchgasen und den Dampfschwaden, die dem Schornstein entströmen, in die Höhe und machen so die Sicht für das Maschinenpersonal frei. Damit begann das Aussehen der Lokomotive ein anderes zu werden.

Die neueste Entwicklung der Schnellzuglokomotive, veranlaßt durch die Forderung nach einer immer höheren Geschwindigkeit, führte zur vollständig verkleideten Lokomotive in Stromlinienform. Durch diese Verkleidung werden die mechanischen Teile einer Lokomotive dem Auge vollkommen entzogen. Wir sehen jetzt nur noch ein Fahrzeug von massiger Form mit vollständig glatter Oberfläche. Selbst der Schornstein, dessen Lage bisher die Hauptfahrtrichtung einer Lokomotive andeutete, tritt nicht mehr in Erscheinung. Nur die Fenster des Führerstandes geben hierfür noch einen Anhalt, wie man an der Abbildung 18 einer stromlinienverkleideten Lokomotive der Deutschen Reichsbahn erkennen kann.

14. August Borsig.

Zu Anfang des 19. Jahrhunderts lebte in Breslau ein einfacher Zimmermann namens Borsig, der sich hart und schwer durchs Leben schlagen mußte. Dabei lernte er aber, daß man stets ein festes Ziel vor Augen haben muß, wenn man es zu etwas bringen will.

Nach diesem Grundsatz erzog er auch seinen am 23. Juni 1804 geborenen Sohn August. Dieser besuchte zunächst eine einklassige Dorfschule und ergriff darauf das Handwerk seines Vaters. Da er ein strebsamer junger Mann war, ging er danach auf die Bauschule in Breslau, um seine Kenntnisse im Baufach zu erweitern.

Später lernte er als Handwerksbursche auch das emsige Leben und Treiben in den großen Städten kennen. Bei stillen, ehrwürdigen Meistern arbeitete er ebenso wie in den damals aufkommenden Fabriken. Überall war er bestrebt, sein Wissen und Können zu bereichern. Hier sah er auch zum erstenmal die großen Dampfmaschinen, die in dem empfänglichen Gemüt des jungen August Borsig einen starken Eindruck hinterließen.

Als der junge Handwerker von dem Berliner Gewerbeinstitut hörte, in dem Maschinenbauer ausgebildet wurden, beschloß er, diese Anstalt unter allen Umständen zu besuchen; war es doch seine Sehnsucht, Maschinenbauer zu werden. Einige Taler hatte sich August Borsig schon während seiner Wanderschaft ersparen können. Er war fleißig, genügsam und nüchtern. So reichte es gerade zum Besuch des Gewerbeinstituts. Nach Abschluß seiner Ausbildung fand er Beschäftigung bei einer Maschinenbauanstalt, wo er Gelegenheit hatte, seine Geschicklichkeit und Fähigkeit praktisch zu beweisen.

Schon bald betraute man ihn mit besonderen Aufgaben. So wurde er einmal nach Schlesien geschickt, um dort in einer Spinnerei eine Dampfmaschine aufzustellen. Der Inhaber der Spinnerei hielt den Berliner Vertreter, der die Arbeiten leiten sollte, noch für recht jung. Aber bald konnte er sich

Abb. 19. August Borsig

des Eindrucks nicht entziehen, daß Borsig außerordentlich tüchtig war. Nach Fertigstellung seiner Arbeiten erhielt er folgendes Zeugnis:

„Inhaber Dieses, Herr August Borsig, gebürtig aus Breslau, hat sich seit September 1825 bei mir im Maschinenbau geübt und waren seine Fortschritte von der Art, daß ich ihm schon im nächsten Jahre die Aufstellung einer großen Dampfmaschine anvertrauen konnte, welche Er, sowie auch alles, was Er bis jetzt bei mir in Metall gearbeitet, modelliert und gezeichnet hat, zu meiner vollkommenen Zufriedenheit ausführte. Sein sittliches Betragen und sein Fleiß waren höchst lobens- und empfehlenswert. Dies bescheinigt hiermit der Wahrheit gemäß
Berlin, den 15. März 1827.
F. A. Egells, Maschinenbauer.“

Mit diesem Zeugnis in der Hand trat August Borsig bei der „Neuen Berliner Eisengießerei" eine Stellung als technischer Leiter an. Hier ersparte er sich in zehn Jahren mit eiserner Energie so viel, daß er im Jahre 1837 eine eigene Maschinenbauanstalt errichten konnte.

Zunächst begann Borsig mit einer Belegschaft von 30 Arbeitern. Neben Gießereiarbeiten wurde auch der Bau von Dampfmaschinen nach seinen eigenen Plänen aufgenommen. Außerdem stellte man Werkzeugmaschinen, Kippwagen, eiserne Gitter und Geländer her. Bald wußte sich Borsig vor den eingehenden Aufträgen nicht zu retten. Manchmal fehlten aber auch die Aufträge, und der ganze Betrieb harrte neuer Bestellungen.

Eines Abends kam Borsig, angeregt durch ein Wirtshausgespräch, auf den Gedanken, die bisher hauptsächlich in England hergestellten Dampflokomotiven in seinem eigenen Werk zu bauen. Damit hatte er das neue Tätigkeitsfeld gefunden, das für seinen Betrieb entscheidend werden sollte. Im Jahre 1841 ging mit der ersten deutschen Lokomotive, die auf den Namen August Borsig getauft wurde, der Ruhm ihres Schöpfers in alle Welt.

Diesem Erzeugnis folgten im nächsten Jahr schon acht, im übernächsten Jahr bereits zehn Maschinen. Mit der Zahl wurden auch die Leistungen der von der „Berliner Maschinen- und Lokomotivenbauanstalt August Borsig" gelieferten Lokomotiven immer größer. Schon zwei Jahre nach der ersten Probefahrt errang die Borsigsche Lokomotive bei einer Wettfahrt vor ausländischen Mitbewerbern einen unbestrittenen Sieg. Die Schöpfung des Lokomotivenkönigs, wie August Borsig jetzt genannt wurde, erwies sich allen anderen Maschinen weit überlegen. Bald darauf beschäftigte Borsig bereits 1200 Arbeiter und übertraf mit einer Lieferung von 67 Tenderlokomotiven die damalige Leistungsfähigkeit der größten Werkstatt Englands. Der Betrieb des ehemaligen Dorfschülers und Zimmerergesellen wuchs von Jahr zu Jahr. In Berlin-Moabit wurde ein eigenes Eisenwerk gebaut, in Oberschlesien Kohlenfelder gekauft.

Im Jahre 1854 schloß ein tückischer Schlaganfall dem rastlosen Pionier deutschen Lokomotivbaues mitten in seinem Schaffensdrang die Augen für immer.

15. Die Entwicklung des Flugzeuges.

In den Sagen aller Völker begegnen wir der Sehnsucht des Menschen, den Vogelflug nachzuahmen. Die zahlreich überlieferten Bilder und Zeichnungen beweisen aber, daß es sich hierbei nur um Träume und Wahngebilde gehandelt hat. Erst im Spätmittelalter beschäftigten sich mit der Lösung der Flugfrage neben zahlreichen Schwärmern, denen jegliches Rüstzeug wissenschaftlicher und technischer Vorbildung fehlte, vereinzelt auch Gelehrte. Allmählich schieden sich in den Gedanken mit brauchbarem Kern die Richtungen voneinander. Die wichtigste wurde die „aerodynamische" genannt, die sich mit dem Entwurf von Luftfahrzeugen „schwerer als Luft" befaßte, d. h. von solchen, die zum Schweben und zur Fortbewegung eine Kraftentwicklung nötig machen. Man nennt solche Gebilde jetzt Flugzeuge, das sie umfassende Gebiet Flugwesen und das Bedienungspersonal Flieger.

Als der Vater des Menschenfluges gilt in aller Welt der Deutsche Otto Lilienthal. Seine Gleitflüge wurden plan- und sachgemäß unter Mitarbeit seines Bruders Gustav durchgeführt. Lilienthal hat seit seinem 13. Lebensjahr viele Flugzeuge für Gleit- und Segelflug entworfen, gebaut und erprobt. Er wies auch schon den Nutzen gewölbter Flächen nach. Das Fluggeschirr wurde durch Einlegen beider Unterarme in entsprechende Polsterungen festgehalten und das Flugzeug durch Verlegen des Körpergewichts gesteuert. Den einfachen Flügeln fügte er später Steuerflächen hinzu. Er hatte bei Versuchsflügen, vom Winde hin- und hergeworfen, in der Luft oft einen förmlichen Tanz ausführen müssen, um das Gleichgewicht zu behaupten. Das führte ihn dazu, die Lenkbarkeit durch leichtere Handhabung zu verbessern. Für schwächeren Wind schuf er einen Doppelflügel von 5,5 m Spannweite und zwei je 9 m² großen Flächen. Damit wurden weit größere Höhen erreicht; oft wurde der Aufstiegpunkt erheblich überflogen, wenn Windstöße von 10 m/s auftraten. Als Übungsgelände dienten verschiedene Erhebungen in der Umgebung von Berlin und schließlich ein bei Lichterfelde eigens aufgeworfener

Hügel von 15 m Höhe und 70 m unterer Breite, der oben zum Abflug der Flugzeuge eingerichtet wurde.

Lilienthal hatte bereits große Sicherheit im Fliegen erlangt und wollte dazu übergehen, mit Hilfe eines kleinen Kohlensäuremotors den Ruderflug der Vögel nachzuahmen, d. h. Flügelschläge auszuführen, als ihn am 10. August 1896 nach einem tags zuvor erfolgten Absturz das Schicksal hinwegraffte.

Durch solche Segelflüge war der Motorflug gut vorbereitet, als es in den Jahren 1902 bis 1906 der Kraftwagen-Motorenindustrie gelang, leichte Triebwerke herauszubringen, die nur 2 bis 4 kg je Pferdekraft wogen. Mit Hilfe dieser Motoren waren schon 1903 Flüge von 260 m in 59 Sekunden gegen einen Wind von 10 m/s möglich. Damit war also das Fliegen in einem Motorflugzeug zur Tatsache geworden.

In Deutschland hat Ingenieur Grade dann als erster einen Eindecker nach eigenem Entwurf gebaut, mit dem er in Magdeburg schon am 28. Oktober 1908 flog. Ihm folgten August Euler in Frankfurt a. M. auf Voisin-Doppeldecker, Dorner in Berlin und Jatho in Hannover auf Flugzeugen eigener Bauart. Leider fand die Arbeit dieser Wegbereiter keine Förderung. Das Gutachten der maßgebenden Stellen lautete dahin, daß Flugzeuge nie Bedeutung gewinnen würden, da akrobatenhafte Geschicklichkeit dazu gehöre, solche Luftfahrzeuge zu steuern. Im Deutschen Reichstag erklärte der Vertreter des Kriegsministeriums noch 1910, es sollten keine Flugzeuge angeschafft werden, da „Erkundungen infolge der großen Geschwindigkeit unmöglich seien und außer dem Führer keine zweite Person getragen werden könne". Das wurde gesagt, als das Flugzeug nur 70 km/h flog.

Doch die Entwicklung konnte zwar gehemmt, aber nicht zum Stillstand gebracht werden. Bahnbrechende Arbeit haben auch auf diesem Gebiet deutsche Ingenieure geleistet; insbesondere ist das von Professor Junkers zu sagen. In aller Welt bekannt ist das Junkersche Frachtflugzeug W 33, mit dem Hauptmann Köhl am 12. April 1928 in $36^{1}/_{2}$ Stunden den Atlantik von Ost nach West überflogen hat. Weiter sei erwähnt, daß Professor Junkers bereits 1910 ein Patent auf das „Nurflügelflugzeug" erhielt, das bei großer Geschwindigkeit die Wartung der ins Innere verlegten Motoren ermöglichte. Junkers hat auch schon 1915 das erste verspannungslose Ganzmetallflugzeug und 1919 das erste reine Kabinenflugzeug herausgebracht. Köhl, Lippisch und Focke haben ähnliche Gedanken entwickelt. Größte Beachtung verdienen weiterhin Dr. Dornier, der Erbauer des Do X, des größten Flugbootes der Welt, und Rohrbach, der nach dem Bau von dreimotorigen Landflugzeugen und Flugbooten größter Ausmaße ein ganz neuartiges „Umlauf-(Schaufelrad-) Flugzeug" entworfen hat; ferner Focke, der das Tragflügel- oder Windmühlenflugzeug baute, und Messerschmitt von den Bayerischen Flugzeugwerken. Die schwierigen Versuche mit einem Höhenflugzeug, das in der dünnen und daher wenig Widerstand bietenden Luft der Stratosphäre mit hoher Geschwindigkeit, vielleicht 600 oder gar 1000 km/h, dahinjagen soll, werden fortgesetzt. Das Höhenflugzeug hat bereits eine Höhe von 10 000 m erreicht. Die Stratosphäre ist die geeignetste Höhe für Langstreckenflüge, weil dort die

Luft in ruhiger Schichtung dahinzieht und es keine Niederschläge, Böen und Gewitter gibt. Es wird einen gewaltigen Fortschritt bedeuten, wenn sich der Fernluftverkehr in dieser hohen Luftschicht vollzieht, ein Ziel, dem Deutschland schon recht nahe ist.

16. Das Verkehrsflugzeug.

Die Deutsche Lufthansa nahm als erste Luftverkehrsgesellschaft viermotorige Großraumflugzeuge in den planmäßigen Streckendienst, die heute in aller Welt bekannten Junkers Ju 90 und Focke-Wulf „Condor". Die Ju 90, deren Fluggewicht 24 t beträgt, führt als Besatzung den Flugkapitän, den Flugmaschinisten und den Flugzeugfunker. Außerdem befinden sich noch ein oder zwei Flugbegleiter oder Flugbegleiterinnen an Bord, die unterwegs für das Wohl der 36 bis 40 Fluggäste zu sorgen haben. In diesen Flugzeugen stehen neben den Raucher- und Nichtraucherabteilen auch zwei Waschräume zur Verfügung. Geräumige Kleiderablagen und Handgepäckabstellplätze machen das Reisen in diesen Flugzeugen besonders behaglich. In den Condor-Flugzeugen sind die Raumverhältnisse ähnlich, jedoch haben nur bis zu 26 Luftreisende Platz. Neben diesen beiden Flugzeugtypen werden hauptsächlich die seit dem Jahre 1932 im Weltluftverkehr bekannten Junkers Ju 52 eingesetzt, die je nach der Einrichtung des Fluggastraumes 15 oder 17 Fluggäste aufnehmen können.

Die im deutschen Luftverkehr verwendeten Flugzeuge, gleich ob Land-, Seeflugzeuge oder Flugboote, sind Ganzmetallflugzeuge. Das ist verständlich, wenn man berücksichtigt, daß der Ganzmetallflugzeugbau zuerst in Deutschland, und zwar von Dornier im Jahre 1913, zwei Jahre später auch von Junkers aufgenommen wurde.

Alle von der Deutschen Lufthansa in Dienst gestellten Flugzeuge sind mehrmotorig. Die Vereinheitlichung der Triebwerke ist heute sehr weit fortgeschritten. Im Streckendienst werden neben dem luftgekühlten Sternmotor BMW 132, der mit Leichtkraftstoff gespeist wird, die nach dem Dieselverfahren arbeitenden, flüssigkeitsgekühlten Schwerölmotoren von Junkers benutzt. Diese weltbekannten Jumo-Motoren ermöglichten es durch ihren geringen Kraftstoffverbrauch, schon im Jahre 1936 planmäßig den Nordatlantik zu befliegen. Als Luftschrauben verwendet man Verstellschrauben, die sich den jeweiligen Flugbedingungen angleichen, also für Steig- und Schnellflug eine veränderliche Schraubenblattverstellung haben.

Die neuzeitliche Junkers Ju 90 und die Focke-Wulf Fw 200 sind außen mit glatten Blechen behäutet, wogegen die Junkers Ju 52 eine Wellblechhaut aufweist, die als tragendes Bauglied zur Festigkeit des Flugzeuges beiträgt. Außer der Junkers Ju 90 und der zweimotorigen Ju 86 sowie dem Schwimmerflugzeug Blohm & Voss 139, die doppelte Seitenleitwerke tragen, haben alle anderen Muster einfache Höhen- und Seitenleitwerke.

Die einziehbaren Fahrwerke werden durch Öldruckanlagen betätigt. Jedes Rad ist einzeln bremsbar, so daß das Flugzeug am Boden leicht gesteuert werden kann. Besondere Sicherungsvorrichtungen, die den Flugzeugführer vor der Landung daran erinnern, daß das Fahrwerk ausgefahren werden muß, arbeiten durch Sicht- und Geräuschzeichen.

Obwohl Vereisungen in heutiger Zeit kaum noch ernstliche Schwierigkeiten machen, verwendet man bei der Lufthansa verschiedene Enteisungsvorrichtungen zur unbedingten Verhinderung der Eisbildung an den Kanten, an denen die Flügel und Ruder eintreten, sowie an den Luftschrauben, Anzeige-

Abb. 20. Verkehrsflugzeug Focke-Wulf Fw 200 „Condor"

geräten und Sichtscheiben des Führerraumes. Für die verschiedenen Zwecke werden Gummi- oder Warmluftenteiser und elektrische Enteiser eingebaut.

Sämtliche deutschen Flugzeuge sind um ihre drei Bewegungsachsen ausgeglichen. Man versteht darunter, daß sie mit völlig losgelassenen Rudern selbsttätig geradeaus fliegen oder sich allein wieder in den Waagerechtflug aufrichten, wenn sie zuvor in einer Kurve lagen oder sonst eine von der Geraden abweichende Fluglage eingeleitet wurde. Viele Verkehrsflugzeuge sind mit voller Selbststeuerung oder selbsttätiger Kurssteuerung ausgerüstet. Die Arbeitsweise der Selbststeuerung erfolgt derart, daß eine vom Flugzeugführer zuvor eingestellte Kursgeberanlage an die verschiedenen Rudermaschinen ihre „Befehle" gibt und Höhen-, Seiten- und Querruder bewegt. So wird das Flugzeug auf dem gewünschten Kurs und gegebenenfalls auch in der anbefohlenen Höhe gehalten. Es gehört also dazu, daß eine volle Selbststeuerung auch noch die Drehzahl der Motoren und somit der Luftschrauben regeln muß.

Der Führerraum neuzeitlicher Großflugzeuge enthält alle zur Durchführung des Fluges notwendigen Geräte und Instrumentenanzeiger, die dem

Flugkapitän Abflug, Flug und Landung bei jedem Wetter und in der Nacht ermöglichen. Die wichtigsten Anzeigegeräte sind folgende: der Wendezeiger, der am unentbehrlichsten ist, weil er dem Flugzeugführer die Lage des Flugzeuges anzeigt. Daneben befindet sich auf dem Instrumentenbrett der künstliche Horizont, der für den Nacht- und Blindflug im Nebel unerläßlich ist, da er die Lage des Flugzeuges zur Erde erkennen läßt, und ferner der Anzeiger des Variometers, der ein Steigen oder Sinken des Flugzeuges erkennbar macht. Dieses Gerät zeigt nicht die Höhe über Grund noch die barometrische Höhe an, sondern nur, ob das Flugzeug eine gewisse Senkrechtbewegung ausführt, die durch Auf- und Abwinde bewirkt werden kann. Im Gegensatz dazu gibt der Höhenmesser der Besatzung die jeweilige barometrische Höhe an, mit deren Hilfe die Höhe des überflogenen Geländes zu ermitteln ist. Für die Landung im Nebel stehen sodann noch der Feinhöhenmesser zur Verfügung. Er gibt Unterschiede von noch 5 m über Grund genau an und wird nach dem Luftdruck, der über dem anzufliegenden Hafen herrscht, von der Besatzung eingestellt. Der Luftdruck über dem Hafen wird durch Funk an das Flugzeug übermittelt. Ferner sind zu erwähnen die Kompasse, der Kursanzeiger und der Fahrtmesser, der als Staudruckmesser ausgeführt die Geschwindigkeit des Flugzeuges gegenüber der umgebenden Luft mißt.

Unter den Triebwerkinstrumenten sind die Drehzahlmesser der Motoren für den Flugzeugführer von besonderer Wichtigkeit. Die Thermometer für die verschiedenen Temperaturen von Öl usw. sowie Öldruckmesser sind vor dem Sitz des Flugmaschinisten angeordnet.

Jedes Flugzeug besitzt natürlich auch noch Funkanlagen, mit denen die notwendigen Funkpeilungen vorgenommen werden. Dafür verwendet man Lang-, Kurz- sowie Ultrakurzwellen. Peilungen erfolgen mittels Fremdpeilung oder Eigenpeilung. Erwähnenswert ist auch das Zielfluggerät, mit dessen Hilfe man einen beliebigen Sender ansteuern kann.

Auf dem Gebiet der Funkortung, des Blindflugs und der Blindlandung hat die Deutsche Lufthansa in Zusammenarbeit mit der Funkindustrie für die gesamte Handelsluftfahrt vorbildlich gewirkt. Das beweisen die Flugleistungen der deutschen Flugzeuge, mit denen man außerordentlich sicher fliegt, da die Verantwortung ausschließlich dem Können der Flieger und ihren hochentwickelten Geräten anvertraut wird.

17. Wie der Storch den Segelflug förderte.

Otto Lilienthal, der erste Mensch, der wirklich flog, las als Kind eine Tierfabel, in der der Storch dem Zaunkönig, der sich während des Fluges auf seinem Rücken niedergelassen hatte, eine Belehrung gab. Meister Langbein erklärte seinem kleinen Gast, wie er so mühelos ohne Flügelschlag seine Kreise ziehe und dann in größerer Höhe im geraden Strich einer entfernten Wiese zustrebe. Diese anschauliche Schilderung des Segelfluges, so berichtete Lilienthal später, habe ihm die Erkenntnis gebracht, daß es auch für den Menschen eine Möglichkeit geben müsse, wie die Vögel mit einfachen Mitteln durch die Lüfte zu segeln.

III. Technik im Handwerk und in der Werkstatt.

18. Der Handwerker.

Nichts Schönres weiß ich, und es rührt mich immer,
Das Handwerkszeug, gerichtet an der Wand
In eines Schreiners saubrem Arbeitzimmer:
Die helle Säge mit gezahntem Rand,
Der Maßstab hier, die schnurgerade Elle,
Der Hobel mit dem schön gebognen Griff,
Der Bohrer, Meißel und mit blankem Schliff
Die Zahl der Äxte. Alles an der Stelle,
Wo es zur Hand. Man sieht, wozu es fromme
An jedem Stück. So oft ich dorthin komme —
Ich gehe gern zu jedem Handwerksmann —
Seh' ich mir alles immer wieder an.

W. Vesper

19. Ein Besuch in der Werkstatt.

Fritz Benkert betrat eines Tages die kleine Werkstatt, in der sein Freund Wilhelm nun schon ein Jahr lernte.

„Läßt du dich auch wieder einmal blicken?" rief Wilhelm, als Fritz eintrat.

„Ja, ich wollte wieder mal sehen, was du machst. Es ist ja schon lange her, seit wir zusammen waren. Ich möchte dir bei deiner Arbeit gern einmal zusehen. Wie du weißt, stehe ich nächstens vor der Berufswahl. Mein Vater hat mir vorgeschlagen, dich hier in der Werkstatt zu besuchen und mit dir über deinen Beruf zu sprechen. Was machst du jetzt eigentlich da?"

„Wie du siehst, stehe ich am Schmiedefeuer, um meinem Drehstahl die richtige Form zu geben. Da ich Maschinenbauer werden will, muß ich außer allen Schlosser- und Dreherarbeiten auch das Schmieden verstehen. Du siehst hier die Werkzeuge zum Schmieden: Hammer und Amboß. Dieser Hammer heißt Handhammer, weil sein Gewicht unter 2 kg liegt. Alle schwereren Hämmer bezeichnet man als Vorschlaghämmer. Bei meinem Hammer erkennst du hier die Bahn und die Finne. Beide sind aus hartem Stahl hergestellt, während der mittlere Teil des Hammers aus weichem Stahl besteht. Die Hammerbahn ist schwach gewölbt, um scharfkantige Eindrücke zu vermeiden. Die Finne ist eine gut abgerundete Schneide, die rechtwinklig zum Hammerstiel steht. Es gibt aber auch Hämmer, deren Finne parallel zum Stiel steht; einen solchen Hammer nennt man Kreuzschlag. Da der Hammer nur dann seine Wirkung ausüben kann, wenn das Werkstück auf einer festen Unterlage aufliegt, benutze ich den Amboß. Dieser besteht aus einem Stahlblock, der von oben gesehen eine rechteckige Form hat, an die sich in der Längsrichtung zwei Hörner anschließen. Das eine Horn ist viereckig, das andere rund. Die obere Amboßfläche nennt man Amboßbahn. Bahn und Hörner sind ebenfalls aus hartem Stahl, damit sie nicht so leicht uneben wer-

Abb. 21. Schmiedearbeiten in der Werkstatt

den. Die Bahn hat eine viereckige Öffnung zum Einsetzen von Gesenkstücken und eine runde Öffnung, die beim Lochen gebraucht wird."

„Was sind denn das da für Werkzeuge?" fragte Fritz.

„Das hier ist die Zange zum Anfassen der Schmiedestücke", antwortete Wilhelm, „dort siehst du die Gesenke, um dem Schmiedestück die richtige Form zu geben, wodurch eine saubere Arbeit erzielt wird; und da drüben liegt der Schrotmeißel zum Abhauen der Werkstücke auf die erforderliche Länge."

Wilhelm fuhr fort: „Die Werkstücke werden dort im Schmiedefeuer erwärmt. Es besteht aus einem Herd, der Windzuführung und dem Schornstein. Der Herd ist in Mauerwerk ausgeführt, wird aber zuweilen auch aus Gußeisen hergestellt. Als Brennstoff benutzt man gut backende Steinkohle, bei schwereren Schmiedestücken zuweilen auch Hüttenkoks und zum Erwärmen von Werkzeugstahl sowie zum Löten Holzkohle. Um die Hitze im inneren Schmiedefeuer festzuhalten, muß die Kohlendecke möglichst lange vor dem Verbrennen geschützt werden. Darum wirft man immer kalte Kohle auf die Kohlendecke und bespritzt sie noch mit Wasser aus dem Löschtrog. Für große Schmiedestücke reicht natürlich unsere kleine Werkstatt nicht aus. Diese werden in einem Schweißofen erwärmt und entweder durch Maschinenhämmer oder durch Schmiedepressen bearbeitet."

„Weißt du, jetzt habe ich genug von der Schmiede gehört", bemerkte Fritz.

„Dann will ich dir die anderen Werkzeuge dort zeigen", sagte Wilhelm. „Da siehst du zunächst noch mehrere Hammerarten: hier einen Setzhammer, einen Pinnhammer und einen Holzhammer. Daneben liegen eine ganze Anzahl verschiedener Zangen: die Beißzange, Flachzange, Schneidezange, Rohrzange und der Seitenschneider. Dazu gehören auch der Feilkloben, die Schraubenzwinge und der Schraubstock. In dem besonderen Fach dort befinden sich allerlei Bohrer: Spiralbohrer, Zentrumbohrer, Spitzbohrer, Nagelbohrer, Drillbohrer, Krückenbohrer und der Krauskopf. Natürlich haben wir auch eine große Zahl von Gewindebohrern und Schneideeisen zum Gewindeschneiden, auch Schneidekluppen zu dem gleichen Zweck."

Fritz staunte. „Und mit diesen Werkzeugen verstehst du schon richtig umzugehen?" rief er aus.

„Ja, natürlich! Wenn man ein tüchtiger Fachmann werden will, dann muß man sich in den verschiedenen Arbeiten des Maschinenbaufaches auskennen. Wenn es dich interessiert, kann ich dir auch darüber einiges erzählen."

„Aber natürlich interessiert mich das!" sagte Fritz begeistert.

„Also, dann höre einmal zu!" setzte Wilhelm seine Erklärungen fort. „Jeder Lehrling des Maschinenbaufaches muß zuerst feilen lernen. Das ist keine leichte Sache, wenn es richtig gemacht werden soll. In den ersten Tagen habe ich von dieser Arbeit die Arme und Gelenke recht gespürt. Die Feile ist ein Werkzeug, dessen Oberfläche mit sogenannten Hieben versehen ist. Je nach der Art der Hiebe unterscheidet man Grobfeilen mit grobem Hieb, Bastard- oder Vorfeilen mit mittlerem Hieb und Schlichtfeilen mit feinem Hieb. Außerdem gibt es noch Zwischenstufen. Nach der Form der Feile spricht man von Vierkantfeilen, Flachkantfeilen, Dreikantfeilen, Rundfeilen, Halbrundfeilen, Vogelzungen und Messerfeilen. Das Werkstück muß zum Feilen in einen Schraubstock, Feilkloben oder in eine Spannkluppe fest eingespannt werden, und dann führt man mit der Feile darüber hin. Manchmal bringt man auch etwas Öl oder Kreide auf die Feile."

„Warum tut man das eigentlich?" wollte Fritz wissen.

„Dadurch wird die Oberfläche des Werkstückes glatter. Diese Stoffe verhindern nämlich ein zu tiefes Eindringen der Zähnchen. Für weiches Metall, wie Zinn und Blei, verwendet man Feilen mit großen Zwischenräumen zwischen den Zähnchen, damit die Späne leicht aufgenommen werden können. Auch die Raspeln, die zwar nur zur Bearbeitung von Horn und Holz dienen, haben große Zwischenräume.

„Was hast du eigentlich bisher sonst noch gelernt?" fragte Fritz weiter.

Wilhelm erwiderte: „Nach dem Feilen habe ich wie jeder Lehrling das Sägen von Metall gelernt. Die Holzsäge ist dir ja bekannt. Bei einer Metallsäge stehen die Zähne nur viel dichter, und die Zahnlücken sind kleiner als bei der Holzsäge. Die Sägezähne haben Ähnlichkeit mit dünnen Meißeln. Um ein freies Schneiden zu ermöglichen, sind die Zähne geschränkt, d. h. abwechselnd nach links und rechts gebogen, oder auch hohlgeschliffen, wie es bei Kreissägen der Fall ist. Die Sägeblätter werden aus Stahlblech hergestellt, das mit Chrom oder Wolfram legiert ist. Entweder wird das ganze Sägeblatt gehärtet, oder der Rücken bleibt weich, und nur die Zähne werden gehärtet. Das Sägeblatt muß straff gespannt sein, damit es nicht bricht. Die Säge muß so gebraucht werden, daß die Zähne in der Angriffsrichtung schneiden."

In diesem Augenblick betrat Meister Frühauf die Werkstatt. Als er den ihm bekannten Fritz erblickte, sagte er in seiner gutmütigen Art: „Na, Junge, hat dich unsere Werkstatt auch mal wieder angelockt?"

„Ja", antwortete Fritz, „und ich muß sagen, daß mich die Arbeit hier wirklich sehr interessiert."

„Nun", entgegnete Meister Frühauf, „so etwas höre ich gern. Hast du nicht auch Lust, Maschinenbauer zu werden? Es ist doch ein interessanter Beruf, der in der heutigen Zeit auch große Aussichten bietet. Wenn du zunächst ein tüchtiger Facharbeiter wirst und dir dann auch die nötigen theoretischen Kenntnisse aneignest, kannst du es im Leben zu etwas bringen. Gerade die Größten im Reiche der Technik haben von klein auf angefangen. Du wirst schon die Namen August Borsig, Georg Halske, Robert Bosch, Franz Dinnendahl, Siegmund Schuckert und Ferdinand Schichau gehört haben. Sie alle sind zunächst wie du aus kleinen Verhältnissen gekommen, hatten aber Interesse für die Technik und haben sich später einen unsterblichen Namen gemacht. Es muß ja nun nicht jeder solche Erfolge haben, aber diese Vorbilder zeigen dir doch immerhin, daß auch aus dem Handwerkerstand große Männer hervorgehen können. Komme doch nächsten Sonntag mal wieder her, da habe ich mehr Zeit als heute und will dir dann die Arbeiten in der Werkstatt noch näher erklären. Ich bin überzeugt, daß du einmal ein guter Fachmann wirst; da ich nächstens einen neuen Lehrling brauche und dich als fleißig und ordentlich kenne, will ich dich gern bei mir aufnehmen."

„Das werde ich bestimmt tun", sagte Fritz. „Nach dem, was ich von Wilhelm schon gehört habe, glaube ich, Maschinenbauer ist ein schöner Beruf, und ich möchte gleich meinen Vater mitbringen, damit er dann mit Ihnen den Lehrvertrag abschließen kann."

Abb. 22. Werkstück unter der Schmiedepresse

20. Die Schmiede.

Hinein in die Schmiede, wird dir auch bang
Im wirren Schmettern und Schallen!
Es klingt wie stürmischer Glockenklang;
Wie eine Kirche, so weit und so lang,
Dehnen sich mächtige Hallen.

Und ernst und feierlich ist dir fast.
Du spürst durch all das Getöse
Das Ringen des Tags, der Arbeit Hast,
Das Leben der Zeit in Kraft und Last
Und ihre schaffende Größe.

Hochragende Säulen, das Rippendach
Verschwinden im dampfenden Dunkel.
Doch unten ist alles licht und wach,
Den Pfeilern entlang glüht fünfzigfach
Sausender Feuer Gefunkel.

Der Amboß klingt stahlglockenrein
In heller Arbeitsfreude;
Und hundert Hämmer, groß und klein,
In munterem Takte stimmen ein
Ins fröhliche Sturmgeläute.

Aus Bergen von Kohlen schießen hervor
Blaugelbe, spitzige Flammen:
Sie zittern, sie zucken und züngeln empor.
Dann glüht, dort hinten im finstern Chor,
Alles blutrot zusammen.

48

Ein brennender Stahlblock, fast sonnenhell!
Sie schleppen ihn unter den Hammer.
Mit Ketten und Zangen geht's wunderschnell.
Es sträubt sich ächzend der plumpe Gesell,
Hilflos, in knirschendem Jammer.

Jetzt regt sich das stille Ungetüm,
Ein Riese inmitten der Leute,
Es hebt den Kopf in schwarzem Grimm;
Dann plötzlich, mit wütendem Ungestüm,
Stürzt's auf die stöhnende Beute.

Ein Funkensturm schießt durch die Nacht;
Der Block schwitzt blutige Tropfen.
Es klickt und knackt, es klatscht und kracht.
Es heult laut auf. Der Hammer lacht
Ob seinem eigenen Klopfen.

Der ächzende Klotz rollt hin und her,
Er sträubt sich zornig und eckt sich.
Die Schläge fallen in kreuz und quer,
Bald leise, wie spielend, bald dumpf und schwer.
Er bäumt, er windet und streckt sich.

Es zittert das ganze Haus im Grund
Jetzt unter den donnernden Schlägen.
Nur drauf! das ist dem Gesellen gesund.
Bald wird er eckig, bald wird er rund
Und lernt sich zierlich bewegen.

Darüber vergeht ihm der rauhe Mut,
Die sprühenden Risse verschwanden.
Nun liegt er stille. Der Hammer ruht.
So ist aus dem Klotze in Feuer und Glut
Eine riesige Kurbel entstanden.

Dort schmieden sie Pflüge zu Tausenden aus,
Hier Bajonette und Klingen.
Dort siehst du Kessel, so groß wie ein Haus,
Hier Panzerplatten, fast ist es ein Graus,
An knackenden Ketten sich schwingen.

Doch stahlharte Männer, dampfend im Schweiß
Der Muskeln, der tropfenden Stirne,
Beherrschen den tosenden Zauberkreis,
Und hinter dem allem, rastlos und leis,
Eherne Menschengehirne.

Nun sprich: Ist's Blindheit, ist's törichter Haß?
Was kümmert die alternden Leute?
Was klagen sie nur ohn' Unterlaß,
Und gießen zornig ihr Tintenfaß
Über den Jammer von heute:

Wie den Geist, der alles verschönt und erhellt,
Nichts wieder ins Leben brächte,
Wie in Nacht versunken die große Welt,
Wie alles so kläglich sei bestellt
Bei unserem kleinen Geschlechte.

Wie Kraft und Saft verkommen sei
Und wie verfahren der Karren:
Das ist die ewige Litanei.
So geht in die Schmiede, ihr Leute aus Brei;
Geht in die Schmiede, ihr Narren!

Dort, wenn man nur sehen und hören mag,
Was freudig das Leben uns bietet,
Dort glüht noch der funkensprühende Tag,
Dort dröhnt noch der alte Hammerschlag,
Mit dem Siegfried den Balmung*) geschmiedet.

Max Eyth.

———————

* Balmung – ein sagenhaftes Schwert.

21. Max Eyth, der Poet der Technik.

Unter den Männern, die zwar keine großen Erfinder gewesen sind, aber immerhin Bedeutendes geleistet und der Nachwelt einen unsterblichen Namen hinterlassen haben, ragt besonders der Dichter-Ingenieur Max Eyth hervor. Er selbst hatte in einem Vortrag den für die Mitte des neunzehnten Jahrhunderts ganz neuen Gedanken ausgesprochen, daß auch die Technik eine poetische Seite habe. Dieses Wort erregte damals Aufsehen, denn man war gewohnt, die Technik als eine trockene und unpoetische Angelegenheit anzusehen.

Im romantischen Schwabenland erblickte Eyth am 6. Mai 1836 das Licht der Welt. Schon als Knabe hatte er lebhaftes Interesse für technische Dinge. Als er einmal mit seinem Vater durch die heimatlichen Waldtäler spazierte, sah er sich in der grünen Einsamkeit plötzlich einem Eisenhammer gegenüber. Das Dröhnen und Funkensprühen des geheimnisvollen Werkes war ein Eindruck, der den Knaben nicht wieder losließ. Oft pilgerte er heimlich aufs neue hinüber und baute selbst mit heißem Eifer an stillen Bächen kleine Eisenhämmer. Eigentlich sollte er ja Theologe werden; aber wie so oft im Leben ein plötzlicher Eindruck auf einmal schlummernde Kräfte weckt, so ging es auch mit ihm.

Max Eyth wurde Ingenieur und kostete die Freuden und Leiden dieses Berufes mit seinen harten Anfängen in engen Werkstätten weidlich aus. Nach seiner Lehrzeit in einer Schlosserwerkstatt kam er in ein Zeichenbüro und wurde schließlich im Außendienst verwendet. Später ging er zur Erweiterung seiner Kenntnisse nach England. Hier sollte er seinen vom Schicksal bestimmten Lebensauftrag finden. Von einer englischen Firma wurde er nach Ägypten, dem Land der Pharaonen, geschickt. Jahrelang sollte dies ein reiches Arbeitsfeld für ihn werden. Hier führte er den Dampfpflug ein und erschloß in kurzer Zeit ungeheure Gebiete für die Landwirtschaft. Stetige Verdrießlichkeiten mit seiner Firma in England veranlaßten Eyth nach langen Jahren harter Arbeit in Ägypten, wieder nach Deutschland zurückzukehren. Auch hier setzte er sich für die Verwendung des Dampfpfluges in der Landwirtschaft ein, der dieses Hilfsmittel noch wenig bekannt war. Auf einer in Hamburg veranstalteten landwirtschaftlichen Ausstellung war nicht eine einzige derartige Maschine zu sehen. In jahrelangen unermüdlichen Bemühungen schuf Eyth schießlich ein Werk, das man als sein größtes bezeichnen kann: die Gründung der deutschen landwirtschaftlichen Gesellschaft, die 1885 ins Leben trat.

Abb. 23. Max Eyth

Er war bereits ein Sechzigjähriger, als er sich in Ulm endlich zur Ruhe setzen und ganz seinem dichterischen Schaffen leben konnte. Bereits in seiner Jugend hatte er sich als Poet versucht, wie er später mitteilte. Als reifer Mann hatte er zahlreiche Reisebriefe verfaßt, die er schließlich in den drei Bänden „Im Strom unserer Zeit" veröffentlichte. Aber die beste dichterische Ernte erbrachten neben den Erlebnisgeschichten „Hinter Pflug und Schraubstock" erst seine großen Romane „Der Kampf um die Cheopspyramide" und „Der Schneider von Ulm". Was in den Werken Max Eyths immer wieder zum Durchbruch kommt, das ist sein arbeitsfroher Glaube. Er hat gezeigt, daß auch das rein Technische poetische Empfindungen im Menschen auszulösen vermag. Selbst die Dampfmaschine eines großen Werkes kann mit ihren stählernen Heuschreckenbeinen, die blinkend auf- und abfahren, romantisch und poesievoll wirken, ebenso wie die Riesenräder und Riesentrommeln, die sich sausend drehen und ganze Städte und Dörfer mit hellem Licht versorgen. Der Gedanke, daß die Poesie gar nicht in den Dingen selbst liegt, sondern in den Menschen, die sie betrachten, wird auch noch in ferner Zukunft seine Berechtigung haben.

22. Arbeitsvorgänge in einer Werkstatt.

Wenn wir eine Werkstatt betreten, so fallen uns die verschiedensten Werkzeuge und Maschinen auf. Zu den ersteren gehören Hämmer, Zangen, Feilen, Sägen und viele andere. Ihre Anwendung wollen wir hier außer Betracht lassen und im folgenden nur die Maschinen und ihre hauptsächlichsten Arbeitsvorgänge schildern.

Wenden wir uns zunächst dem Schleifen zu. Dazu verwendet man Sandstein- oder Schmirgelscheiben. Der Sandstein nimmt mit seinen zahlreichen feinen Spitzen Späne von dem Werkstück ab und ist daher mit einer ganz feinen Raspel zu vergleichen. Ist der Schleifstein trocken, so greifen die einzelnen Körnchen besser an, aber die Werkzeuge oder Werkstücke, die geschliffen werden, erhitzen sich leicht und glühen aus. Daher schleift man gewöhnlich naß, und zwar entweder mit Wasser oder auch mit Öl. Die Flüssigkeit bildet mit den losgetrennten Teilchen einen feinen Schlamm, der die Schleiffläche sanfter angreift. In derselben Weise wirken auch die Schmirgelscheiben.

In jeder Werkstatt ist meist eine Handschleifmaschine vorhanden. Sie dient dazu, sperrige Gußteile zu verputzen, Schweißnähte zu ebnen, Eisenkonstruktionen nachzuarbeiten, Blechkanten abzugraten und noch viele andere Arbeiten auszuführen.

Eine wichtige Tätigkeit in der Werkstatt ist auch das Rundschleifen. Dazu spannt man das Werkstück zwischen die Spitzen oder auf den Dorn einer Maschine auf. Die Schleifscheibe ist zwischen Flanschen eingeklemmt und dreht sich mit einer bestimmten Geschwindigkeit. Das Werkstück macht eine gegenläufige Bewegung und rückt gleichzeitig mit dem Aufspanntisch der Maschine in der Längsrichtung vor. Bei sehr harten Werkstücken, z. B. bei Stahlwellen, geht das Arbeitsstück oftmals an der Schleifscheibe vorbei, bis es fertig geschliffen ist. Außer Rundschleifarbeiten werden manche Werkstücke innen geschliffen oder auch plangeschliffen. Beim Innenschleifen wird eine kleine Schleifscheibe verwandt, die sich in das hohle Werkstück hineinschiebt. Beim Planschleifen bewegt sich das Werkstück unter einer drehenden Schleifscheibe fort. Auch ein Gewinde kann man in ähnlicher Weise schleifen, um eine große Genauigkeit zu erreichen. Dieses Schleifen erfolgt auf besonderen Gewindeschleifmaschinen mit sorgfältig abgezogenen Schleifscheiben, die dem betreffenden Gewindeprofil entsprechen. In vielen Fällen werden auch Zahnräder geschliffen, die vorher gehärtet werden, um die immer höheren Anforderungen in bezug auf Genauigkeit zu erfüllen. Hierfür gibt es Zahnradschleifmaschinen. Als Schleifwerkzeuge dienen zwei Tellerscheiben, die sich drehen und durch Walzbewegungen des in Arbeit befindlichen Rades die Zahnflanken sehr genau schleifen. Außer den normalen Maschinen zum Rundschleifen oder Planschleifen hat man noch zahlreiche Sonderausführungen, z. B. Kolbenringschleifmaschinen, Bandschleifmaschinen zum Nachschleifen von Hartmetallstählen und viele andere.

Eine ähnliche Tätigkeit wie das Schleifen ist auch das Fräsen, nur wird hier an Stelle der vollen Schleifscheibe eine gezahnte Scheibe, der Fräser, benutzt. Es gibt feingezahnte Fräser zum Schlichten und grobgezahnte zum Schruppen des Werkstückes. Schruppfräser werden in der Regel aus leistungsfähigstem Schnellstahl angefertigt, während Schlichtfräser aus gewöhnlichem Werkzeugstahl bestehen. Es gibt eine ganze Reihe verschiedener Fräser, die nach ihrer Form oder ihrem Verwendungszweck benannt werden. Der Walzenfräser dient zur Bearbeitung ebener Flächen und besitzt spitze oder spiralige Zähne. Diese greifen allmählich an und führen die Späne besser ab. Walzenfräser schneiden auch auf der Stirnseite. Mit Scheibenfräsern stellt man Nuten her. Zuweilen vereinigt man mehrere Fräser auf einem Dorn, um gleichzeitig mehrere Flächen bearbeiten zu können. Solche Fräser heißen Satzfräser. Nutenartige Schlitze fräst man mit dem Langlochfräser. Um teuren Werkstoff zu sparen, verwendet man Fräser mit eingesetzten Messern, die sogenannten „Messerköpfe". Der Körper besteht aus Gußeisen oder Maschinenstahl, die Messer aus Gußstahl, Schnellstahl oder Hartmetall. Sie lassen sich leicht auswechseln und werden durch Eintreiben von Stiften in dem geschlitzten Fräserkörper festgezwängt. Häufig gebraucht man den Fräser für die Herstellung eines Gewindes. Hierbei wird er um den Steigungswinkel des Gewindes schräggestellt. Er muß dann auch gleichzeitig außer seiner Drehung den Vorschub in Richtung gegen das Werkstück ausführen. Natürlich muß der Gewindefräser die Form des gewünschten Gewindes haben. Zur Ausführung der Fräsarbeiten mit Hilfe dieser Fräser benutzt man die verschiedenartigsten Maschinen. Das Fräsen ist eines der vorteilhaftesten Arbeitsverfahren, weil der Fräser als ein Werkzeug mit vielen Schneiden einschneidigen Werkzeugen überlegen ist.

Beim Bohren von Löchern führt das Werkzeug zwei Bewegungen aus: eine drehende Hauptbewegung und eine Vorschubbewegung. Man benutzt dazu Spitzbohrer, Spiralbohrer, und zum Bohren tiefer Löcher den Kanonen- oder Tiefbohrer. Alle Bohrer werden aus Werkzeugstahl hergestellt. Da durch die Reibung des Bohrers im Bohrloch Wärme erzeugt wird, kühlt man mit Seifenwasser. Manche Bohrer enthalten Ölrohre, die bis zur Spitze reichen. Durch diese Rohre wird Öl unter Druck eingepreßt. Sind vorgegossene Löcher auszubohren, so verwendet man Bohrstangen. Sie bestehen aus einer Stange mit am Ende besonders eingesetzten Messern aus Maschinenstahl oder Schnellstahl. Ein ähnliches Werkzeug wie die Bohrer sind die Senker, die den Zweck haben, vorgebohrte Löcher zur Aufnahme von Schraubköpfen und Nieten oder zum Entfernen von Grat kegelförmig oder zylindrisch zu erweitern.

Alle Bohrer spannt man in der Weise ein, daß man sie mit ihrem kegelförmigen Schaft in den Hohlkegel der Bohrspindel hineinsteckt. Hat das Werkzeug einen kleineren Kegel als die Bohrspindel, so steckt man es zunächst in eine Kegelhülse und diese in den Hohlkegel der Bohrspindel. Für Massenanfertigung kommen Bohrvorrichtungen oder Bohrlehren zur Anwendung. Bei ihrer Benutzung ist jedoch darauf zu achten, daß sie plan auf dem Bohrtisch stehen, weil sonst die Lochbohrung schief wird. Für viele Zwecke sind einfach gebohrte Löcher nicht genau genug. Kaliberhaltige Bohrungen arbeitet man mit Reibahlen nach und glättet so die Bohrungen.

Die einfachste Bohrmaschine ist die Bohrknarre. Man benutzt sie für Montagearbeiten, wenn keine elektrisch oder durch Preßluft angetriebenen Bohrmaschinen zur Verfügung stehen. Bei den elektrischen Bohrmaschinen treibt ein Elektromotor die Bohrspindel an. Man kann diesen mit einem Stecker an das elektrische Netz anschließen.

Für ununterbrochenen Betrieb sind besondere Drehstrombohrmaschinen geschaffen worden. An schwer zugänglichen Stellen, z. B. in der Nähe von hohen Wandungen und in winkligen oder tiefen Arbeitsstücken, bewährt sich entweder die Winkelbohrmaschine oder aber die normale Handbohrmaschine mit aufgestecktem Winkelbohrkopf.

Mit dem Elektro-Gewindeschneider, einer Sonderausführung der Handbohrmaschine, können in Gußeisen und Stahl Gewinde bis zu 10 mm Durchmesser geschnitten werden. Für Fließarbeit zum Ein- und Ausdrehen von Holz- und Metallschrauben ist der Elektroschrauber besonders gut geeignet.

Zu den wichtigsten Arbeiten in einer Werkstatt gehört auch das Drehen. Dies erfolgt mit Hilfe von Maschinen, die man Drehbänke nennt. Zum Antrieb besitzt jede Drehbank eine Stufenscheibe, die bei kleinen Drehbänken durch Fußbewegung und bei großen Drehbänken von einer Transmission oder besser noch durch einen besonderen Elektromotor in Drehbewegung versetzt wird. Auf derselben Seite wie die Stufenscheibe befindet sich die Arbeitsspindel. Sie besitzt eine Höhlung, die am vorderen Ende konisch ist und zur Aufnahme einer Körnerspitze oder einer sogenannten Zange dient, die wiederum mit mehreren Schlitzen versehen ist. Dreht man die Zange in die hohle Spindel ein, so wird das vordere Ende zusammengedrückt und das in der Zange sitzende Werkstück festgeklemmt. Die Arbeitsspindel trägt außerdem ein Außengewinde zur Aufnahme einer Mitnehmerscheibe oder eines Futters für Fräser, Schmirgelscheiben und dergleichen.

Dem Spindelstock gegenüber sitzt der auf dem Bett der Maschine in der Längsrichtung verschiebbare Reitstock. Er läßt sich in jeder gewünschten Lage auf dem Bett festschrauben.

Zwischen Spindelstock und Reitstock befindet sich der Support. Man kann seinen Unterteil durch eine Kurbel quer und seinen Oberteil mit Hilfe einer anderen Kurbel längs verschieben. Der Support enthält ein sogenanntes Stichelhaus zur Aufnahme des Drehstahls. Der Drehstahl ist ein Werkzeug mit keilförmiger Schneide. Er wird mit dem feststehenden Support an das in Drehung befindliche Werkstück herangeführt und trennt von diesem

Späne ab. Man verwendet in der Hauptsache Schruppstähle zum Abnehmen starker Späne, Schlichtstähle für dünne Späne, wobei eine glatte Oberfläche erzeugt wird, und Stechstähle, die das Werkstück einstechen oder abstechen. Seitenstähle finden Anwendung zum Drehen der Stirnflächen, Bohrstähle zum Ausdrehen vorgegossener Löcher, Hakenstähle zum Hinterstechen von ausgedrehten Bohrungen.

Um auch hier teuren Werkstoff zu sparen, benutzt man häufig Stahlhalter aus Stahlguß, in die kleine Stücke Schnellstahl eingesetzt werden. Aus dem gleichen Grunde schweißt man auch Schnellstahlköpfe an die Stahlschäfte an, oder man lötet Hartmetall auf billigeren Stahl auf.

Die Werkzeuge werden entweder zwischen die Spitzen genommen oder auf die Planscheibe bzw. in das Futter eingespannt. Mit der Planscheibe dreht man kurze Stücke von verhältnismäßig großem Durchmesser. Mit ihr kann man auch unregelmäßig geformte Werkstücke einspannen, weil die Planscheibenbacken sich unabhängig voneinander bewegen lassen. Das Futter dient zum Festhalten kleinerer Werkstücke, besonders solcher, die auszubohren oder auszudrehen sind. Früher benutzte man das Achtschraubenfutter, das jedoch recht umständlich zu spannen war und außerdem leicht zu Unfällen führte. Heute verwendet man daher meist das Dreibackenfutter. Es ist für das Drehen wesentlich, die richtige Schnittgeschwindigkeit zu wählen. Diese erzielt man durch Auswechslung von besonderen Zahnrädern, die die Übertragung der Bewegung vom Antrieb her vornehmen.

Die hauptsächlichsten Dreharbeiten sind das Langdrehen, das Plandrehen und das Gewindeschneiden. Beim Langdrehen erfolgt der Vorschub des Werkzeuges in der Längsrichtung der Drehbank, beim Plandrehen quer zu dieser Richtung. Beim Gewindeschneiden muß der Gewindestahl die Form des gewünschten Gewindes haben. Sehr häufig schneidet man das Gewinde mit Hilfe der Leitspindel, die sich an der Drehbank befindet. Diese Leitspindel ist eine Schraubenspindel. Sie greift in eine zweiteilige Mutter ein, die an der mit dem Werkzeugschlitten verbundenen Schloßplatte befestigt ist. Dreht sich die Leitspindel, so bewegt sich die Mutter mit dem Werkzeugschlitten in der Längsrichtung der Drehbank. Die Leitspindel wird über mehrere Zahnräder von der Arbeitsspindel der Drehbank angetrieben. Je nach der Steigung des Gewindes, das geschnitten werden soll, muß sich die Leitspindel im Verhältnis zur Arbeitsspindel langsamer oder schneller drehen. Bei schneller Drehung der Leitspindel wird die Gewindesteigung größer als bei langsamer Drehung. Voraussetzung ist, daß in beiden Fällen die Arbeitsspindel dieselbe Drehzahl aufweist. Es kommt also in jedem Fall darauf an, das richtige Übersetzungsverhältnis zwischen Arbeitsspindel und Leitspindel herzustellen. Dies geschieht durch Einsetzen der vorher erwähnten Zahnräder, die auswechselbar sind, und die man deshalb Wechselräder nennt.

Eine ähnliche Wirkungsweise wie die Drehstähle besitzen auch die Hobelstähle. Auf der Hobelmaschine benutzt man sogar häufig Drehstähle auch zum Hobeln. Auch beim Hobeln werden von dem Werkstück durch den Hobelstahl Späne abgenommen. Hobeln ist vorteilhaft, wenn lange, schmale

Stücke, die eine gerade Fläche haben, zu bearbeiten sind. Wenn angängig, spannt man mehrere gleichartige Stücke hintereinander auf, um den Hub der Maschine möglichst auszunutzen. Zahnräder können nicht nur gefräst, sondern auch gehobelt werden.

Das Stoßen dient zur Herstellung von Nuten und Naben, Buchsen und zum Bearbeiten von Flächen. Auch dazu benutzt man Stähle, die wie die Drehstähle in besondere Stahlhalter eingesetzt und durch eine Schraube festgehalten werden.

23. Am Schraubstock.

Backen aus Eisen,
Packt, bis ihr brecht!
Zähne, die beißen,
Halten nicht schlecht.

Härte den Meißel,
Halte ihn scharf,
Schleife ihn öfter,
Als er's bedarf.

Fasse den Hammer
Am Ende des Stiels,
Freu dich am Takte
Des klingenden Spiels.

Drücke drauf! 's ist um die
Feile nicht schad'.
Was du auch tun magst,
Feile gerad! — — —

Hart ist das Eisen,
Härter der Stahl,
Am härtsten die Stunden
Gar manches Mal.

Tropft von der Stirne
Schwarz dir der Schweiß,
Wird es dem Hammer,
Der Feile zu heiß,

Kannst du nicht biegen
Stahl oder Guß,
Will dir nicht brechen,
Was brechen muß,

Bist du nur selber
Nicht daran schuld:
Wahre dir, wahre
Mut und Geduld!

Max Eyth.

24. Elektrizität im Handwerk und in der Werkstatt.

Die Anwendung der Elektrizität hat in den letzten Jahrzehnten die Lebensformen der gesamten zivilisierten Welt maßgebend beeinflußt.

Auch in fast alle Zweige des Handwerks ist die Elektrotechnik eingedrungen, wodurch besonders schnelle und saubere Arbeit, bessere Arbeitsbedingungen und höhere Leistungsfähigkeit erzielt werden konnten. Sie bedeuten für das Handwerk eine besondere Lebensnotwendigkeit, wie sie auch auf allen anderen Gebieten menschlicher Tätigkeit erstrebenswert ist.

So zahlreich und verschieden die Handwerksbetriebe sind, so mannigfaltig sind darin auch die Anwendungsmöglichkeiten der Elektrotechnik. Mit Hilfe des elektrischen Stromes werden Maschinen und Werkzeuge betrieben, Arbeitsplätze und Geschäftsräume beleuchtet, geheizt und belüftet, sowie Wärme zu den verschiedensten Zwecken erzeugt.

Vor allem wird in der Werkstatt der Elektromotor in seinen vielfältigen Ausführungen gebraucht. Es gibt kaum eine Maschine, bei der er nicht verwendet werden könnte. Er ist heute ein unentbehrlicher und treuer Helfer des Handwerks geworden. Wie an vielen anderen Stellen, so ist der Elektromotor auch hier dazu berufen, den Menschen von schwerer oder eintöniger körperlicher Arbeit zu entlasten.

Betrachten wir einmal die einzelnen Anwendungsgebiete der Reihe nach etwas näher.

Der Handwerker braucht in der heutigen Zeit, in der sich vielfach neue Werkstoffe und neue Arbeitsverfahren durchsetzen, vorzügliche und leicht zu handhabende Werkzeuge. In einer neuzeitlichen Schmiede würde ein hand- oder fußbetätigtes Gebläse eine Verschwendung von Zeit und Arbeitskraft bedeuten. Das elektrisch betriebene Gebläse dagegen liefert einen gleichmäßigen, kräftigen Luftstrom, der es dem Schmied ermöglicht, seine Aufmerksamkeit mehr auf die eigentliche Schmiedearbeit zu richten als auf die Überwachung des Feuers.

In der Schlosserei unterstützt eine elektrisch betriebene Motorkreissäge den schnellen und glatten Schnitt von Blechen und anderen Metallteilen, was früher mit der Handsäge äußerst zeitraubend und mühsam war.

Überall dort, wo es sich um den Betrieb einer Werkzeugmaschine handelt, ist der elektrische Antrieb eine Selbstverständichkeit geworden. Er ist mit der Arbeitsmaschine direkt verbunden und bedeutet so die vollkommene Lösung des Bestrebens, den Antrieb so nahe wie möglich an den eigentlichen Arbeitsvorgang heranzubringen.

Wie in größeren, so setzt sich auch in kleineren handwerklichen Betrieben der elektrische Motorantrieb von Jahr zu Jahr in verstärktem Maße durch. Im Schneidergewerbe, wo in jedem Jahr mehrere Hochbetriebszeiten auftreten, ist die elektrisch angetriebene Nähmaschine heute fast unentbehrlich. In Schuhmachereien bedient man sich ebenfalls vielfach maschineller Hilfsmittel, für die der Elektromotor heute nahezu ausschließlich als Antrieb eingeführt ist. Ebenso kann der Motor in Kürschnereien zum Antrieb verschiedener Arbeitsmaschinen, z. B. der Pelzklopfmaschinen usw., benutzt werden.

Besonders vielseitig ist die Anwendung des Elektromotors im Nahrungs-mittelgewerbe, wo er neben den schon erwähnten Vorteilen auch einen Vor-zug in hygienischer Hinsicht bietet. In Molkereien z. B. erfordert die Eigenart des Betriebes unbedingte Sicherheit, wie sie gerade beim elektrischen An-trieb vorhanden ist, damit nicht durch Unterbrechung der Arbeiten die sehr empfindliche Ware verdirbt. Aber auch in der Fleischerei erzielt man mit dem Elektromotor am Fleischwolf, an der Aufschnittschneidemaschine, am Mayonnaisenrührwerk, wie in der Bäckerei an der Teigknetmaschine schnellste Arbeit bei größter Sauberkeit. Dabei sind die einzelnen Maschinen und Ein-richtungen einfach und mühelos zu bedienen.

Erwähnt sei noch die Anwendung des Elektromotors in Druckereien zum Antrieb der Druckmaschinen, Pressen und Vervielfältigungsgeräte. Auf Montagen verwenden Schlosser, Klempner, Installateure u. a. Elektrowerk-zeuge mit eingebauten Elektromotoren. Handbohrmaschinen oder andere Bohrwerkzeuge für Schleif-, Putz- und Bohrarbeiten gibt es in verschiedener Ausführung. In Holzwerkstätten, wie Tischlereien, Drechslereien usw., wird Holz zugeschnitten, gedreht und mit Schleif- oder Polierkörpern nach-gearbeitet. Mit umlaufenden Fräserfeilen kann der Werk-zeugmacher das Bohrwerkzeug zum Nacharbeiten von Formen, Kokillen, Matrizen und Gesenken verwenden. Selbst beim Eindrehen von Metall- und Holzschrauben können Elektrowerkzeuge mit Vorteil Verwendung finden.

Als Antrieb für alle vorher erwähnten Arbeitsmaschinen verwendet man heute fast ausschließlich den Drehstrom-motor oder für kleinere Leistungen den Wechselstrom-motor mit Käfigläufer. Sie sind so einfach gebaut, daß sie kaum irgendwelcher Wartung oder besonderer Bedienung bedürfen.

Die Anwendung des elektrischen Stromes für Kraft-zwecke ist nur ein Teil seiner vielen Gebrauchsmöglich-keiten. Wenn wir abends mit einem schnellen Griff das elektrische Licht einschalten, dann denken wir gewöhnlich nicht über die großen Vorteile der elektrischen Beleuch-tung nach, deren wir uns im Gegensatz zu unseren Vor-fahren erfreuen. In Großstädten kennt man kaum noch Dinge wie Dochtschere, Glaszylinder und Petroleum-lampe. Heute könnten wir sogar Streichhölzer entbehren, deren Erfindung immerhin ein Höhepunkt des Fortschrittes gewesen ist. Jetzt genügt eine Schalterdrehung, und schon strahlt die elektrische Glühlampe ihr stetiges, helles, geruchloses Licht aus.

Abb. 24. Elektrische Handbohrmaschine

In letzter Zeit gehen die Anforderungen noch einen Schritt weiter. Das Licht wird dorthin gelenkt, wo es für irgendeine Arbeit gebraucht wird. Es soll ausreichend stark, blendungsfrei und gleichmäßig verteilt sein. Es genügt keineswegs, eine Werkstatt durch nackte Glühbirnen zu erleuchten, die ein grelles, blendendes Licht mit schroffen Schatten werfen. Viel zweckmäßiger ist es, Kugelleuchten aus opalüberfangenem Glas zu verwenden, die das Licht gleichmäßig über den Raum, über Wände und Ecken verteilen. Dadurch wird eine gleichmäßig helle Allgemeinbeleuchtung erzielt. Als zusätzliches Licht sollte aber jeder Arbeitsplatz eine besondere Lampe, z. B. eine Gelenkleuchte,

Abb. 25. Elektrische Kurvenschere

erhalten. Die Beleuchtung von Kellern, Fluren und Lagern, die im Handwerk erforderlich sind, bedarf ebenfalls hoher Aufmerksamkeit, weil nur durch richtige Wahl und Anordnung der Leuchten eine gute Übersicht über den Raum gewonnen und damit seine restlose Ausnutzung erreicht werden kann. Deshalb haben sich Porzellanleuchten mit Streugläsern mehr und mehr eingeführt und bestens bewährt.

Keine andere Energieart ermöglicht eine so große Vielseitigkeit und Anpassung der Beleuchtung an die gegebenen Räume und Verhältnisse wie das elektrische Licht; es liegt nur am Menschen, sie für seine Zwecke richtig auszunutzen.

Eine ähnliche Bedeutung wie für Kraft und Licht hat auch die Elektrizität für die Erzeugung von Wärme. Elektrische Lötkolben, Leimkocher und

Elektroöfen sind heute allgemein bekannt und eingeführt. Elektrische Glühöfen dienen zum Härten von Werkzeugstählen sowie zum Vorwärmen von Schnellstahl-Werkstücken und für Einsatzhärtungen. Die erreichbare Höchsttemperatur liegt bei 950° C und kann durch geeignete Apparate geregelt werden.

Eine besondere Aufgabe erfüllt in den letzten Jahren die Elektroschweißung in Schlossereien und Schmieden, besonders aber in Instandsetzungswerkstätten für Kraftwagen. Sie hat ständig an Boden gewonnen und dank ihrer vielseitigen und vorteilhaften Anwendung derartige Fortschritte gemacht, daß sie auch für kleinere Betriebe ein lohnendes Arbeitsverfahren geworden ist. Kommt Punkt- oder Lichtbogenschweißung in Betracht, so kann in jedem Falle eine geeignete Schweißmaschine eingesetzt werden. Spannschlösser, Stangenköpfe, Steuerhebel, Kurbeln, kleine Lagerböcke und viele andere Maschinenteile wird eine neuzeitlich eingerichtete Schmiede heute nicht mehr ausschmieden, sondern mit Hilfe der elektrischen Lichtbogenschweißung herstellen. Selbst eiserne Geländer, Zäune usw., bei denen man heute eine schlichte, einfache Formgebung ohne Verzierung und Schnörkel bevorzugt, lassen sich aus Rohmaterial oder Flacheisen schnell und billig schweißen.

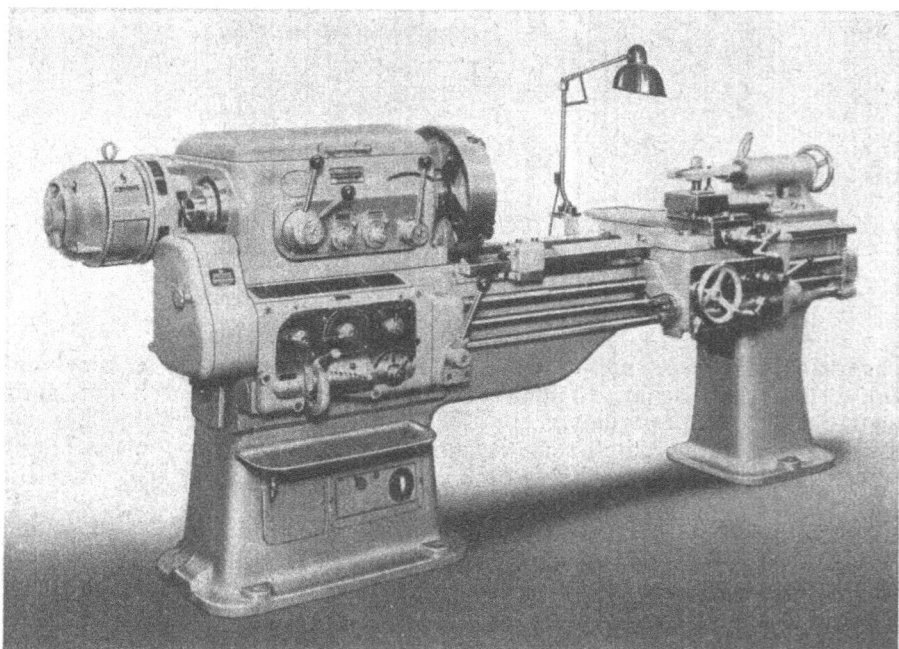

Abb. 26. Drehbank mit angebautem Flanschmotor und eingebautem Druckknopfschalter

Weitere Anwendungen der Elektrowärme finden wir noch bei Waschmaschinen, Bügeleisen und Geräten, die für die Haarpflege benutzt werden. Hier sind Haartrockner und Heißwasserspender zu erwähnen.

Die Beseitigung von Staub und Gasen aus den Werkstätten zum Schutz der darin tätigen Menschen gegen Gesundheitsschäden ist heute eine unerläßliche Forderung. In Deutschland ist eine ausreichende Absaugung des Staubes bzw. der Gase in Glasbläsereien, Polierereien, Tischlereien, Webereien usw. durch die Gewerbeordnung vorgeschrieben und wird auch behördlicherseits dauernd überwacht. Luft wird entweder durch elektrisch angetriebene Lüfter mit freiliegendem Flügelrad oder durch Schleuderradlüfter erneuert. Man saugt die verbrauchte Luft meist an der Decke ab, so daß Frischluft durch Tür- und Fensterritzen nachströmt und so ein regelmäßiger Luftwechsel im Raum erreicht wird.

Zum Schluß sei noch darauf hingewiesen, daß neben den vielen Anwendungsgebieten, die erwähnt wurden, die Elektrizität auch ein sehr geschätzter Helfer in der Werbung und Lichtreklame geworden ist. Früher diente das Zunftzeichen zur Kennzeichnung der Stätten, in denen ein Handwerk verrichtet wurde. Heute ist es, besonders in Großstädten, fast restlos verschwunden, und an seine Stelle ist das elektrische Leuchtschild getreten. Es ist auf größere Entfernung erkennbar und tritt besonders am Abend und in der Nacht aus der Umgebung hervor. In neuerer Zeit finden für den gleichen Zweck auch Metalldampflampen und Leuchtröhren Verwendung, die mit Edelgas gefüllt sind. Sie können ohne weiteres an die Niederspannung des Ortsnetzes angeschlossen werden.

So sehen wir denn, daß die Elektrizität dem Handwerk als allzeit bereite Helferin zur Verfügung steht. Elektrische Lampen, Elektrowerkzeuge, elektrisch angetriebene Maschinen in der Werkstatt tragen nicht nur dazu bei, daß der Handwerker seine Arbeiten zweckmäßiger und wirtschaftlicher durchführen kann, sondern sie schaffen neben der Arbeitserleichterung auch Freude an der Arbeit und damit höhere Leistungen.

25. Das Härten von Werkzeugen.

Kühlt man glühenden Stahl plötzlich in einer Flüssigkeit ab, z. B. in Wasser, so wird er hart. Auf dieser Erscheinung beruht das Härten von Werkzeugen.

Für den Grad der Härte, die erreicht wird, ist der Kohlenstoffgehalt des Stahles ausschlaggebend. Je höher er ist, um so größer ist die Härtbarkeit. Neben dem Kohlenstoff üben allerdings auch die Zusätze von Nickel, Wolfram, Chrom und von anderen Stoffen einen wesentlichen Einfluß aus. Als Flüssigkeit zum Abkühlen des erhitzten Stahles benutzt man in der Regel Wasser, manchmal auch Öl. Das Abkühlen muß jedoch schlagartig erfolgen, weshalb man diesen Vorgang „Abschrecken" nennt.

Zum Härten sind also ein Feuer zum Erwärmen des Werkstückes und ein Gefäß zum Abschrecken notwendig. Bei kleinen Werkstücken kann zum Erwärmen ein Bunsenbrenner verwendet werden. Da durch Zufuhr einer bestimmten Luftmenge das Gas beim Bunsenbrenner restlos verbrannt wird, rußt und leuchtet die Flamme nicht. Sie entwickelt Temperaturen, die weit über den erforderlichen Härtetemperaturen liegen, weshalb kleine Werkzeuge, z. B. Schraubenzieher, sehr vorsichtig erhitzt werden müssen.

Für größere Werkstücke, z. B. Meißel, Beile, Äxte, wird zur Erwärmung eine Feldschmiede oder ein Schmiedefeuer benutzt. Dabei ist darauf zu achten, daß das Werkstück nicht von einem kalten Luftstrom getroffen wird. Aus diesem Grund muß dafür gesorgt werden, daß eine genügend hohe Schicht Brennstoff über der Winddüse des Feuers liegt. Zweckmäßig facht man zunächst eine möglichst hohe Glut an, worauf der Wind kleingestellt und dann das Werkstück hineingelegt wird. Als Brennstoff verwendet man Koks oder Holzkohle. Steinkohle ist weniger geeignet, da sich ihr hoher Schwefelgehalt ungünstig auswirkt.

Besonders hohe Temperaturen (2000—3000° C) lassen sich mit einem Gasschweißbrenner erzielen. Die Stichflamme wird entweder mit Hilfe von Wasserstoff und Sauerstoff oder durch Azetylen und Sauerstoff erzeugt. Die Härtung muß hierbei wegen der hohen Temperatur natürlich mit ganz besonderer Sorgfalt vorgenommen werden.

Zum Festhalten der Werkzeuge dienen einfache Schmiedezangen. Damit werden die Stücke in das Abschreckmittel getaucht, das meistens in einem Eimer oder einem anderen geeigneten Gefäß bereitgehalten wird.

Der Härtevorgang gliedert sich in fünf verschiedene Arbeitsstufen:

das Ausglühen des Werkzeuges und seine Erwärmung auf die Härtetemperatur,

das Abschrecken,

das Anlassen,

das erneute Abschrecken,

die Härteprüfung.

Die Glüh- und Härtetemperaturen sind nicht für alle Stähle gleich und hängen vorwiegend vom Kohlenstoffgehalt des Stahles, die Anlaßtemperaturen von dem Verwendungszweck des Werkzeuges ab.

Tabelle der Glüh- und Härtetemperaturen:

	% Kohlenstoff	Glühtemperatur °C	Farbe der Glühtemperatur	Härtetemperatur °C	Farbe der Härtetemperatur
Baustahl, unlegiert	0,25 0,35 0,45 0,6	700—720	dunkelrot	870—900 830—860 800—830 790—820	kirschrot bis dunkelrot
Werkzeugstahl, unlegiert	0,7 0,85 1 über 1	680—700	hellkirschrot	780—810 760—790 750—780 740—770	hellkirschrot bis kirschrot

62

Aus der Tabelle der Glüh- und Härtetemperaturen geht hervor, daß die Glühtemperaturen etwa 100⁰ C unter den Härtetemperaturen liegen und die Härtetemperaturen mit zunehmendem Kohlenstoffgehalt fallen. Nach dem Erwärmen hat der Werkstoff einen Gefügezustand erreicht, aus dem er auch nach Abkühlung nicht mehr zurück kann.

Durch das Abschrecken des erhitzten Stahles erhält das Werkzeug neben großer Härte auch eine nicht erwünschte Sprödigkeit, die ihm wieder genommen werden muß. Man erwärmt ihn deshalb nach dem Abschrecken nochmals so weit, daß die Härte für den benötigten Zweck noch ausreicht, die Sprödigkeit aber genügend gemildert ist. Diesen Vorgang bezeichnet man mit „Anlassen".

Das Anlassen und das erneute Abschrecken soll also dem Werkstück die für die verschiedenen Werkzeuge erforderliche Geschmeidigkeit und die richtige Härte geben. Letztere läßt sich beim Anlassen durch eine Verfärbung der Stahloberfläche erkennen.

Tabelle der Anlaßtemperaturen:

Hitze etwa in ⁰C.	Farbe	Geeignet zum Härten der:
220	hellgelb	Werkzeuge zum Bearbeiten harter Metalle.
240	dunkelgelb	Arbeitsstähle, Fräser, Metallsägen,
255	braungelb	Meißel zum Bearbeiten von Baustahl.
265	braunrot	Stanz-, Scherwerkzeuge, Bohrer,
275	purpurrot	Hämmer,
285	violett	Stein-, Schrotmeißel.
295	dunkelblau	Schraubenzieher, Holzbearbeitungswerkzeuge.
310	hellblau	Messer, Klingen, Federn.
325	grau	zum Härten ungeeignet.

Eine andere Art der Härtung von Werkzeugen, die aus Stählen mit niedrigem Kohlenstoffgehalt hergestellt sind, kann durch Aufkohlen der Oberfläche vorgenommen werden. Dies geschieht aber nur bei Hämmern, Kreuz- oder Spitzhacken usw. Der zu härtende Teil des Werkzeuges — bei den Hämmern nur Finne und Bahn — wird nach dem Erwärmen auf 800⁰ C mit Zyankali oder gelbem Blutlaugensalz bestreut und nach kurzem Einwirken desselben in Wasser getaucht. Man erhält dadurch eine ziemlich harte Oberfläche, während der Kern des Materials weich bleibt. Ein Anlassen ist dann nicht mehr nötig.

IV. Technik in der Energieumwandlung.

26. Die Dampfmaschine.

Ein Rückblick

Die überraschend sprunghafte, gewaltige Entwicklung der modernen Technik seit dem Ende des 18. Jahrhunderts ist im wesentlichen die Folge einer einzigen entscheidenden Erfindung: der Wärmekraftmaschine, deren Idee in Form der Dampfmaschine im Jahre 1766 zuerst von James Watt verwirklicht wurde.

Damit war zum erstenmal das wunderbare Triebwerk geschaffen, das die in der Kohle aufgespeicherte verborgene Wärmekraft in mechanisch wirksame Arbeitsleistung umwandelte und damit die fast unbegrenzte Ausnutzung durch technischen Forschungs- und Gestaltungswillen ermöglichte.

Die Erfindung des Schotten Watt hat eine Vorgeschichte, an der auch der deutsche Geist namhaft beteiligt ist. Ihren Ausgangspunkt bildete das merkwürdige Werk, das der gelehrte Bürgermeister von Magdeburg, Otto von Guericke, 1672 über seine aufsehenerregenden naturwissenschaftlichen Experimente veröffentlichte. Er untersuchte vor allem die erstaunliche Kraftwirkung des Luftdrucks, der z. B. einen Kolben in einen vorher luftentleerten Zylinderraum mit großer Gewalt hineinpreßt.

Angeregt durch diese Versuche, kam der holländische Mathematiker Christian Huygens auf den Gedanken einer „Pulvermaschine", die für das Wasserwerk des Königs Ludwig XIV. bestimmt war. Durch eine Vorrichtung im Boden des Zylinders konnte hier in den Raum unter dem Kolben Pulver eingebracht werden, dessen Explosion den Raum luftleer machte. So konnte nun der Druck der Außenluft durch den Gang des abwärts gepreßten Kolbens eine Last heben, ohne daß diese Kraftleistung erst, wie noch bei Guerickes Experiment, durch einen mechanischen Arbeitsaufwand beim Leerpumpen des Raumes zuvor erkauft werden mußte.

Der ausführende Konstrukteur und Assistent von Huygens, Denis Papin, später Professor in Marburg und Kassel, ging dazu über, statt der gefährlichen und unzureichenden Pulverexplosion die Wirkung der Kondensation von Wasserdampf zur Erzeugung des luftleeren Raumes zu benutzen. Wird nämlich der Zylinder mit Dampf gefüllt und dann von außen durch Wasser abgekühlt, so kondensiert sich der Dampf innen zu einer kleinen Flüssigkeitsmenge und läßt dadurch den Zylinderraum nahezu luftleer zurück, in den die Außenluft den Kolben nun hineindrückt.

Die hierauf beruhende Konstruktion einer Pumpmaschine, die Papin 1690 veröffentlichte und später mehrfach verbesserte, wurde 1712 in England auf Grund seiner Veröffentlichungen praktisch ergänzt und dann vom Schlosser Newcomen erstmals in größerem Maßstab ausgeführt. Diese Pumpmaschine wurde dort bald das unentbehrliche Hilfsmittel der von Grubenwasser bedrängten Bergwerke, ohne aber in den nächsten 60 Jahren irgendwie wesentlich verändert zu werden. Nur ihre Ausmaße vergrößerten sich.

Der junge Feinmechaniker der Universität Glasgow, James Watt, nahm die genaue kritische Untersuchung einer solchen sogenannten „atmosphärischen" Newcomenschen Maschine zum Anlaß seiner eignen weltumwälzenden Erfindung der ersten wirklichen Dampfmaschine. Watt war in gleichem Maß selbständiger Forscher und zugleich Handwerker, Konstrukteur und Ingenieur. Die durch genaue Messungen gewonnene Erkenntnis der grundsätzlichen physikalischen Fehler von Newcomens Maschine führte ihn Schritt für Schritt zur theoretischen und experimentellen Erforschung des noch wenig bekannten Verhaltens des Wasserdampfes, zur Aufstellung der Dampfdruckreihe, der Entdeckung und Messung des spezifischen Dampfvolumens und schließlich der großen „latenten" inneren Verdampfungswärme. Dieser Einblick in noch unerforschte physikalische Gebiete ließen ihn die Bedingungen und Wirkungsmöglichkeiten einer Wärmekraftmaschine und des wärmebeladenen Dampfes erkennen.

Sein Gedankengang ist an Hand seiner Aufzeichnungen noch zu verfolgen: die allmählich gewonnene Klarheit über die Bedingungen; das monatelange „Tappen im Dunkeln" über die Mittel der Verwirklichung; die durch plötzliche Intuition gefundene Lösung mittels des Kondensators, der den wesentlichsten Punkt seiner Erfindung bildet. Es war die geniale Kombination des Resultats von zwei Untersuchungen: der über den luftleeren Raum, worauf die Newcomensche Maschine zurückging, mit der über das Verhalten des Dampfes, worauf die Konstruktion von Watt beruhte. Wird nämlich dem Dampf ein zweiter, getrennter, luftleer vorbereiteter Raum plötzlich geöffnet, so wird der sich weiter ausdehnende Dampf von selbst einströmen, um sich abzukühlen und schließlich zu kondensieren.

Damit war nicht nur der Fehler der Newcomenschen Maschine mit einem Schlag behoben, sondern die Grundlage einer ganz anderen, eben der ersten wirklichen Dampfmaschine geschaffen, in deren nun geschlossenem Zylinder nicht mehr der äußere Luftdruck, wie dies bei der Konstruktion Newcomens der Fall war, sondern der nunmehr vom Kesseldruck abhängige, also steigerbare Druck des sich entspannenden Dampfes die Arbeit leistete. Sie hing vom erzielten Anfangsdruck der festgestellten unteren Expansionsgrenze im Vakuum des Kondensators ab. Wie sich später auch theoretisch herausstellen sollte, war sie das Umwandlungsergebnis der als Verdampfungs- und Überhitzungswärme im Dampf steckenden Wärmeenergie der verbrannten Kohle. Der Dampf war aus einem sekundären Mittel zur Erzeugung des luftleeren Raumes Newcomenscher Ausführung zu einem mit Wärme beladbaren Arbeitskörper geworden, durch dessen Prozeß im Kolbengang der Maschine sich die Wärmeenergie des verbrauchten Brennstoffes in mechanische Arbeitsleistung umsetzen ließ. Bei den später ausgebildeten Verbrennungsmotoren, der anderen Hauptart der Wärmekraftmaschinen, dient als Arbeitskörper statt des Dampfes das explosible Gasgemisch im Zylinder; das Prinzip der Benutzung der Wärmeenergie als Kraftquelle bleibt das gleiche.

Zunächst bedurfte es zwar noch eines Jahrzehnts harten Ringens für Watt, um mit den damals unzulänglichen Fabrikationsmitteln eine größere brauchbare Maschine herzustellen, dann aber fand er mit der Anerkennung seines Genies auch die Unterstützung, deren er zur technischen Auswertung seiner schöpferischen Pläne bedurfte.

In der weiteren Entwicklung sollten im 19. Jahrhundert vorzugsweise deutsche Techniker und Wissenschaftler dazu berufen sein, die Gestaltung der Dampfmaschine entscheidend zu beeinflussen. Besonders fruchtbar waren die Ergebnisse der technisch-physikalischen Wissenschaften, die nicht zuletzt durch die Erforschung des Arbeitsprozesses der Dampfmaschine angeregt wurden: der Thermodynamik. Führend auf diesem Gebiet waren u. a. die Deutschen Mayer, Helmholtz und Clausius. Ihre Arbeiten in der Thermodynamik wirkten wieder in besonderem Maß auf den Dampfmaschinenbau zurück.

In den weiteren Jahren wurde die Leistungsfähigkeit der Dampfmaschine durch den Übergang zur Dampfüberhitzung und zum Hochdruck wesentlich gesteigert. Zu Beginn des 19. Jahrhunderts, bereits von dem deutschen Techniker E. A l b a n vorausgeahnt, wurde diese Entwicklung durch den kühnen Erfindergeist W. S c h m i d t s in Kassel verwirklicht. Er erbaute 1893 die erste Heißdampfmaschine, die den Dampf auf 350⁰ C bei 11 Atm. Druck erhitzte — ein damals unerhörtes Wagnis. 1910 folgte der erste Hochdruck-Steilrohr-Kessel für 450⁰ C und 60 Atm. Druck und 1921 nach Überwindung zahlloser Schwierigkeiten endlich die erste Vierzylinder-Hochdruckmaschine für 465⁰ C und 55 Atm. Druck. Damit waren die Voraussetzungen gegeben, die heutigen erstaunlichen Höchstleistungen der Kolbenmaschine, vor allem auch im Lokomotivbau, zu erzielen.

27. Die Turbinen.

Der Kolbentrieb einer Dampfmaschine hat den Nachteil, daß bei jedem Gang eine Beschleunigung und darauf folgende Verzögerung der bewegten Massen bedingt ist, was außer der Werkstoffbeanspruchung einen bedeutenden Energieverlust zur Folge hat. Ein weiterer Nachteil der Kolbenmaschinen ist der ständige Wechsel zwischen Kalt und Warm im Zylinder. Der heiß einströmende Dampf dehnt sich aus, drückt den Kolben vor sich her und wird dabei kalt, worauf er selber zurück- und ausgetrieben wird. Dabei kühlt er aber den Dampfeinlaß mit ab, was den Wirkungsgrad des Zylinders verschlechtert.

Diese Überlegungen und der Wunsch, die Drehbewegung der Kraftmaschine unter Umgehung des Kurbeltriebs unmittelbar zu erzeugen und

66

dadurch eine größere Wirtschaftlichkeit zu erzielen, führte nach langen und teilweise hartnäckigen Versuchen zur Bauart der Turbinen. Bei diesen wird nun die Kraftwirkung des sich entspannenden Dampfes oder eines explosiven Gasgemisches nicht auf einen hin- und hergehenden Kolben, sondern auf ein sich drehendes Schaufelrad übertragen, wodurch die gewaltige Strömungsenergie des austretenden Dampfes noch unmittelbarer abgenommen und

Abb. 27. Montage einer Kondensationsturbine

direkt in Umdrehungen verwandelt wird, ohne daß verwickelte Maschinenteile mit störenden Reibungsverlusten nötig wären.

Die Entwicklung des Turbinenbaus bis zu seiner heutigen bewundernswerten Vollendung begann zunächst in der Wasserkrafttechnik. Hier unterscheidet man bekanntlich je nach der Durchflußrichtung des unter Druckgefälle eintretenden Wassers Radial- und Axialturbinen sowie Druck- und Überdruckturbinen je nach der Änderung des hydraulischen Druckes des Wassers, das seine Bewegungsenergie während des Strömens durch die

5*

Turbinenkanäle an die stetig gekrümmten Schaufelwände des Laufrades abgibt. Das Laufrad umgibt der Kranz des feststehenden Leitrades, dessen entsprechend gekrümmte Schaufeln, die verstellbar sein können, für möglichst stoß- und reibungsfreien Eintritt des Wassers sorgen.

Diese Verhältnisse bleiben die gleichen, auch wenn an Stelle des strömenden Wassers der sich vom Kessel zum Kondensator hin entspannende Dampf tritt. Naturgemäß werden entsprechend der gewaltigen Wärmeenergie dabei Geschwindigkeit und Druck um ein Vielfaches größer. Darum ergaben sich bei der Dampfturbine so große Umdrehungszahlen (gegen 30 000 in der Minute), deren Umsetzung in mechanisch brauchbare Größen durch Teilung der Stufen die Erfinder als eine der ersten Schwierigkeiten zu überwinden hatten.

Die beiden Hauptarten der Dampfturbine, die Radial-Druck- und die Axial-Überdruck-Turbine, wurden um das Jahr 1883/84 fast gleichzeitig der Öffentlichkeit übergeben. Die Radial-Druck-Turbine hat ihren Bereich verhältnismäßig kleiner Leistungen nicht überschreiten können. Die Axial-Überdruck-Turbine hingegen wurde dank ihrer Eigenart zu den gigantischen Leistungen von heute gesteigert. Diese Turbinenart erfuhr neuerdings durch die Aufnahme von Überhitzung und Hochdruck eine abermalige außerordentliche Vervollkommnung, während zugleich der Niederdruckteil bis zum Vakuum eine besonders vorteilhafte Ausnutzung in immer größeren Ausmaßen ermöglichte.

Eine große Anzahl von Forschern und Ingenieuren der verschiedenen Nationen haben an dieser Entwicklung mitgearbeitet: der Schwede de Laval, der Engländer Parsons, der Schweizer Zoelly, der Amerikaner Curtis, der Franzose Rateau, der Deutsch-Österreicher Lösel, die Schweden Ljungström, Lindmark u. a. m. Deutsche vor allem bildeten das neuere Kombinationsverfahren aus, das nun die verschiedenen Systeme im Gesamtmaschinensatz zusammenschließt und so jeweils auf jeder Stufe die höchstmögliche Zweckmäßigkeit und Wirkungskraft vereinigt. 1901 wurde die erste Dampfturbine auf dem Kontinent für das Elektrizitätswerk der Stadt Elberfeld aufgestellt. Ihre Leistung betrug 1000 kW. Es zeugt für die auch in der modernen Technik beispiellose Schnelligkeit der Entwicklung, daß jetzt der Bau von Maschineneinheiten für Elektrizitätswerke wie auch für Schiffsantrieb von über 200 000 kW Leistungsstärke gewagt werden kann.

Diese rasche Entwicklung wurde sowohl durch den hohen Stand der technischen Wissenschaften als auch der Leistungen in der Werkzeugmaschinen- und Fabrikationstechnik ermöglicht. Zudem hatten sich auf dem so mannigfaltigen Gebiet der Dampfturbine in ihren Variationen von Vorschalt- und Gegendruck-, Entnahme-, Mehrstoff-, Gegenlauf- und Abwärme-Turbine verschiedene Wissenszweige in gegenseitiger Befruchtung vereinigt. Die aus dem Erfahrungs- und Forschungsbereich der Wasserturbine entwickelte Strömungslehre wie ihre durch das Flugwesen mächtig geförderte Schwesterwissenschaft, die Aerodynamik, verbanden sich zu theoretischer und praktischer Erkenntnis der Vorgänge in der Dampfturbine nun mit der Thermodynamik und der Strömungslehre der Gase und Dämpfe zu einer verwickelten, aber höchst durchgebildeten totalen Wissenschaft. So wurden durch die praktische Erfahrung des Ingenieurs, die immer wieder durch die Theorie des Forschers befruchtet wird, stetig neue Leistungssteigerungen erzielt.

Ein gut Teil dieser wissenschaftlichen Arbeit, besonders in der Dampfturbinentechnik, wurde in Deutschland geleistet. Auch der neueste, kühnste Traum der Wärmekraftmaschinentechnik — die Konstruktion der Gas- und Öl-Turbine — geht seit Holzwarths Erfindung durch deutschen Geist wohl der Verwirklichung entgegen. Gelingt es, dieses Werk von den ihm noch anhaftenden Mängeln zu befreien und einer völligen Lösung zuzuführen, die die Vorteile und Leistungsfähigkeit des Verbrennungsmotors und der Dampfturbine vereinigen würde, so wäre die Technik dem erstrebten Ziel, Kohle auf dem wirksamsten und raschesten Weg in Energie umzuwandeln, um ein neues wichtiges Stück nähergekommen.

28. Der Dieselmotor.

In den letzten Jahrzehnten ist eine besondere Form des Explosionsmotors entwickelt worden: der Dieselmotor. Er ist durch das Fehlen eines Vergasers gekennzeichnet. Während der allgemeine Explosionsmotor mit Vergaser an die leichtflüchtigen Brennstoffe, wie Benzin, Benzol, Spiritus, gebunden ist, verbrennt der Dieselmotor schwerflüssige Kraftstoffe, z. B. Gas- und Paraffinöl. Er wird deshalb auch Schwerölmotor genannt. Der Kraftstoff dafür ist nicht nur billiger, sondern wird auch besser ausgenutzt als im Vergasermotor. Dadurch ist der Schwerölmotor besonders wirtschaftlich geworden.

Der Name „Dieselmotor" geht auf seinen Erfinder, den deutschen Ingenieur Rudolf Diesel, zurück. Diesel hatte im Jahre 1892 sein erstes Patent auf diesen Motor erhalten und ihn in den darauffolgenden Jahren in Gemeinschaft mit deutschen Maschinenfabriken zur Betriebsreife vervollkommnet.

Die erste Maschine war ein 20-PS-Motor, der im Jahre 1897 erprobt wurde. Er steht heute im Deutschen Museum in München auf dem Ehrenplatz, den er verdient. Diesel verwirklichte die Forderung nach einem Wärmemotor, der möglichst viel von der zur Verfügung gestellten Energie in nutzbare Arbeit umsetzt. Dazu mußte der Brennstoff unmittelbar in den Zylinder der Kraftmaschine eingeführt und dort verbrannt werden. Die Verbrennungsluft sollte im Zylinder allein für sich

Abb. 28. Rudolf Diesel

69

verdichtet und der Brennstoff dann in diese hoch verdichtete und stark auf-
gewärmte Luft eingeblasen werden, so daß er ohne fremde Hilfe zur Zündung kam.

Diesel begann seine ersten Versuche mit dem Einspritzen von Kohlen-
staub, ging dann aber bald zum flüssigen Brennstoff über. Die genau ab-
gemessene Brennstoffeinführung bereitete zunächst einige Schwierigkeiten.

Abb. 29. Zwölfzylinder-Mercedes-Benz-Schnellboots-Dieselmotor

Heute ist diese Frage durch Verwendung der Einspritzpumpe gelöst. Mit
dieser Pumpe wird das Öl auf hohen Druck gebracht und dann durch die
Einspritzdüse in den Zylinder hineingepreßt und dabei zerstäubt, wobei es
sich in der hochverdichteten und heißen Luft von selbst entzündet.

Neben besserer Kraftstoffausnutzung beruht die Überlegenheit des Diesel-
motors gegenüber älteren Verbrennungskraftmaschinen darauf, daß er eine
bessere Drehmomentenkurve aufzuweisen hat. Bei ihm behält das Dreh-
moment zwischen rund 750 Umdr./min. bis 2000 Umdr./min. nahezu seine
volle Höhe bei.

Wenn man die Gebiete betrachtet, auf denen der Dieselmotor heute Eingang gefunden hat, so muß man feststellen, daß er fast überall eingesetzt wird,

70

wo überhaupt mechanische Kraft gebraucht wird. Es gibt Dieselmotoren für die verschiedensten Zwecke und für die kleinsten bis größten Leistungen. Im Dieselsatz hat der Dieselmotor als Antriebsmaschine einer Dynamo für elektrische Stromerzeugung weiteste Verbreitung gefunden. In den letzten Jahren hat er besonders für den Antrieb von Notstromanlagen Beachtung gefunden, da er stets betriebsbereit ist. Im Falle einer Unterbrechung der Stromlieferung durch das Elektrizitätswerk nimmt er in kurzer Zeit den Betrieb der eigenen Stromerzeugungsanlage selbsttätig auf. Derartige Anlagen haben sich in Warenhäusern, Hotels, auf Flugplätzen usw. bestens bewährt.

Seinen Siegeszug hat der Dieselmotor auch als Antrieb von Fahrzeugen und Flugzeugen angetreten. Seine größte Bedeutung hat er als Schiffsmotor erlangt. Seeschiffe aller Art, vom einfachsten Fischkutter bis zu großen Überseedampfern, sind damit ausgerüstet; selbst in Zollkreuzern und Sportbooten wird er mit Vorliebe verwendet. Seine robuste Bauart läßt ihn als Antrieb von Schleppern auf Straße und Acker besonders geeignet erscheinen. In Omnibussen, die zur Personenbeförderung dienen, sowie in schweren Lastfahrzeugen herrscht er vor. Seinem Einbau in Personenwagen steht zur Zeit noch sein verhältnismäßig hohes Leistungsgewicht entgegen. Auch diese Schwierigkeit wird die Technik überwinden, und dem Dieselmotor werden im Kraftwagenbau in Verbindung mit den Reichsautobahnen in Deutschland künftig viele wichtige, bisher noch kaum erkannte Aufgaben erwachsen.

29. Aus dem Leben Rudolf Diesels.

„Es war der 17. Februar 1894. Diesel hatte einmal seinen Blick nicht auf den Motor gerichtet, der vom Riemen angetrieben lief. Der Auspuff knallte. Linder bediente auf der hölzernen Galerie das Petroleumtropfventil. Da nahm dieser wahr, wie der angespannte Teil des Riemens plötzlich schlaff wurde und der bisher schlaffe Teil sich straffte. Es hatte also ein Wechsel der treibenden Kraft stattgefunden. Statt den Motor anzutreiben, wurde nun der Riemen ruckweise vom Motor angezogen. Daran erkannte Linder die erste selbständige Kraftäußerung der Maschine. Von der Bedeutung des Augenblicks erfüllt, zog er schweigend die Mütze, und erst dadurch wurde auch Diesel auf die Wichtigkeit des Vorganges aufmerksam. In stummer Freude drückte er Linder die Hand. Die beiden waren dabei ganz allein. Diesel hatte seine Frau nach Augsburg kommen lassen. Hatte er doch vorausgefühlt, daß ein bahnbrechender Augenblick eintreten würde. Er wollte in Voraussicht großer seelischer Erregungen und der Gefahr bei den Versuchen seine Frau in der Nähe wissen. Nachdem die Maschine gelaufen war, kam er am Nachmittag bleich und zitternd zu ihr in das Springergäßchen, zog sie sofort in sein Zimmer, nahm sie in die Arme und brach in langes Weinen aus. Er glaubte, am Ziel zu sein, und ahnte nicht, daß ihn davon noch Jahre schwerer Arbeit trennten."

30. Die Erfindung der Dynamomaschine.

Elektrizität spielt in der technischen Entwicklung der modernen Welt die wesentlichste Rolle. Immer zahlreicher und umfassender werden die Anwendungen des elektrischen Stromes zur Erzeugung von Kraft, Licht und Wärme sowie für elektrochemische Zwecke. Einer der Gründe ist darin zu suchen, daß sich die elektrische Energie teilen und regeln läßt, so daß man sie in jedem gewünschten Betrage leicht dorthin leiten kann, wo man sie braucht. Erzeugt wird sie in zentralen Kraftwerken mittels Dynamomaschinen, die durch Dampf- oder Wasserkraft betrieben werden. Die Dynamomaschine stellt daher eine der bedeutendsten technischen Erfindungen aller Zeiten dar.

In der Frühzeit der Eelektrotechnik, etwa um die Mitte des vorigen Jahrhunderts, benutzte man als Stromquellen meist galvanische Elemente, in denen elektrische Energien durch chemische Vorgänge erzeugt werden. Abgesehen davon, daß dieses Verfahren sehr teuer ist, liefern solche Elemente, auch wenn man sie zu mehreren in Batterien zusammenfaßt, nur schwache Ströme, mit denen man wohl Fernmeldeanlagen betreiben, aber nennenswerte Kraft- oder Wärmewirkungen nicht erzielen kann. Bekannt war jedoch um diese Zeit auch schon das Verfahren, elektrische Ströme durch Bewegung eines Leiters im Felde eines Magneten hervorzurufen. Man hatte bereits Maschinen gebaut, bei denen zwischen den Polschuhen eines Stahlmagneten eine auf einem Eisenkern angebrachte Wicklung drehbar gelagert war. Wurde dieser Anker gedreht, so entstanden in der Wicklung Ströme wechselnder Richtung, die dann auf mechanische Weise gleichgerichtet wurden, so daß man von einem Schleifring, an dem die Enden der Spule lagen, einen stoßweise fließenden Gleichstrom abnehmen konnte.

Aber auch bei diesen magnetelektrischen Maschinen, wie man sie nannte, kam die Stromerzeugung über eine gewisse Grenze nicht hinaus. Immerhin genügten sie zum Betrieb von Scheinwerfern, Signalanlagen und für galvanische Zwecke. Ging man aber zu größeren Abmessungen derartiger Maschinen über, so wurde das Verhältnis des Gewichts zu der gelieferten Energie immer ungünstiger. Zahlreich waren daher die Bestrebungen, wirkungsvollere Stromquellen zu schaffen. Diese führten schließlich dazu, den Stahlmagnet durch einen Elektromagnet zu ersetzen, der durch eine Batterie oder durch eine magnetelektrische Maschine erregt wurde. Aber die erzielte Verbesserung blieb bei den schwachen Strömen, die man dafür aufwenden konnte, nur gering.

Werner Siemens, der bekannte deutsche Wissenschaftler und Techniker, hatte in der Mitte des 19. Jahrhunderts in seinem Magnetinduktor eine solche magnetelektrische Maschine gebaut und sich auch in der Folgezeit viel mit den Fragen der maschinellen Stromerzeugung befaßt. Dabei kam er im Herbst 1866 auf den Gedanken, in einer magnetelektrischen Maschine mit Elektromagneten den im Anker fließenden Strom über den Elektromagnet zu leiten. Dann mußte unter bestimmten Bedingungen der Ankerstrom den Elektromagnetismus verstärken, dieser wieder den Ankerstrom und so fort, bis die magnetische Sättigung des Eisens dem Vorgang eine Grenze setzte. Die erwartete Wirkung trat auch wirklich ein. In dieser Anordnung konnte die Maschine Ströme von früher unbekannter Stärke erzeugen. Da die gegenseitige Steigerung von Ankerstrom und Magnetfeld nur eine ganz schwache Magnetisierung voraussetzt, genügte der Magnetismus, der in weichem, einmal magnetisiertem Eisen stets zurückbleibt, bereits zur Einleitung des Vorganges. Die Maschine erregte sich also selbst und bedurfte keiner besonderen Batterie. Mit Rücksicht auf das angewendete Verfahren bezeichnete der Erfinder sie als „dynamoelektrische Maschine", eine Benennung, die dann später in „Dynamomaschine" abgekürzt worden ist.

Bis heute hat kaum eine andere Erfindung auf die Entwicklung der Technik so breit und nachhaltig eingewirkt wie diese. Mechanische Energie jeder Art und in jedem Betrage konnte nun auf wirtschaftliche Weise in elektrische Energie umgewandelt und damit für die vielfachen Anwendungen verfügbar gemacht werden, die dieser Energieform offenstehen. Mit dem Hinweis auf die zu erwartende Bedeutung der Dynamomaschine schloß Werner Siemens den Bericht an die Preußische Akademie der Wissenschaft, mit dem er der gelehrten Welt seine Erfindung mitteilte: „Der Technik sind nun die Mittel gegeben, elektrische Ströme von unbegrenzter Stärke auf billige und bequeme Weise überall da zu erzeugen, wo mechanische Arbeitskraft disponibel ist. Diese Tatsache wird auf mehreren Gebieten derselben von wesentlicher Bedeutung werden."

31. Elektrische Energieverwendung.

Die Verwendung der elektrischen Energie hat seit der Erfindung der Dynamomaschine das gesamte Weltbild verändert. Unser zivilisiertes Leben bewegt sich heute zum großen Teil im Bannkreis der Elektrizität, so daß man mit Recht vom Zeitalter der Elektrotechnik spricht. Sie findet ihre Anwendung auf den verschiedensten Gebieten: im Haushalt, im Gewerbe und Handwerk, in der Industrie, im Bergwerk, in der Landwirtschaft, im Verkehrs- und Nachrichtenwesen und nicht zuletzt im Kriegswesen. Überall sind durch die Verwendung des elektrischen Stromes Neuerungen geschaffen worden, die, vom Gebrauchszweck aus betrachtet, nicht das geringste miteinander zu tun haben. Oder besteht etwa ein Zusammenhang zwischen der Verwendung des Staubsaugers, der der Hausfrau die Arbeit der Reinigung erleichtert, und den Aufgaben der elektrischen Brutmaschine, die die Hühnerzucht auf neue Grundlagen gestellt hat? Was hat ein elektrischer Hochofen, der Qualitätsstahl liefert, mit dem Scheinwerfer eines Flughafens zu tun? Und doch sind alle Arten der Anwendung von Elektrizität durch das Wort „Elektrotechnik" und Hand in Hand damit durch den Begriff der „elektrischen Energie" verbunden. Der elektrische Strom ist im letzten Jahrzehnt zu einem Artikel des täglichen Gebrauchs und in wirtschaftlichem Sinn zu einer „Ware" schlechthin geworden. Allerdings ist diese Ware körperlos. Sie kann also nicht in Gefäßen oder Verpackungen verkauft werden; ihr Gebrauch ist vielmehr an eine einwandfreie technische Verbindung zwischen dem Verbrauchsort und der Stromerzeugung gebunden.

Hieraus ergeben sich besondere Voraussetzungen für die Bewirtschaftung der elektrischen Energie. Die Erzeugung des elektrischen Stromes geschieht in Elektrizitätswerken, die heute meist Drehstrom liefern. Der Übertragung zum Verbrauchsort dienen unterirdisch verlegte Kabelleitungen oder im Freien auf Masten angebrachte blanke Leitungen. Da der für die Übertragung erzeugte Strom gewöhnlich erst zwecks Verminderung von Verlusten auf eine höhere Spannung umgespannt wird, muß er an der Verbrauchsstelle auf die Gebrauchsspannung umgeformt werden. Dies geschieht in den Umspannstationen. Nur für die kleinen Taschenlampen und sonstigen Geräte, die mit Trockenbatterien, galvanischen Elementen oder Akkumulatoren gespeist werden, ist der Benutzer in der Regel auch sein eigener Energielieferer, indem er dazu an Stelle des Elektrizitätswerks eine Batterie benutzt, die allerdings wie bei der Verwendung von Akkumulatoren erst aus dem Stromversorgungsnetz des Kraftwerkes aufgeladen wird. Beim Fernsprecher oder beim Rundfunk kommt die Verbindung mit dem Elektrizitätswerk ebenfalls kaum mehr zum Bewußtsein, obwohl sie technisch vorhanden ist.

Der stetig wachsende Bedarf an elektrischer Energie wäre ohne die Erfindung des elektro-dynamischen Prinzips durch Werner von Siemens nicht zu befriedigen gewesen. Im Jahre 1882 wurde anläßlich der Münchner Ausstellung die erste elektrische Fernübertragung durch Gleichstrom vorgenommen. 1891 wurde endlich auch eine solche mittels Drehstrom von Lauffen nach Frankfurt a. M. durchgeführt, womit sich der Fortleitung elektrischer Energie gewaltige Entwicklungsmöglichkeiten erschlossen. Bedeutende Kraftwerke sind seither entstanden, die die Energie ihrer Dampf- oder Wasserkräfte mittels der Dynamomaschine in elektrischen Strom verwandeln, während Umformer und Umspanner sie für den vielfältigen Bedarf geeignet machen und Motoren für ihre Rückverwandlung in mechanische Arbeit sorgen.

Heute werden nun immer neue, größere Kraftstationen errichtet, die die Wasser- oder Wärmekräfte in Elektrizität umsetzen und die Erde mit riesigen Fernleitungs- und Verteilungsnetzen überspannen. Auf der Welt-Kraftkonferenz von 1932 in Berlin tauchte der große Plan auf, Europa schachbrettartig mit Hauptlinien zur Verteilung der Energie zu durchziehen. Sie würden die Wasserkräfte Skandinaviens, der Alpenländer und Italiens, wie andererseits die Kohlenzentren Frankreichs und der Ruhr mit Schlesien und dem Osten, die Südrußlands mit Marseille und Lissabon in einheitlicher Überordnung und Ausgleichung des Verbrauchs verbinden. Auch dieses gigantische Werk, das damals technisch wohl eine Möglichkeit, doch politisch noch eine Utopie war, wird erst heute nach der Neuordnung Europas durch Großdeutschland der Verwirklichung entgegenreifen und als neue Ruhmestat unserer Technik neben die Zentralisierung des Verkehrs und die Vereinheitlichung des Kontinents treten. So hat auch auf diesem Gebiet das elektrotechnische Zeitalter das der Dampfkraft nicht abgelöst, sondern erfüllt.

74

32. Relais im Dienste der Energieversorgung.

In der Elektrizitätsversorgung hat sich in den letzten Jahren ein grundlegender Wandel vollzogen. Ursprünglich versorgte ein Kraftwerk nur die Abnehmer in unmittelbarer Nähe mit Energie. Es war ganz auf sich allein gestellt und mußte selbst für die nötigen Reserven sorgen. Im Laufe der Entwicklung schaltete man zunächst örtliche Elektrizitätswerke zusammen, um bei Störungen eine gegenseitige Aushilfe sicherstellen zu können. Auf diese Weise wurde gleichzeitig die Aufgabe der Reservehaltung und der Deckung von Spitzenbelastungen gelöst. Offenbar mußte dann nur noch bei einem ein-

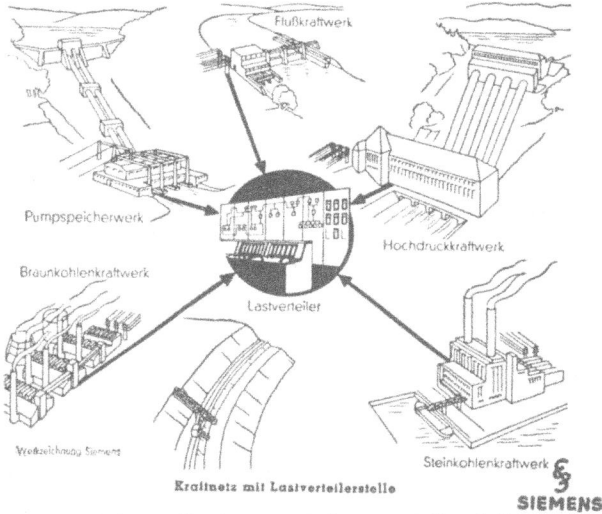

Abb. 30. Kraftnetz mit Lastverteilerstelle

zigen Elektrizitätswerk ein Reservekessel mit der zugehörigen Turbine aufgestellt werden, um auch den anderen Werken bei einer Maschinenstörung auszuhelfen. Ferner brauchte beim Auftreten von Belastungsspitzen nur ein Werk eine Maschine mehr einzuschalten.

Entsteht dabei im Netz ein Energieüberschuß, so kann er einem Pumpspeicherwerk zugeführt werden. Jeder Maschinensatz des Speicherwerkes setzt sich aus einer Pumpe mit Antriebsmotor zusammen, an deren gemeinsamer Welle auch eine Turbine gekuppelt ist. Wird der Kraftüberschuß im Netz dem Motor zugeführt, so treibt er damit die Pumpe an, mit der Wasser in ein höher gelegenes Becken oder in den Stausee einer Wasserkraftanlage gepumpt wird. Hier bildet es die Reserve, die beim Anstieg der Netzbelastung wieder zur Erzeugung von zusätzlichem Strom herangezogen wird. Man leitet dazu das Wasser auf die Turbinen, die nunmehr die vorher als Motor arbeitenden Synchronmaschinen als Generator betreiben.

Solche Pumpspeicherwerke sind bereits ein wichtiges Anwendungsgebiet neuzeitlicher Starkstromrelais. Die Ingangsetzung und Steuerung des darin aufgestellten Maschinensatzes ist eine außerordentlich schwierige Aufgabe, die auch einen geübten Mann längere Zeit in Anspruch nimmt. Gewöhnlich braucht man aber die Energie viel schneller. Aus diesem Grund läßt man die notwendigen Bedienungsmaßnahmen durch Relais vornehmen. Sie arbeiten um vieles schneller und unbedingt in der richtigen Reihenfolge. Der Schaltwärter hat also tatsächlich nur noch einen Knopf zu drücken und kann an einem Leuchtbild über der Schalttafel den Ablauf des Schaltvorganges beobachten.

Ein solches Kraftnetz, wie es in Abb. 30 dargestellt ist, bildet eine Betriebsgemeinschaft, die einer einheitlichen Leitung bedarf, damit der höchste Wirkungsgrad erreicht wird. Diese einheitliche Leitung ist in der sogenannten Lastverteilerstelle zusammengefaßt. Die Bezeichnung rührt daher, daß von dort aus die geforderte Belastung in wirtschaftlicher Weise auf die einzelnen Kraftwerke verteilt und andererseits die Energie jedes einzelnen Werkes in der richtigen Weise eingesetzt wird. Ursprünglich war diese Stelle durch Fernsprechleitungen mit seinen Kraftwerken und seinen Umformerstationen verbunden, von denen aus die Verbraucher gespeist wurden. Durch den Fernsprecher erhielt sie Meldungen und gab auf dem gleichen Weg die notwendigen Anordnungen, welche Maschine in Betrieb zu setzen war, welche Sammelschienen-Systeme gekuppelt werden mußten usw. Es liegt auf der Hand, daß es auf diese Weise sehr schwierig war, den notwendigen Überblick zu behalten. Deshalb stattet man heute die Lastverteiler mit Leuchtschaltbildern aus, die in Linien und Zeichen das ganze Kraftnetz übersichtlich darstellen. In den Zug der Leitungssymbole sind gleichzeitig Instrumente eingefügt, die die elektrischen Werte, also Strom, Spannung, Leistung, Frequenz, an den betreffenden Stellen des Netzes anzeigen. Die Zeichen für die Schalter sind gleichzeitig auch die Bedienungsgriffe für die wirklichen Schalter. Der Schaltwärter braucht also nur ein solches Symbol zu bewegen, um den fernen Schalter zu gleicher Bewegung zu veranlassen. Hat sie der Schalter ausgeführt, so bekommt der Lastverteiler eine Rückmeldung, daß sein Befehl befolgt ist. In ähnlicher Weise vermag er auch die Regelvorgänge zu beeinflussen, um Leistung, Spannung und Frequenz seiner Kraftwerke auf die gewünschten Werte zu halten. Die Rückmeldungen, ob diese Regelvorgänge sich richtig ausgewirkt haben, erfolgen durch anzeigende oder schreibende Instrumente.

Da es sich in einem großen Kraftnetz um die Übertragung sehr vieler Befehle, Rückmeldungen, Regelvorgänge und Meßwerte über große Entfernungen handelt, ist man bestrebt, mit möglichst wenigen Leitungen auszukommen. Auch hier greift das Relais als Helfer ein. Es sorgt dafür, daß die Leitungen jeweils den befehlgebenden Schalter mit der richtigen Empfangsstelle verbinden.

Neuerdings verwendet man für diese Zwecke vorzugsweise Relais der Fernsprechtechnik. Die Relais haben ja in Kraftnetzen eine ähnliche Aufgabe zu erfüllen wie in Fernsprechanlagen. In beiden Fällen müssen für die „Teilnehmer" viel mehr Verbindungsmöglichkeiten bestehen, als Leitungswege vorhanden sind. Da jedoch bei der Energieversorgung eine Fehlverbindung viel ernstere Folgen hätte als bei einem Ferngespräch, so hat man besondere Vorsichtsmaßregeln getroffen, um in Kraftnetzen falsche Verbindungen und ihre Auswirkungen zu verhüten. Die Arbeitsweise ist grundsätzlich so, daß vor der Übertragung des Befehls zunächst geprüft wird, ob die Leitung richtig durchgeschaltet ist. Für die Verbindung des Lastverteilers mit seinen Werken und Unterstationen stehen vielfach nur wenige Adern von Schwachstromkabeln zur Verfügung. Durch die Entwicklung der Relaistechnik hat man aber erreicht, daß sie in den schwierigsten Fällen genügen. Neuerdings werden auch hochfrequente Wellen, die an der Oberfläche der Hochspannungsleitungen entlang gleiten, vielfach für die Zwecke der Fernbedienung, Fernsteuerung und Fernüberwachung benutzt. Man hat dadurch die Zeit bis zum Einsatz der Reserven ganz erheblich abgekürzt. Eine weitere Aufgabe erwächst den Relais aus der Notwendigkeit, die Energieversorgung unter allen Umständen sicherzustellen. So überwachen z. B. besondere Relais die Maschinen und Transformatoren der Kraftwerke. Schon der geringste Fehler in der Isolation veranlaßt die Relais zum Ansprechen. Je nach der Größe der Gefahr melden sie entweder den Gefahrenzustand oder schalten sofort die Maschine ab. So gelingt es meistens, den Fehler in kleinsten Grenzen zu halten und die Instandsetzungszeit wesentlich zu verkürzen.

Eine andere Art von Relais übernimmt den Schutz der Netze. Die Netze sind vielfach so aufgebaut, daß jeder wichtige Strombezieher von zwei Seiten aus mit Strom versorgt wird. Ist die eine Zuleitung gesperrt, dann deckt die andere den Strombedarf. Dabei ist es erforderlich, daß die gestörte Leitung solange aus dem Betrieb genommen wird, bis sie wieder hergestellt ist. In den Kraftwerken und Unterstationen befinden sich Relais, die diese Schaltungen bewirken. Sie stellen zunächst fest, ob eine Störung z. B. durch Blitzschlag oder Kurzschluß vorliegt. Weiterhin ermitteln sie, wo der Fehler liegt. Diese Feststellung machen sie auf Grund einer Messung des Leitungswiderstandes vom Einbauort bis zur Fehlerstelle. Darauf treffen sie eine beinahe verstandesmäßige Vereinbarung darüber, welche Relais abschalten müssen, damit nur das gestörte Leitungsstück herausgenommen wird und das übrige Netz im Betrieb bleibt. Endlich bewirken dann die beiden der Fehlerstelle am nächsten liegenden Relais die Abschaltung. Es handelt sich bei diesen Relais zum Teil um außerordentlich verwickelt gebaute Geräte, deren Betriebsbedingungen noch dadurch erschwert sind, daß sie auch nach monatelanger Ruhe, sobald eine Störung auftritt, in Bruchteilen von Sekunden ihre Arbeiten beendet haben müssen.

Endlich sei eine Relaisart erwähnt, die die Stromversorgung selbst dann noch gewährleistet, wenn das ganze Netz zusammengebrochen ist. Wichtige Stromverbraucher stellen sich als Reserve nämlich Dieselsätze auf, die im Notfall die Stromversorgung ihrer ganzen Anlage oder doch wenigstens derjenigen Teilanlagen ermöglichen, von deren richtigem Arbeiten hohe Werte abhängen. Diese Dieselmaschinen müssen sofort einspringen, wenn die Energiezufuhr aussetzt. Auch hier würde es viel zu lange dauern, wenn man sich auf menschliche Bedienungskräfte verließe. Die Relais dagegen arbeiten so schnell, daß von einer Unterbrechung der Stromversorgung kaum noch die Rede sein kann. Bei Theatern z. B. würden die Zuschauer kaum etwas davon merken, daß statt des städtischen Netzes die eigene Dieselanlage den

Abb. 31. Dieselsatz als Leistungsreserve in einem Industriewerk

Strom liefert. Solche Leistungsreserven, die von Relais eingeschaltet werden, lassen sich bis zu erheblichen Energien ausführen. Abb. 31 zeigt einen Dieselsatz für 700 Pferdestärken in einem Industriewerk. Im Hintergrund erkennt man die Relaistafeln, die die selbsttätige Einschaltung bewirken.

33. Künstliche Blitze.

Überspannungsschutzgeräte haben die Aufgabe, den Überspannungswellen, die über die Freileitung in die Station eindringen wollen, soviel Energie zu entziehen, daß ihre Spannung auf eine für die Station ungefährliche Höhe absinkt. Diese Überspannungen entstehen meistens dadurch, daß ein Blitz in der Nähe einer Freileitung zur Entladung kommt und nun auf dieser Freileitung eine Spannung induziert oder influenziert, die sich nach beiden Seiten hin in Form einer Wanderwelle ausbreitet. Bei solchen Wanderwellen hat der Überspannungsableiter Ströme von höchstens einigen tausend Ampere (abgekürzt: A) abzuleiten, was keine Schwierigkeiten bereitet. Die letzte Entwicklung der Ableiter ging nun dahin, ihr Ableitvermögen so weit zu steigern, daß sie Stromstöße in der Größenordnung der Ströme im natürlichen Blitzkanal ableiten können und somit bei direkten Blitzschlägen in die Freileitung noch einwandfrei arbeiten.

Um diese Entwicklung auf dem Versuchsfeld durchführen zu können, mußten Kondensatorenbatterien von erheblicher Aufnahmefähigkeit geschaffen werden, mit denen man alle Kennzahlen des Blitzes, wie Stromstärke, Stromanstieggeschwindigkeit und Dauer des Stromes, wiedergeben konnte. Sie sind in den verschiedensten Ausführungen als Stromstoßbatterien errichtet worden, von denen im folgenden eine der größten beschrieben wird. Sie besteht aus 24 parallel geschalteten Kondensatoren mit einer Aufnahmefähigkeit von 48 μF und einem Energieinhalt von 65 000 Ws. Zur Erzielung einer hohen Stromstärke muß die Induktivität des Entladungskreises möglichst klein gehalten werden. Die Kondensatoren sind deshalb hufeisenförmig um den in der Mitte stehenden Prüfling aufgebaut. Die Eigeninduktivität der Anlage beträgt dabei nur wenige Mikrohenry.

Der größte Entladungsstrom tritt auf, wenn die Stromstoßbatterie nur über einen Meßwiderstand kurzgeschlossen wird. Der Strom hat dabei einen periodischen Verlauf. Er führt in der ersten Amplitude eine Stromstärke von 340 000 A und hat eine Schwingungsdauer von 45×10^{-6} s. Der steilste Stromanstieg beträgt etwa 45 000 Aμs. Durch Einschalten von zusätzlichen Induktivitäten oder Widerständen in den Stoßkreis kann jede beliebige größere Schwingungsdauer oder auch ein aperiodischer Stromverlauf erzielt werden. Im aperiodischen Grenzfall ist der Strom etwa 130 000 A bei einer Halbwertdauer von 19×10^{-6} s.

Die mit dieser Stromstoßanlage erzeugten Stoßströme entsprechen in jeder Hinsicht den im natürlichen Blitzkanal gemessenen Strömen; denn nach umfangreichen Untersuchungen von verschiedenen Forschern führen natürliche Blitze zu etwa 70 v. H. aller Fälle Ströme unter 40 000 A, und nur in 5 v. H. sind Ströme über 100 000 A gemessen worden. Als Höchstwert wurden 250 000 A ermittelt, so daß also der im Versuchsraum erzeugte künstliche Blitz sogar größer ist als der natürliche.

Um nun zu zeigen, daß der künstliche Blitz nicht nur in seinen elektrischen Kennzahlen, sondern auch in seinen Auswirkungen dem natürlichen gleicht, wurden verschiedene Versuche durchgeführt. So wurden z. B. Eisendrähte mit einem Durchmesser bis zu 3 mm von dem künstlichen Blitz augenblicklich verdampft, wie man es schon bei zu schwach bemessenen Erdern beobachtet hat. Bei gummiisolierten Drähten verdampfte der Leiter ebenfalls, und es blieb nur die Isolation übrig. Sie war in Abständen von etwa 2—3 cm aufgerissen worden, ohne aber zu verbrennen. Ferner wurden Kupferbleche oder -rohre durch die magnetischen Kräfte des Stoßstromes vollkommen zusammengepreßt.

Bei Überschlägen über Porzellanisolatoren verursachten die künstlichen Blitze nur leichte Anrauhungen in der Glasur. Die Mindeststoßüberschlagsspannung der überschlagenden Isolatoren war dadurch kaum merklich heruntergegangen. Führt jedoch der künstliche Blitz zu einem Durchschlag eines Isolators, so wird dieser explosionsartig auseinandergerissen und in viele kleine Stücke zersprengt. Ebenso reißt der künstliche Blitz einen Baumstamm von 30 cm Durchmesser und 60 cm Höhe, der in die Entladungsstrecke gestellt wird, mit großer Gewalt auseinander, so daß einzelne Splitter bis zu 10 m weit fliegen. Die gleichen Folgen eines natürlichen Blitzes wird schon jeder einmal im Walde beobachtet haben.

Die Schmelzwirkung von künstlichen Blitzen an Metallen ist wegen der Kürze der Entladungsdauer nur klein. So hinterläßt ein Stoß von 15 000 A nur eine kleine Strommarke von etwa 10 mm Durchmesser und ein sehr großer Blitz von 250 000 A eine solche von etwa 30—35 mm Durchmesser auf einer

Abb. 32. Stoßprüfanlage für 3 Millionen Volt

Eisenschiene. Diese Strommarken stellen nur flache Anschmelzungen der Oberfläche dar, die man auf dem Anstrich der Traverse einer Freileitung kaum findet. Tatsächlich hat man auch gelegentlich beobachtet, daß ein Blitz in einen Eisenmast einschlug, ohne daß eine Einschlagspur festgestellt werden konnte.

Diese hier kurz beschriebenen Versuche dürften gezeigt haben, daß der im Laboratorium erzeugte künstliche Blitz nicht nur in seinen elektrischen Kennzahlen dem natürlichen gleichkommt, sondern daß er auch die gleichen Auswirkungen zeigt.

V. Technik in der Stoffgewinnung.

34. Bergmanns Leben.

In das ew'ge Dunkel nieder
steigt der Knappe, der Gebieter
einer unterird'schen Welt.

Er, der stillen Nacht Gefährte,
atmet tief im Schoß der Erde,
den kein Himmelslicht erhellt.

Neu erzeugt mit jedem Morgen,
geht die Sonne ihren Lauf.
Ungestört ertönt der Berge
uralt Zauberwort: „Glückauf"!

Th. Körner

35. Eine Grubenfahrt.

Die im Leben des Menschen unentbehrliche Kohle wird, wie jederman
weiß, meistens im Bergwerk tief unter Tag gewonnen. Wir haben uns deshalb entschlossen, ein solches Bergwerk einmal zu besichtigen und den Bergleuten bei ihrer schweren Arbeit zuzusehen.

Ehe wir in den Schacht einfahren, begeben wir uns ins Verwaltungs-
gebäude der Zeche, wo der Betriebsleiter uns einen Steiger als Führer durch
das Wunderreich der Tiefe mitgibt. In einem Saal zeigt man uns zunächst ein
Glasmodell des Bergwerks mit allen Schächten und Querschlägen. In einem
anderen Saal, dem Ankleideraum, liegt für uns eine Dienstkleidung bereit, die
wir anziehen. Darauf gelangen wir in die Lampenstube, wo uns eine Gruben-
lampe ausgehändigt wird. Alle Bergleute erhalten hier vor der Einfahrt zur
Schicht numerierte Benzinsicherheitslampen, die mit einem Magnetverschluß
ausgerüstet sind. Sie können nur in der Lampenstube mit Hilfe eines besonderen elektromagnetischen Gerätes geöffnet werden. Sollte versucht werden, die Lampe auf andere Weise zu öffnen, so würde sie sofort erlöschen.
Durch diese Maßnahme werden Kohlenstaub- und Schlagwetterexplosionen
verhütet, die durch die offene Flamme der Lampe hervorgerufen werden
könnten. In unserer Zeit verwendet man auch elektrische Grubenlampen.

Nunmehr haben wir die Vorbereitungen zur Einfahrt getroffen und können uns zur Seilfahrt nach der Hängebank begeben. Da steht gerade ein
Förderkorb bereit. Der Führer drängt zur Eile, weil an Füllörtern das Um-

setzen, der Wagenwechsel, das Aus- und Einladen der vollen und leeren Förderwagen möglichst rasch geschehen muß, damit kein Zeitverlust eintritt. Wir schließen uns einem soeben einfahrenden Trupp von Bergleuten an und müssen uns genau wie sie an die Wände der Förderschale und zwischen leere Förderwagen stellen. Nachdem die eisernen Gittertüren geschlossen sind, hören wir nebenan die Anschläge der Glocke, die dem Fördermaschinisten den Fahrbefehl erteilt. Der Führer erklärt uns während der Fahrt, durch welche Sicherheitseinrichtungen wir vor Unfällen geschützt sind: selbsttätige Bremse bei Seilbruch; Endausschalter mit Seilbremsmagneten gegen das Überfahren der Haltestellen; Notschalter; zwei besondere Sicherheitsbremsen sowie Fliehkraftschalter mit Relais. Die ganze Steuerung ist außerdem so gut durchgebildet, daß die Maschine sowohl beim Heben wie beim Senken der Last rechtzeitig stillgesetzt wird und der Förderkorb die Hängebank oder den Füllort nicht überfahren kann.

Obwohl unser Förderkorb mit einer Sekundengeschwindigkeit von 8 m in die Tiefe saust, bemerken wir doch die gußeiserne Auskleidung des Schachtes. Sie besteht aus gerippten metallischen Ringen, segmentförmigen Rippenrahmen, Tübbings genannt. Die Segmente sind miteinander verschraubt und durch Einlagen von Bleistreifen abgedichtet, so daß kein Wasser in den Schacht eindringen kann.

Die Förderungsart, die wir hier kennenlernen, bezeichnet man als Gestellförderung, weil dabei die vor Ort gefüllten Wagen auf das im Schacht hängende Gestell aufgeschoben und in diesem über Tag gefördert werden. Neuerdings wird besonders bei Salz- und Erzförderung auch die Gefäßförderung angewandt, bei der die vor Ort gefüllten Wagen nicht nach oben gebracht werden, sondern ihr Fördergut zunächst in einen Sammelraum, den sogenannten „Bunker", geschüttet wird. Aus diesem wird dann erst das Fördergefäß gefüllt, das am Seil hängt und seinen Inhalt oben über Tag abgibt.

Nach dem Halten des Korbes, der an dem langen Förderseil noch einige Male auf und ab federt, krachen die Eisentüren auf, und die Wagen rasseln heraus. Wir sind an dem Bestimmungsort „Fünfte Sohle" in 500 m Tiefe angekommen.

Da sehen wir zuerst in langen Reihen auf Gleisen die bekannten „Grubenhunde". Das sind Förderwagen; sie werden, mit Kohle gefüllt, gleich das von uns verlassene Gestell einnehmen. Die mit uns herabgekommenen leeren Wagen werden über Steuerweichen und Radführungen zu einem Leerzug zusammengestellt und von einer elektrischen Lokomotive abgeholt. Die Abfahrtstelle ist eine geräumige Halle und erscheint uns in der Beleuchtung zahlreicher Glühlampen wie ein Bahnhof. Dicht neben dem Füllort bemerken wir ein großes, ausgemauertes Gewölbe, in dem mehrere Hochdruckkreiselpumpen arbeiten. Sie sind mit ihren Elektromotoren direkt gekuppelt, saugen das Wasser aus dem Pumpensumpf, in dem das von allen Seiten herangeführte Riesel- und Zulaufwasser gesammelt wird, und drücken es in starken Rohren aus der Grube hinauf bis über Tag. Wären diese Pumpen nur ein paar Tage außer Betrieb, so würde die ganze Grube „ersaufen". Ob sie danach wieder leergepumpt und in Betrieb gesetzt werden könnte, ist sehr fraglich. Schon viele Zechen sind auf diese Weise rettungslos verlorengegangen, und deshalb ist den Pumpenanlagen eines Bergwerkes stets besondere Sorgfalt und Aufmerksamkeit zuzuwenden.

Wir begeben uns nun zu dem elektrisch betriebenen Leerzug, der uns in ziemlich schneller Fahrt durch die geräumig ausgebaute Strecke führt. Nach einer Viertelstunde fährt der Zug langsamer, rattert über Weichen, und eine Blockstelle nimmt uns für kurze Zeit auf. Zwei, drei Strecken laufen hier zusammen; ein vollbeladener Kohlenzug rollt an uns vorbei. Viele Kilometer ist das Gleisnetz unter Tag lang und verbindet mehrere Zechen miteinander. Der Zug läuft wieder in einen, allerdings kleinen Bahnhof ein, der ebenfalls als Gewölbe ausgemauert ist. Aus einem der zahlreich vorhandenen Stellen, die hier einmünden, schiebt sich eine Preßluftlokomotive heran. Sie übernimmt die Weiterbeförderung unserer Wagen.

Endlich sind wir am Ende der mit Lokomotiven betriebenen Strecke angekommen und stehen nun vor den verschiedenen höhlenartigen Förderstrecken, die teils gerade, teils mit Steigung oder Gefälle, bis zu den Flözen führen. Hier sehen wir die jahrtausendalte Art der Loslösung des Gesteins durch die Häuer, die die Steinkohle mit Schlägel und Eisen brechen, sofern sie nicht mit einer Schrämmaschine arbeiten. In einem anderen Stollen werden uns Gesteine gezeigt, die so fest sind, daß sie gesprengt werden müssen. Dazu stellt man zunächst Bohrlöcher her. Zum Bohren verwendet man heute fast ausschließlich Maschinenbohrer, Drehbohrer, Stoßbohrer, die das Gestein in kleinen Splittern abstoßen, und Schlagbohrer, deren Meißel aufsitzt und von einem Bär geschlagen wird. Zum Besetzen der Sprenglöcher dienen der Sprengstoff selbst, die Zündmittel, der Besatz und der Stampfer. In Steinkohlengruben ist nur die Anwendung von Sicherheitssprengstoffen gestattet, während in anderen auch mit brisanten Sprengmitteln, mit Dynamit und Sprenggelatine, gearbeitet wird. Durch Sprengkapseln oder Glühzünder werden die geladenen Patronen „weggetan". Die Sprengkapsel ist ein bleistiftdickes Kupferröhrchen mit einer Füllung, die schon durch mäßigen Schlag, Reibung oder Erhitzung explodiert. In Schlagwettergruben wird zur Zündung keine Sprengkapsel, sondern ein Glühzünder benutzt, an dessen Drähte das doppeladrige Zündkabel angeschlossen wird. Bei Stromdurchgang beginnt ein Drähtchen zu glühen, das sich im oberen Teil des Sprengkörpers befindet, und zündet den Sprengstoff. Gelegentlich wird auch der wie die Zündkerze eines Autos eingerichtete Funkenzünder verwendet, an dem ein elektrischer Funke überspringt und die Zündung bewirkt.

Unser Führer hatte uns inzwischen, nachdem auch die übrigen Bohrlöcher fertig besetzt und ihre Zündkabel an die Zündleitung angeschlossen worden waren, an einen sicheren Querschlag gebracht, von dem aus wir die Sprengung verfolgen können. Der Schießmeister gibt das Zeichen zum Räumen, und ein zweites Signal meldet, daß alles in Deckung ist. Jetzt wird durch einen Druck der Schießschalter betätigt, und wir hören die Schüsse. Wären wir von der Sprengstelle weit entfernt, so würden wir noch einen Nachhall der Sprengung hören, da die Schallwellen durch die Luft viel langsamer fort-gepflanzt werden als durch die Bergwand. Nach einigen Augenblicken dürfen wir wieder die Sprengstellen aufsuchen, an denen die Häuer bereits wieder fleißig an der Arbeit sind.

Nachdem wir nun alles gesehen haben, was bei einer kurzen Besichtigung einer Grube gezeigt werden kann, begeben wir uns wieder zur Auffahrt zurück und verabschieden uns mit dem Bergmannsgruß „Glückauf" von unseren Begleitern.

36. Bodenverbesserung in der Landwirtschaft.

Bis zum 18. Jahrhundert hatten die Menschen gute und schlechte Ern-ten, wie sie ihnen die Scholle bot, in die Scheuern gebracht. Sie nahmen die Schwankungen der Felderträge als einen von der Natur bedingten Wechsel hin und fanden keine Veranlassung, über das Mehr oder Weniger grundsätz-lich nachzudenken.

Erst zu Goethes Lebzeiten machte man die Beobachtung, daß die Ernte-ergebnisse regelmäßig und allgemein abfielen. Gelehrte erörterten, ob an-gesichts dieser Tatsache die Mutter Erde die Ernährung der sich mehrenden Menschheit auch in Zukunft sichern könne. Selbst wenn noch weite Flächen in den überseeischen Gebieten der landwirtschaftlichen Nutzung erschlossen werden konnten, so gab es doch zu denken, daß im Laufe der Zeit immer größere Ländereien für den Getreidebau zu arm geworden waren. Man be-schäftigte sich vor allem mit der Frage, wie die Flächenerträge zu steigern seien. Besonders wichtig mußte dies für die mitteleuropäischen Staaten sein, die bei schneller Bevölkerungszunahme einen beträchtlichen Schwund der Ernten feststellten. Diese Überlegung regte die Wissenschaftler zu eingehen-den Forschungen an.

Als erster besprach der deutsche Professor Karl Sprengel im Jahre 1831 in seinem Buch „Chemie für Landwirte, Forstmänner und Cameralisten" unter diesem Gesichtspunkt den Gebrauch von schwefelsaurem Ammoniak als Düngemittel in der Landwirtschaft. Er schreibt: „Da die Pflanzen Schwe-fel und Stickstoff enthalten, so ließ sich voraussagen, daß ihr Wachstum durch einen diesen Stoff enthaltenden Körper sehr gefördert werden müßte, und wirklich, die von anderen und mir angestellten Versuche lassen keinen Zweifel, daß wir einen solchen Körper im einfach-schwefelsauren Ammoniak besitzen ... das Salz wird jedoch als ein Nebenprodukt bei der Gasbeleuch-tung mit Steinkohlen gewonnen, was, da es sehr wohlfeil zu haben ist, für die Landwirtschaft von Wichtigkeit werden kann."

Ungefähr gleichzeitig beschäftigte sich der berühmte deutsche Chemie-professor Justus von Liebig eingehend mit Bodenanalysen und konnte 1840 nachweisen, daß alle Pflanzen neben Luft und Wasser auch Stickstoff, Phos-phorsäure, Kali und Kalk zum Leben benötigen. Durch chemische Unter-suchungen der Asche von verbranntem Getreide konnte er die Mengen an Kali, Kalk und Phosphor berechnen, die dem Boden im Laufe der Jahre mit jeder Ernte entzogen worden waren und schließlich zu seiner bedenklichen Verarmung führte. Reicherte man das Pflugland wieder mit Pflanzennährstoffen an, d. h. führte man einen brauchbaren Kunstdünger ein, so mußte sich die Ertragsfähigkeit der Äcker heben. Liebig hatte gewaltige Widerstände zu überwinden, ehe sich diese wissenschaftliche Erkenntnis in der Allgemeinheit durchsetzen konnte. Als aber der deutsche Bauer in der Bewirtschaftung seiner Felder teilweise zu künstlicher Düngung überging, erwies sich die Richtigkeit der Behauptung des Forschers. So erntete man in Deutschland schon 1910 zirka 40 v. H. mehr Getreide als 1885. Liebig ist somit als der Wissenschaftler anzusehen, der die Voraussetzungen zur Stick

stoff-, Phosphat- und Kaliindustrie geschaffen hat, von denen die zuerst genannte am wichtigsten ist.

Der Bedarf an Stickstoff ließ sich zunächst leicht dekken. Neben dem Ammoniak der Kokereien und Gasanstalten konnte man aus Peru Guano und aus Nordchile und Bolivien Salpeter zur Bodenverbesserung heranziehen. Die nur beschränkten Vorräte an Guano und Salpeter und wirtschaftliche Erwägungen zwangen jedoch zu einer anderen Lösung. Man fand sie in der Ammoniak-Hochdrucksynthese, die von Professor Haber im Labora

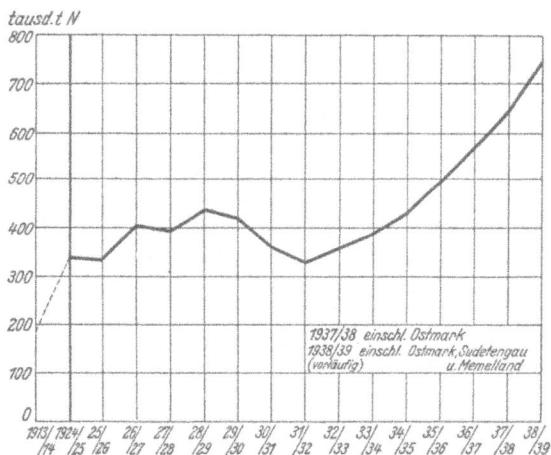

Abb. 33. Stickstoffverbrauch der deutschen Landwirtschaft

torium ausgearbeitet und von Karl Bosch für den Großbetrieb reif gemacht wurde. So entstanden durch engste Zusammenarbeit zwischen Wissenschaft und Technik die gewaltigen Anlagen, die es ermöglichen, aus der Luft den Stickstoff herauszureißen und für den Bauern nutzbar zu machen.

Die große Bedeutung des Stickstoffs als Betriebsmittel in der deutschen Landwirtschaft zeigt das beigefügte Schaubild. Mit Ausnahme einer Unterbrechung, deren Ursachen in der schweren Notzeit vor dem Jahre 1933 zu suchen sind, hat der Stickstoffverbrauch in Deutschland ständig zugenommen. Er erreichte im Düngejahr 1938/39 im Altreich den erstaunlichen Stand von 715 000 Tonnen (abgekürzt: t) Reinstickstoff, im gesamten Großdeutschen Reich von nahezu 750 000 t. Damit steht Deutschland als Stickstoffverbraucher in der Welt an erster Stelle und nimmt mehr als ein Viertel der Weltstickstofferzeugung auf. Ohne die bahnbrechende Entwicklung der Ammoniak-Hochdrucksynthese hätte man dem Verbrauch der Landwirtschaft an Stickstoffdüngern nicht Genüge leisten können.

Obige Zahlen belegen eindeutig die gewaltige Bedeutung, die der künstlich erzeugte Stickstoff als Düngemittel der Landwirtschaft erreicht hat. Sie
beruht darauf, daß die Düngung mit Hilfe des synthetischen Stickstoffs nicht
nur eine wesentliche Steigerung der Flächenerträge, sondern durch den Weg-
fall des eingeführten Salpeters auch eine fühlbare Senkung der landwirtschaftlichen Betriebskosten brachte. Dabei sind die Aufnahmemöglichkeiten
für Stickstoff bei dem gegenwärtigen Stand seiner Verwendung für Bodenverbesserung noch keineswegs erschöpft. Das starke Ansteigen des Stick-
stoffverbrauchs wurde zudem durch die Preisentwicklung begünstigt. Die
Stickstoffpreise konnten ständig gesenkt werden, so daß sie heute nur wenig
mehr als ein Drittel der Vorkriegshöhe oder im Vergleich zum Düngejahr
1926/27 nur noch etwa die Hälfte betragen. Selbst gegenüber 1932/33 ist die
Preissenkung sehr erheblich.

Noch wichtiger als für den Ertrag des landwirtschaftlichen Einzelbetriebes
ist die Stickstoffdüngung aber für die Ernährung des deutschen Volkes geworden. Konnten doch dadurch die Ernten in Deutschland so verbessert werden,
daß Lebensmittel für etwa 10 Millionen Menschen zusätzlich gesichert wurden.
Diese Zahl zeigt mit aller Deutlichkeit, welche Spannungen in der Versor-
gungslage der deutschen Bevölkerung auftreten würden, wenn das Betriebsmittel Stickstoff nicht aus deutscher Erzeugung zur Verfügung stände.

So wichtig wie die Bereicherung des Bodens mit Stickstoff ist seine
Versorgung mit Kali als Grundlage der pflanzlichen Ernährung. Über den
Salzlagern der Steinsalzbergwerke finden sich meistens Vorkommen von
Kaliumverbindungen, die für menschliche Nahrung ungeeignet sind. Diese sogenannten „Abraumsalze" wurden in vergangenen Zeiten von den Berg-
werksverwaltungen als totes Fördergut ungenutzt auf Halden geschüttet.
Mit dem Nachweis, daß, wie die tierischen, so auch die pflanzlichen Lebe-
wesen der Salze bedürfen, erhielten die Abraumsalze plötzlich hohen Wert.
Zunächst gewann man den kalihaltigen Dünger auf einfachste Weise, indem
man die Abfälle auskochte und ihn aus dem Sud ausschied. Nachdem man
aber gelernt hatte, durch chemische Behandlung den Rohsalzen Chlorkalium
zu entziehen, entwickelte man eine sehr leistungsfähige Kaliindustrie. Die
große Bedeutung dieses Fortschrittes für die deutsche Landwirtschaft und
damit für die Volksernährung ist aus der ständigen Vergrößerung der Um-
satzzahlen für Kali zu entnehmen. Während im Jahre 1890 in Deutschland
28 000 t Reinkali verbraucht werden, verwendete man im Jahre 1929 bei der
Feldbestellung 781 000 t. Ein Jahrzehnt später war der deutsche Nährstand
bereits Käufer von etwa 1¹/₄ Millionen t Reinkali, und noch hat die Landwirtschaft die Grenze der Aufnahmefähigkeit bei weitem nicht erreicht. Auch
heute bewegt sich der Absatz der Kaliindustrie unentwegt nach oben, wobei
die Kauflust der Bauernschaft, schon angeregt von den vorzüglichen Ernte-
ergebnissen bei Kalidüngung, in den letzten Jahren durch eine wesentliche
Senkung des Kalipreises besonderen Anreiz erhielt.

Der dritte unerläßliche Nährstoff für die Pflanzen ist Phosphor, der den
Äckern in Form von Phosphaten zugeführt wird. Die Frage war, woher man

die für die Landwirtschaft erforderlichen Phosphate zu einem annehmbaren Preis beziehen konnte. Hierbei wurde eigentümlicherweise die um das Ende des 19. Jahrhunderts aufblühende Stahlindustrie der Helfer in der Not. Bei dem Veredelungsverfahren des Eisens in den Bessemerbirnen konnten nur phosphorfreie Erze verwendet werden. Da aber die meisten europäischen Minette Phosphor enthalten, mußte ein Weg gefunden werden, die Wandungen der Schmelzbirnen phosphorbeständig zu gestalten. Auf Vorschlag des jungen Hüttentechnikers Thomas wurden daher die Wände der Birnen mit basischen Stoffen gefüttert. Man gab ihnen ein Futter von Ziegeln aus Kalkerde, Magnesia und Steinkohlenteer, die den in den Erzen befindlichen Phosphor zu phosphorsaurem Kalk banden und unschädlich machten. Diese schlackenartigen Verbindungen, die so bei der Herstellung von Stahl als Nebenerzeugnis anfielen, waren die Phosphate, nach denen die Agrarchemie so eifrig suchte. Zu Thomasmehl vermahlen, konnten sie von den Stahlwerken billig und sofort verwendbar an die Landwirtschaft abgegeben werden. Ein gewaltiger Aufschwung in der Verwendung von Phosphatdüngern war die Folge. Von 385000 t im Jahre 1890 stieg der Verbrauch an Thomasmehl im Jahre 1939 auf weit über 3 Millionen t. Mit der Gewinnung der Thomasschlacke hatten Chemiker und Techniker in gemeinsamer Arbeit eine für die deutsche Landwirtschaft lebenswichtige Frage restlos und auf die Dauer gelöst.

37. Justus von Liebig.

Nicht nur dem Chemiker, auch dem Ingenieur ist der Name L i e b i g bekannt. Ohne ihn wäre die chemische Industrie in ihrem heutigen Umfang nicht denkbar. Aber auch der Maschinenbau sowie alle anderen Zweige der Wirtschaft und des Gewerbes im In- und Ausland sind durch seine Arbeiten befruchtet worden. Deshalb verlohnt es sich schon, sich mit dem Leben dieses genialen Erfinders zu beschäftigen.

Liebig wurde 1803 in Darmstadt geboren und besuchte dort bis zu seinem fünfzehnten Lebensjahr das Gymnasium. Ein Jahr lang lernte er dann in einer Apotheke und studierte darauf, von 1819 bis 1822, in Bonn und Erlangen. Von 1822 bis 1824 war er in Paris. Durch seine Arbeiten über Knallsäure lenkte er die Aufmerksamkeit Gay-Lussacs und Alexander von Humboldts auf sich. Mit 21 Jahren bereits wurde er Professor der Chemie an der Universität Gießen, wo er über ein Vierteljahrhundert sein weltberühmtes und für alle Zweige naturwissenschaftlicher Forschung vorbildliches Laboratorium leitete. Eine große Anzahl späterer Lehrer und Wissenschaftler aus fast allen Ländern der Erde waren hier seine Schüler. Ihm ist es zu verdanken, daß die Chemie in Deutschland von einer Experimentierkunst zu einer Wissenschaft ausgebaut wurde. Er verbesserte die Elementaranalyse, d. h. das Verfahren, die Gewichtsmengen der in einer organischen Verbindung enthaltenen Elemente zu bestimmen. Seine diesbezügliche Methode findet noch heute in den chemischen Untersuchungslaboratorien Anwendung.

Abb. 34. J. Liebig

Kein anderer Chemiker jener Zeit hat so viele und bedeutende Entdeckungen gemacht wie Liebig. Seine grundlegenden Arbeiten über die Ernährung von Pflanze und Tier, seine Entdeckungen wichtiger Arzneimittel und die vielen chemischen Verbindungen, durch die er die Industrie förderte, ließen ihn überall bekannt werden. Im Jahre 1852 erhielt er die Professur für Chemie an der Universität München. Bald darauf wurde er durch die Errichtung der Liebig-Stiftung seitens der deutschen Landwirte und durch die Ernennung zum Präsidenten der Akademie der Wissenschaften in München geehrt. Im Jahre 1873 schloß er die Augen. Man hat ihm zu Ehren nicht nur in deutschen Landen, sondern auch im Ausland an vielen Stellen herrliche Denkmäler errichtet, die seinen Namen bis in fernste Zeiten künden werden.

38. Technische Geräte in der Landwirtschaft.

Die Anforderungen an die Vielseitigkeit und Leistung des Ackerbaues eines Landes steigen mit dem Bevölkerungszuwachs und dem Entzug von Arbeitskräften durch die fortschreitende Industrialisierung. Sie zwingen zu immer stärkerer Mechanisierung der landwirtschaftlichen Betriebsweise.

Der Übergang von Spaten und Pflanzstock auf den Pflug und damit zugleich die Überleitung der schweren Handarbeit von Mensch auf Tier kann als erste Stufe der Anwendung der Technik im Ackerbau bezeichnet werden. Die Entwicklung und der Bau von Maschinen und Geräten, die auch die Bestellungs-, Pflege- und Erntearbeiten, wie das Säen, Hacken, Mähen und Dreschen, dem Menschen abgenommen haben, kennzeichnen den zweiten Entwicklungsabschnitt der Landtechnik. Gleichzeitig wurde mit diesen Maschinen die praktische Nutzanwendung der um die letzte Jahrhundertwende auf allen Gebieten der Landbauwissenschaft erzielten neuen Erkenntnisse ermöglicht. Die Ausdehnung des Hack- und Zwischenfruchtbaues mit ihren periodischen Arbeitsspitzen zwangen jedoch in der Folge zu einem immer größeren Zugtierbestand der Betriebe. Die für seine Unterhaltung erforderlichen Aufwendungen wurden wirtschaftlich untragbar. In vielen Fällen mußte infolgedessen manche noch mögliche Maßnahme zur weiteren Leistungssteigerung unterbleiben, sollten die Unterhaltungskosten für die hierzu benötigten Zugtiere die angestrebten Mehrerträge nicht übersteigen. Erst die Entwicklung und Anwendung des Ackerschleppers, vor allem der luftgummibereiften Zugmaschine, lösten weitgehend die Abhängigkeit des Landwirtes von den jeweils vorhandenen tierischen Zugkräften. Der Ackerschlepper leitete den dritten Entwicklungsabschnitt der Landtechnik und damit die moderne Form des mechanisierten Landbaues ein.

Die durch Boden und Klima bedingte Mannigfaltigkeit der Arbeitsverhältnisse in der Landwirtschaft und die unterschiedlichen Anbau-, Pflege- und Erntebedingungen der einzelnen Kulturpflanzen erfordern naturgemäß eine Unzahl unterschiedlicher Arbeitsvorgänge. Für ihre Bewältigung ist der Einsatz einer Vielzahl von verschiedenartigsten Maschinen und Geräten notwendig. Die wichtigsten von ihnen, die im Ablauf eines Wirtschaftsjahres benötigt werden, sollen im folgenden kurz beschrieben werden.

Betrachten wir zunächst die Kraft- und Zugmaschinen. Die älteste Kraftmaschine ist die Dampfmaschine, die in der Landwirtschaft in fahrbarer Ausführung als Lokomobile benutzt wird. Ihre Verwendung als Zugmaschine ist wegen ihres hohen Gewichtes nur sehr beschränkt, ihre Bedienung ist umständlich. Für Klein- und Mittelbetriebe verwehren die hohen Anschaffungskosten und die geringe Ausnutzungsmöglichkeit ihre Anwendung. Sie wurde daher bereits weitgehend von Elektro- und Verbrennungsmotoren verdrängt. Der Elektromotor ist für Betriebe jeder Größe, sofern elektrische Energie zur Verfügung steht, die beste Kraftmaschine. Besonders kennzeichnend sind seine niedrigen Anschaffungskosten, seine einfache Bedienung und Wartung. Neben ihm findet auch der Vergasermotor, und zwar hauptsächlich als Hilfs- und Einbaumotor beim Grasmäher, Mähbinder, bei Förderanlagen, Sortier-, Reinigungsmaschinen usw., weitgehend Anwendung. Bei dem geringen Kraftbedarf dieser Maschinen fallen die Brennstoffkosten für Benzin und Benzol nicht ins Gewicht. Im Laufe der letzten Jahre wurde mehr und mehr der Diesel- oder Rohölmotor eingeführt, besonders für den Antrieb von Maschinen mit hohem Kraftbedarf. Durch seine Ausbildung zur Zugmaschine wurde der Verbrennungsmotor in Form des Glühkopf- und Dieselschleppers zur wichtigsten Kraftquelle des landwirtschaftlichen Betriebes. Die Unterscheidung in Glühkopf- und Dieselmotor beruht auf der Verschiedenheit der Kompressionsdrücke sowie der Einleitung des Zündungsvorganges. Während beim Dieselmotor die Entzündung des feinverstäubten Brennstoffes an der im Arbeitszylinder durch hohe Kompression stark erhitzten Luft erfolgt, wird beim Glühkopfmotor die Zündung des Brennstoffnebels an einem in Glut befindlichen Teil des Verbrennungsraumes, den man Glühkopf nennt, ausgelöst. Zur Einleitung des ersten Zündungsvorganges muß jedoch der Glühkopf mit einer Benzinlötlampe vorerhitzt werden. Glühkopfmotoren weisen zwar gegenüber Dieselmotoren einen größeren Kraftstoffbedarf auf, zeichnen sich aber durch einfachere Bedienung aus. Als Schlepper, vor allem als gummibereifte Zugmaschinen, fanden beide Arten in der Landwirtschaft bald stärkste Verbreitung.

Von den Ackerbearbeitungsgeräten ist der Pflug für den Anbau und Ernteerfolg das Wichtigste. Mit ihm wird die Ackerkrume gelockert und gewendet und so die Voraussetzung für ein ordnungsgemäßes Saatbett geschaffen. Bodenart, Geländeform und die angestrebte Wirkungsweise, nämlich tiefe oder flache Pflugfurche, bestimmen die jeweilige Form des Pflugkörpers, der aus dem Sech zur senkrechten Trennung, dem Schar zur Lösung vom Untergrund und dem Streichblech zur Wendung des angehobenen Erdballens besteht. Die Kenntnis der Arbeitsweise der einzelnen Pflugformen ist für die Auswahl der richtigen Pflugart wichtig. Der Karrenpflug ist mit einem zweirädrigen Vorderwagen ausgerüstet, auf welchem der Grindel in einem Sattel gelagert ist. Durch Verstellung dieses Sattels läßt sich die Tiefe der Furche regeln. Der Karrenpflug als Beetpflug ist nur mit einem Pflugkörper ausgerüstet. Seine einseitig wendende Arbeitsweise gestattet es nicht, an der gleichen Furche hin- und zurückzupflügen. In Kleinbetrieben ist daher dem mit einem rechts- und linkswendenden Pflugkörper ausgestatteten Karrenpflug der Vorzug zu geben. Dieser erlaubt, ob als Dreh- oder als Kippflug, das Hin- und Herpflügen an der gleichen Furche. Für stärkere Zugkräfte und für den Schlepperzug kommt der mehrscharige Rahmenpflug zur Anwendung. Für die Lockerung verhärteten oder durch feine Bodenteilchen verdichteten Untergrundes steht der Untergrundlockerer in verschiedenen Ausführungsarten, meist als Zusatzkörper zum Pflug, zur Verfügung. Der Grubber dient auf schweren Böden zur Lockerung und zur Zerkleinerung von Pflugschollen aus der Winterfurche. Der Egge fällt die Feinkrümelung des Bodens für die Saat, das Aufbrechen verkrusteter Böden zwecks Erhaltung der Bodenfeuchtigkeit, die Beseitigung von Unkraut u. a. zu. Arbeitsweise und Tiefgang wird jeweils durch ihr Gewicht bestimmt. Zum Einebnen und Glätten des Saatbettes wird die Ackerschleppe eingesetzt. Zwei verschiedene Aufgaben hat die Ackerwalze zu erfüllen. Sie hat als Glattwalze das Saatkorn an die feuchten Bodenteile anzudrücken und als Ringel- und Stachelwalze verkrustete Bodenklumpen zu zertrümmern.

Unter den Bestell- und Pflegegeräten der Saat ist zuerst der Düngerstreuer zu nennen. Er dient vor allem der Verbesserung der Arbeitsgüte, weniger der Beschleunigung und Vereinfachung der Arbeit. Durch ihn wird eine gleichmäßige Verteilung der Kunstdüngemittel gewährleistet.

In das durch Pflug, Grubber, Walze und Egge gut vorbereitete und durch den Düngerstreuer ausreichend mit Nährstoffen versorgte Saatbett erfolgt die Aussaat mittels der Drillmaschine. Ihre Bedeutung liegt darin, daß sie den Saatgutbedarf vermindert und die Saat sorgfältig und gleichmäßig in den Boden bringt. Die Drill- oder Reihensaat ist die Voraussetzung für gleichmäßige Einwirkung von Licht und Sonne auf die Pflanze und vor allem für die Durchführung aller weiteren Pflegemaßnahmen, in erster Linie des Hackens. Die Reihenentfernung wird durch entsprechende Verteilung der als Spiraltrichter oder als Teleskoprohre ausgebildeten Säleitungen eingestellt. Vor Arbeitsbeginn der Maschine ist das Abdrehen auf die gewünschte Aussaatstärke und die Einstellung der Säschare auf den nötigen Abstand nach dem

Meßbrett unerläßlich. Bei der Aussaat von Rübensamen empfiehlt sich die Verwendung der Druckrolle. Die Hackmaschine dient der Unkrautvernichtung. Sie muß mit der Drillmaschine hinsichtlich ihrer Spurbreite genau übereinstimmen.

Der Aussaat des Getreides folgt die Bestellung der Hackfrüchte. Während zur Rübenbestellung und -pflege die bereits beschriebenen Geräte Verwendung finden können, erfordert der Kartoffelbau andere, seiner Eigenart entsprechende technische Hilfsmittel. Ein gleichmäßiger Reihenabstand und eine gleichmäßige Tiefanlage der Kartoffel wird durch die Pflanzlochmaschine

Abb. 35. Raupenschlepper beim Stoppelschälen

erzielt. Sie wird heute zwei- bis sechsreihig als Vielfachgerät ausgeführt und sieht eine leichte und schnelle Auswechselung der umlaufenden Lochlöffel durch Hack- und Häufelkörper vor. Die Kartoffellegemaschine vereint in ihrer Arbeitsweise das Ziehen der Vorfurche, das Lochen, das Einlegen und das Zudecken der Saatkartoffel in einem Arbeitsgang.

Nach dem Schnitt mit dem Grasmäher erfolgt die Heubearbeitung mit dem einspännig gezogenen Gabelheuwender, der mit 5 bis 6 senkrecht, schnell umlaufenden Gabeln ausgestattet ist und eine Arbeitsbreite von 1,7 bis 2,1 m hat, oder mit dem kombinierten Heuwender und Schwadenrechen. Dieser hat den Vorzug, daß durch wenige Handgriffe die Arbeit des Wendens auf die Arbeit des Zusammenziehens des Heues in Schwaden umgestellt werden kann. Das Hochstaken und die Verteilung des Erntegutes in der Scheune oder in Mieten wird durch die Verwendung von Förderanlagen weitgehend vereinfacht und beschleunigt. Heuaufzug, Höhenförderer und Gebläse stehen in verschiedenen Ausführungsformen als geeignete Hilfsmittel zur Beschleunigung der Bergungsmaßnahmen und zur Verringerung des Arbeitskräftebedarfs zur Verfügung. Das Gebläse hat den Vorzug, daß es außer Heu und Stroh auch Spreu befördert. Höhenförderer und Gebläse werden in fahrbarer Ausführung angefertigt.

Bei der Getreideernte ist aus der neuzeitlichen Wirtschaftsweise des Landbaues der Bindemäher nicht mehr wegzudenken. Bei störungsloser Arbeit vermag der Gespannbinder etwa das Fünf-, der Schlepperbinder etwa das Dreißigfache der Tagesleistung gegenüber der Handmahd zu bewältigen. Außer dieser Arbeitsbeschleunigung zeichnen sich die Mähbinder gegenüber der Handarbeit durch eine wesentliche Verringerung der Verluste an Körnern aus. Ihre Wirkungsweise ist dadurch gekennzeichnet, daß das Schneiden der Halme, ihre Beförderung zum Bindemechanismus und die Ablage gleichmäßiger Garben in einem Arbeitsgang bewältigt wird. Der hohe Zugkraftbedarf des Gespannbinders kann durch die Verwendung von Luftgummireifen und durch den Einbau eines Hilfsmotors erheblich gesenkt werden. Beim Schlepperbinder erfolgt der Antrieb des gesamten Bindemechanismus meist durch eine vom Motor der Zugmaschine angetriebene Zapfwelle. Der Mähdreschbinder, eines der neuesten Erzeugnisse der Landtechnik, bewältigt die Erntebergung vom stehenden Halm bis zum gedroschenen Korn. Er schränkt Erntegutverluste, die auf dem Transport der Garben vom Felde über Scheune und Miete bis zum Ausdrusch entstehen, weiter stark ein. Seine Tagesleistung liegt bei etwa 5 ha, die Dreschleistung je nach Pflanzenbestand bei etwa 1500—2000 kg je Stunde bei nur zwei Bedienungskräften.

An die Getreideernte schließt sich die Hackfruchternte an. Sowohl in Kartoffel- als auch in Rübenbaubetrieben entstehen zur Zeit der Ernte außergewöhnliche Arbeitsspitzen, die zu brechen eine der wichtigsten Aufgaben der Landtechnik ist. Hierzu dienen dem Landwirt Rodekörper mit Schar- oder Zinkenform, die am Pflug an Stelle des Pflugkörpers befestigt werden können, oder Gespannroder verschiedener Bauart, endlich auch Schlepper- und Zapfwellenroder mit umlaufenden Wurfrädern. Die Arbeit der langwierigen Handauslese der Saat-, Speise- und Futterkartoffeln wird schnell und zuverlässig von Sortiermaschinen bewältigt.

Abb. 36. Kartoffelroder mit Krautschläger

Die Rübenernte war bis in die neuere Zeit der Landtechnik vorwiegend noch Handarbeit.

Die umfangreichen Beförderungen von landwirtschaftlichen Erzeugnissen und Betriebsmitteln werden im modernen Betrieb durch luftgummibereifte Ackerwagen bewältigt. Durch ihre Bauart eignen sich diese sowohl für sperrige Güter als auch für schwere Lasten. Ihre Anwendung bedeutet eine außerordentliche Schonung der Zugkräfte. Der Zugkraftbedarf sinkt gegenüber dem eisenbereiften Ackerwagen bei gleichen Verhältnissen auf etwa die Hälfte.

Die arbeitsruhige Zeit des Bauern, der Winter, ist die Zeit des Getreidedrusches. Die Dreschmaschine hat den Flegeldrusch völlig abgelöst und damit dem Menschen eine langwierige, schwere und ungesunde Arbeit abgenommen. Sie hat eine jahrzehntelange Entwicklung hinter sich, die heute im wesentlichen abgeschlossen ist. Je nach Ausführung der Drescheinrichtung werden Schlagleisten- und Stiftendrescher unterschieden. Beim Schlagleistendrescher wird das Getreide quer eingelegt; er wird daher auch Breitdrescher genannt. Beim Stiftendrescher oder Schmaldrescher erfolgt die Einlage der Halme in Längsrichtung. Den eigentlichen Ausdrusch des Kornes bewirken Dreschtrommel und Dreschkorb. Durch Veränderung ihres gegenseitigen Abstandes wird die Schärfe des Ausdrusches eingestellt. Begrannte Getreidearten, wie Gerste und Roggen, werden durch den in die Maschine eingebauten Entgranner geleitet. Die Beseitigung von Staub erfolgt durch das Gebläse, die Absonderung des Strohes und der Spreu durch Schüttler und Gebläse, die Reinigung von Fremdkörpern durch eine in die Maschine eingebaute Siebreinigungsanlage. Großdreschmaschinen mit mehr als 1500 bis 2000 kg Stundenleistung weisen meist eine doppelte Siebreinigung auf. Einwandfreier Zustand und ordnungsgemäße Aufstellung der Maschine, richtige Umlaufgeschwindigkeit der Dreschtrommel und gleichmäßiges Einlegen des Getreides sind Vorbedingungen für sauberen Drusch. Strohbinder und Strohpresse erleichtern die Abfuhr des Strohes und sparen Scheunenraum.

Die Nachreinigung des Erntegutes, vor allem die Gewinnung gleichmäßigen Saatgutes aus der Rohware, besorgen Windfegen, Zellenausleser und moderne Saatreinigungsanlagen. Beizapparate für Trocken- und Naßbeize verhindern die Ausbreitung von Pflanzenkrankheiten und die dadurch bedingte Minderung der Ernteerträge.

Außer den bereits aufgeführten, bei neuzeitlicher Betriebsweise meist unentbehrlichen Geräten und Maschinen stehen für Sonderkulturen noch eine Unzahl von Spezialmaschinen zur Verfügung, so u. a. Maisentliesch- und -dreschmaschinen, Kleereiber, Flachsrauf- und Entsämungsmaschinen usw.

Die Arbeiten auf dem Hof und im Stall, die auf Grund entsprechender Ermittlung zeitlich etwa die Hälfte des gesamten Arbeitsaufwandes beanspruchen, werden durch Häckselmaschinen, Schrotmühlen, Rübenschneidemaschinen, Rübenblatt- und Kartoffelwäschen und durch Kartoffeldämpfanlagen erheblich erleichtert und beschleunigt. Hygienisch einwandfreie,

d. h. bakterienarme und saubere Milch, wird durch die elektrische Melk-maschine gewonnen. Stallbahnen zur Förderung von Dung und Futter, Hebe-krane bei der Bearbeitung von Stapelmist, automatische Stall- und Trink-wasserversorgung und viele kleine Geräte und Hilfswerkzeuge der landtech-nischen Industrie, sie alle dienen der Entlastung des bäuerlichen Menschen von schwerer Handarbeit, der Leistungs- und Ertragssteigerung, zum Nutzen der Gesamtwirtschaft, der Förderung der Freude im Landbau und der enge-ren Bindung des bäuerlichen Menschen an seine Scholle.

Aussprüche über die Technik.

Rudolf Diesel: „Die einzigen Wahrheiten sind die mathematischen."

Max Eyth: „Technik ist alles, was dem menschlichen Wollen eine körperliche Form gibt." — „Wir Ingenieure sind unerbittlich an die großen ewigen Gesetze der Natur gebunden und müssen wahr sein, ob wir wollen oder nicht. Einen Ingenieur, der sich gegen die Wahrheiten der Festigkeitslehre versündigt, zer-malmt sein eigener Frevel, ehe er halb begangen ist!"

Justus von Liebig: „Das Geheimnis all derer, die Erfindungen machen, ist, nichts als unmöglich anzuschauen."

Johann W. v. Goethe: „Angeborenes Talent wird durch Übung entwickelt, durch Fleiß gefördert, durch Nachdenken gesteigert, durch Empfinden erhöht und so vollendet."

Oskar von Miller: „Die Energiequellen der Welt, mögen es nun Kohle, Öl oder Wasserkräfte sein, gehören zu den größten Schätzen, welche die Natur dem Menschen bietet, und es ist eine der schönsten Aufgaben des Ingenieurs, diese Energiequellen aufzusuchen, auszubauen, zu übertragen und so zu verteilen, daß sie die Fabriken, Bahnen und Schiffe treiben und den Menschen Licht und Wärme liefern."

VI. Technik in der Stoffbereitung.

39. Das deutsche Eisenhüttenwesen.

Das Großdeutsche Reich steht in der Eisenerzeugung mengenmäßig mit an der Spitze der Welt. Werke, die Eisen erzeugen, findet man in vielen deutschen Gauen; am bedeutendsten ist die Eisenindustrie in Rheinland und Westfalen sowie im Moselland. Man unterscheidet zwischen Werken, die auf Steinkohle liegen, und solchen, die sich über Erzlagern befinden. Zu der ersten Gruppe gehören außer den rheinisch-westfälischen Werken auch die an der Saar und in Oberschlesien. Zur zweiten Gattung rechnet man die Hütten im Moselland, die die phosphorreichen, ziemlich eisenarmen Lothringer Minette verarbeiten, die berühmten alten Hüttenwerke in den Alpenländern der Ostmark, die uralten Werke des Siegerlandes, der Oberpfalz, Nassaus u. a. m. Auch die gewaltigen neuen Anlagen der Reichswerke Hermann Göring im Nordharz liegen fern der Kohle in der Nähe der Erzvorkommen, da diese Lage frachtlich die günstigere ist.

Außer den heimischen Erzen werden, besonders auf den Hütten Rheinlands und Westfalens, große Mengen ausländischer Erze, vor allem solche aus Schweden, Spanien und Nordafrika, verbraucht. Sie werden auf dem Wasserwege herangeschafft und in den Seehäfen in Kähne umgeschlagen. Nähert man sich einem der so belieferten Werke, so sieht man schon aus der Ferne die hochragenden Entladekräne. Man glaubt, urweltliche Riesentiere vor sich zu sehen, wenn man beobachtet, wie sich von den weit ausragenden Entladebrücken unermüdlich mächtige Greifer in das Innere der Schiffe senken und mit jedem Griff eine Wagenladung Erz packen, um dieses dann in gewaltigen Mengen aufzustapeln oder in die langen Wagenreihen der Werksbahnen fallen zu lassen. Zug auf Zug rollt in rascher Folge dem nahen Hüttenwerk zu. Dort werden die Wagen in die Bunker entleert, die am Fuß der Hochöfen stehen. In anderen Bunkertaschen lagern bereits die deutschen Erze, die auf dem Bahnwege angefahren werden.

Der zweite für die Eisengewinnung unentbehrliche Rohstoff ist die Steinkohle. Damit diese im Hochofen verwendbar ist, wird sie zuvor auf den Kokereien in harten, dem Druck der Erzmassen widerstehenden Koks verwandelt. Die Technik der Verkokung ist besonders in Deutschland ausgebildet worden. Wertvolle Nebenerzeugnisse der Kokereien sind Teer, Benzol, Ammoniak und Koksofengas. Der Koks hat im Hochofen die Aufgabe, dem Erz den Sauerstoff zu entziehen und die für die Schmelzvorgänge erforderliche Wärme zu liefern. Die Erze werden entweder roh verhüttet oder vorher aufbereitet. Spateisenstein wird geröstet; feinkörniges oder staubförmiges Erz wird erst zu Klumpen zusammengesintert, damit es den Hochofen nicht verstopft. Grobstückiges Erz wird auf bestimmte Korngröße gebrochen, damit der Hochofen es besser „verdauen" kann; der dabei entfallende Staub wird gesintert. Arme Erze werden bisweilen durch Waschen oder Magnetscheidung angereichert. Die Erze werden dann, wenn nötig, unter Zuschlag von Kalkstein oder anderen Flußmitteln mit dem Koks auf den Hochofen aufgegeben.

Die Hochöfen sind riesige Türme von 20 bis 30 m Höhe und 7 bis 9 m Weite. Unten wird durch Düsen, deren wassergekühlte Enden in den Hochofen hineinragen, Luft oder, wie der Hüttenmann sagt, Wind eingeblasen. Dazu dienen mächtige Gebläsemaschinen, die entweder als Schleudergebläse oder als Kolbengebläse gebaut sind. Um die Temperatur im Hochofen möglichst hochzutreiben und um Koks zu sparen, wird der Wind vorher auf 500 bis 900⁰ C erhitzt. Hierzu dienen besondere Winderhitzer. Es sind dies mit einem Gitterwerk aus feuerfesten Steinen ausgesetzte, von Eisenmänteln umschlossene Türme. Einer davon wird jeweils durch Gas aufgeheizt, während durch den zweiten der kalte Wind hindurchstreicht und sich dabei an den erhitzten Steinen erwärmt. Nach etwa einer Stunde wird umgeschaltet. Der Wind durchströmt nun den frisch aufgeheizten Turm, während der andere

Abb. 37. Hochofen

von neuem angewärmt wird. In letzter Zeit hat man in Deutschland auch
stählerne Winderhitzer gebaut. Der Wind strömt durch Rohre aus gewöhnlichem und hitzebeständigem Stahl, die außen von den Abgasen einer Gas-
heizung umspült werden.

Im Hochofen sinkt die
Beschickung langsam ab-
wärts, während oben durch
die „Gicht" dauernd frisches
Gut nachgefüllt wird. Der
Eiseninhalt der Beschickung
wird durch die im Ofen auf-
steigenden Gase und dann
durch den glühenden Koks
zu metallischem Eisen redu-
ziert. Die Eisenteilchen werden flüssig und nehmen dabei Kohlenstoff, Phosphor,
Silizium und Mangan auf.
So entsteht ein Vorerzeugnis, das Roheisen, das bei
bestimmter Zusammenset-
zung als Gießereiroheisen
zur Herstellung von Guß-

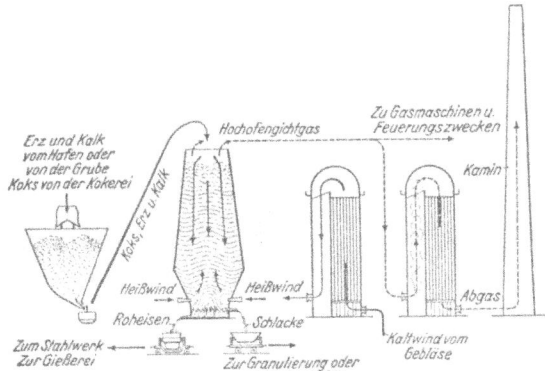

Abb. 38. Stoffluß im Hochofenbetrieb

waren verwendet wird. Die übrigen Mineralbestandteile der Beschickung
schmelzen im Hochofen zu einer dünnflüssigen Schlacke zusammen. Oben
entweicht aus dem Hochofen ein brennbares Gas, das reich an Kohlenoxyd

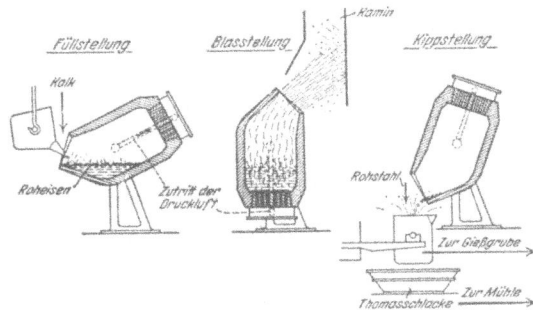

Abb. 39. Schema einer Thomasbirne

ist, das sogenannte Gicht-
gas. Es wird durch Tuchfil-
ter oder elektrisch entstaubt
und ist dann für die Hüttenwerke ein wichtiger Brennstoff. Man beheizt damit
Koksöfen, Winderhitzer,
Wärmöfen, Dampfkessel
usw. oder benutzt es zum
Antrieb großer Gas-
maschinen, insbesondere
Gasgebläsemaschinen und
Dynamos.

Roheisen und Schlacke
werden von Zeit zu Zeit aus
dem Hochofen abgelassen. Die erstarrte Hochofenschlacke wird gebrochen
und liefert Schotter und Splitt für Beton- und Wegebau. Man gießt daraus in
Formen auch Pflastersteine. Ebenso bildet die gekörnte Hochofenschlacke
einen wichtigen Rohstoff für die Herstellung von Zement und Backsteinen.

Der größte Teil der Roheisenerzeugung wird zu Stahl verarbeitet. Dazu wird das flüssige Roheisen jetzt gewöhnlich mit Soda nachentschwefelt. Zur Weiterverarbeitung benutzt man in Deutschland vor allem das Thomasverfahren, das sich besonders für phosphorreiche Erze eignet. Dazu werden 20 bis 60 Tonnen flüssiges Roheisen in ein kippbares birnenförmiges Gefäß, den Konverter, eingefüllt, den man vorher mit einer bestimmten Menge gebrannten Kalk beschickt hat. Dann wird Wind unter hohem Druck durch die flüssige Masse hindurchgeblasen. Die Fremdstoffe des Roheisens werden verbrannt, der Phosphor bildet Phosphorsäure, die vom zugesetzten Kalk gebunden wird. Die dadurch entstandene Schlacke wird nachher fein vermahlen und ergibt dann als Thomasmehl einen wertvollen Phosphordünger.

Abb. 40. Beschicken eines
Siemens-Martin-Ofens

Ein zweites nicht minder wichtiges Verfahren zur Stahlerzeugung ist das Siemens-Martin-Verfahren. Dieses läßt auch die Verarbeitung großer Mengen Schrott und Eisenabfälle zu. Die Martinöfen sind sogenannte Herdöfen, d. h. die Beschickung wird in einer länglichen, überwölbten Wanne eingeschmolzen und behandelt, über die eine Gasflamme außerordentlich hoher Temperatur streicht. In Deutschland beheizt man die Martinöfen vielfach mit Koksofengas. Die noch sehr heißen Abgase ziehen durch Kammern, die mit feuerfesten Steinen ausgegittert sind. Wie bei den steinernen Winderhitzern der Hochöfen sind mehrere solcher Kammern vorhanden, durch die abwechselnd die Abgase und die Verbrennungsluft geleitet werden. Durch die Verbrennung der Gase in der erhitzten Luft wird im Martinofen eine Temperatur von 1800^0 C erreicht. Das Siemens-Martin-Verfahren trät den Namen des Deutschen Friedrich Siemens, des Erfinders der hierzu benutzten Siemens-Regenerativheizung, und des französischen Stahlfachmanns Pierre Martin; es eignet sich nicht nur zur Herstellung von weichem Flußeisen, sondern auch für die Erzeugung von hartem Kohlenstoffstahl, Federstahl und niedrig legierten Stählen, wie sie z. B. für den Kraftwagenbau benötigt werden.

Zur Herstellung hochlegierter Stähle benutzt man elektrisch beheizte Öfen. Die erforderliche Wärmemenge wird hier nicht durch Verbrennung von kohlehaltigen Stoffen, sondern durch den elektrischen Strom entwickelt. Man ist daher nicht von der Gasatmosphäre abhängig und kann sogar im Vakuum schmelzen. Wichtige Legierungsstoffe sind Nickel, Chrom, Wolfram, Molybdän, Kobalt, Vanadin und Mangan. Hochlegierte Stähle dienen besonders zur Anfertigung von Werkzeugen, aber auch nichtrostende, säurefeste und hitzebeständige Stähle und Manganhartstahl werden im elektrischen Ofen erschmolzen. Ein kleinerer Teil des flüssigen Stahls wird in Gußformen aus feuerbeständigen Massen zu Stahlformguß für Maschinenteile, Schiffspropeller und dergleichen vergossen. Stahlguß ist wesentlich fester als Grauguß und wird deshalb besonders für Stücke verwendet, die bei geringer Wandstärke stark beansprucht sind oder so verwickelte Gestalt haben, daß sie durch Schmieden oder Pressen nicht hergestellt werden können. Die Stahlgießereien bevorzugen immer mehr elektrische Schmelzöfen.

Abb. 41. 6-t-Lichtbogenstahlofen

Der größte Teil der Stahlerzeugung wird meistens noch in Weißglut den Walzwerken zugeführt und dort weiter verarbeitet.

Die deutsche Eisenindustrie verfügt über gewaltige Hüttenanlagen und reiche Erfahrung. Gründliche Arbeitsweise, Verwertung aller Nebenerzeugnisse und wissenschaftliche Schulung sind ihre besonderen Kennzeichen. Die Wissenschaft des Eisens wird nicht nur auf den Lehrstühlen der deutschen Hochschulen und in den staatlichen Forschungsanstalten gepflegt, sondern auch auf den Hüttenwerken selbst, die ebenfalls über einen Stab von wissenschaftlich geschulten Ingenieuren, Chemikern und Physikern verfügen. Viele wichtige Erfindungen und Verbesserungen auf dem Gebiete des Eisenhüttenwesens sind in Deutschland entstanden, und wertvolle Erkenntnisse verdankt die Welt deutschen Metallurgen.

40. Die Verarbeitung des Stahles.

Während das im Hochofen gewonnene Eisen infolge seines hohen Kohlenstoffgehaltes nur durch Gießen in bestimmte Formen gebracht werden kann, stehen bei schmiedbarem Eisen, also beim Stahl, zwei Möglichkeiten der Formgebung zur Verfügung. Dem Gießen gesellt sich noch das Schmieden zu, das früher eine rein handwerkliche Tätigkeit war. Der Stahlblock wurde

Abb. 42. Dampfhydraulische
15 000 t-Schmiedepresse

bis zur Umgestaltung in ein Halb- oder Fertigerzeugnis mit dem Handhammer bearbeitet. Allmählich mechanisierte sich dieses Verfahren; es entstanden Fallhämmer, deren höchste Vollendung die heutigen schweren Schmiedepressen darstellen.

Bei der Zähigkeit, durch die sich der Stahl auszeichnet, kam man schon im 18. Jahrhundert auf den Gedanken, das Schmieden oder Recken des Stahles durch das Auswalzen zu ersetzen. Heute sind die Walzwerke unentbehrliche Bestandteile der Eisenhüttenindustrie.

Die neuzeitlichen Hüttenwerke besitzen in der Regel nicht nur ein Walzwerk, sondern ganze Walzwerkanlagen, auf denen das sogenannte Walzgut nach Durchlaufen mehrerer Walzwerke allmählich die verschiedenartigsten Formen erhält. Sie bilden die Grundlage für die Einteilung der Erzeugnisse nach den verschiedenen Walzeisensorten. Hieraus ist wiederum zwangsläufig die Bezeichnung der verschiedenen Walzwerke entstanden. Man unterscheidet Blockwalzwerke, Formeisenwalzwerke, Stabeisenwalzwerke, Blechwalzwerke, Drahtwalzwerke usw. Grundsätzlich werden die Walzwerkerzeugnisse in zwei Gruppen eingeteilt, und zwar in Halb- und Fertigfabrikate. Zu den ersteren, die auch die Bezeichnung „Halbzeug" führen, gehören Blöcke, Brammen, Knüppel und Platinen. Diese Produkte sind gleichsam das Ergebnis der ersten Stufe des Walzverfahrens. Ihr Ausgangswerkstoff ist der in der Thomasbirne, im Siemens-Martin-Ofen oder im Elektroofen gewonnene und in die Kokille gegossene Stahlblock.

Das Walzen der Stahlblöcke ist an bestimmte Wärmetemperaturen und strukturelle Voraussetzungen der Beschaffenheit des Walzgutes gebunden, weshalb der aus den Gießformen entnommene Stahlblock vor dem Walzen noch einer Vorbehandlung bedarf. Es ist leicht verständlich, daß die Abkühlung des Blockes an den Außenwänden und unweit der Oberfläche rascher vonstatten geht als im Innern. Nachdem sich der Block bereits mit einer dunkelrot glühenden Kruste überzogen hat, befindet sich in seinem Innern noch flüssiges Metall. Würde er in dieser Verfassung einer mechanischen Behandlung durch Pressen oder Walzen ausgesetzt werden, so wäre ein Aufbrechen und Entweichen der flüssigen Masse unausbleiblich. Der Block muß deshalb in einen solchen Zustand gebracht werden, daß alle Teile, die äußeren sowohl wie die inneren, einen völlig gleichen Wärme- und Zähigkeitsgrad aufweisen. Dies Ziel wird durch Benutzung von Wärmeausgleichsgruben, Tieföfen, Roll- und Stoßöfen erreicht.

Abb. 43. Schmieden eines Blocks
unter dem Dampfhammer

Die Wärmeausgleichgruben sind ungeheizte Tieföfen, bei denen sich eine Brennstoffzuführung erübrigt. Möglichst in uhmittelbarer Nähe der Stahl- und Walzwerkanlagen werden mit feuerfesten Wänden ausgestattete und gut abschließbare Gruben angelegt, in die man die Stahlblöcke versenkt. Durch die Wärmeausstrahlung erhitzen sich die Wände bis zur Rotglut. Auf diese Weise erfolgt zwischen Stahlblöcken und Grubenwänden ein gegenseitiger Wärmeaustausch, der durch in gewissen Zeiträumen erfolgenden Einsatz neuer Blöcke noch gefördert wird. Demzufolge erhalten die Stahlblöcke allmählich die erforderliche Walztemperatur.

Da nun aber nicht immer eine regelmäßige Beschickung dieser Tieföfen möglich ist und besonders bei Betriebsunterbrechungen die Gefahr einer zu starken Erkaltung besteht, werden diese Öfen in vielen Fällen mit besonderen Feuerungsanlagen ausgerüstet. Dadurch wird gleichzeitig die Möglichkeit geschaffen, auch bereits völlig erkaltete Blöcke wieder zur Rotglut zu erhitzen. Diese Art von Tieföfen dienen auch zur Wiedererwärmung von vorgewalztem Gut, bei dem aus irgendwelchen Gründen der Walzvorgang unterbrochen wurde. Da das Gut, das geglüht werden soll, meistenteils die Öfen von der einen Querseite zur anderen auf Rollen oder durch Stoßen durcheilt, haben die Erwärmungsanlagen auch die Bezeichnung Roll- oder Stoßöfen erhalten. Wichtig ist, daß die Blöcke oder die erneut zu erwärmenden Walzstücke nach Verlassen des Ofens so schnell wie möglich den Walzanlagen zugeführt werden, um jegliche Erkaltung zu vermeiden. Die modernen Hüttenbetriebe verfügen zu diesem Zweck über neuzeitliche Fördermittel in Form von Kranen, Laufkatzen, Hebezeugen oder Rollenanlagen, so daß die Gefahr der Abkühlung gänzlich ausgeschaltet ist,

Eine Walzanlage besteht in ihrer einfachsten und ursprünglichsten Form aus zwei übereinanderliegenden waagerechten Walzen, die die Form großer Zylinder haben und aus Gußeisen oder Stahl bestehen. Sie sind in sogenannten Walzenständern auf beiden Enden so gelagert, daß dazwischen ein bestimmter Raum, der zumeist durch Auf- und Abwärtsbewegung der Walzen

Abb. 44. Blechwalzwerk

verändert werden kann, verbleibt. Die beiden Walzen werden auf mechanischem Wege unter Einsatz von Elektromotoren oder kräftigen Dampfmaschinen in entgegengesetzter Drehrichtung bewegt. Alsdann führt man den Stahlblock an die zwischen den beiden Walzen verbliebene Öffnung heran, wobei jedoch der Zwischenraum etwas geringer sein muß als die Höhe des Blockes. Dieser wird von den sich drehenden Walzen erfaßt und durch die Öffnung gedrängt. Infolge des dadurch verursachten Druckes muß sich die Höhe des Stahlblockes zwangsläufig verringern. Da eine Veränderung des Rauminhalts unmöglich ist, tritt eine entsprechende Verlängerung des Walzgutes ein. Dieser Durchgang, auch Stich genannt, wird unter ständiger Verringerung des Walzenabstandes beliebig oft wiederholt, bis das Walzgut die gewünschte Form angenommen hat. Wie schon erwähnt, sind zur Herstellung der verschiedenen Walzfabrikate jeweils besondere Walzanlagen, sogenannte Walzenstraßen, erforderlich. Man unterscheidet glatte Walzen, die hauptsächlich für Bleche bestimmt sind, und kalibrierte Walzen mit eingeschnittenen und abgestuften Furchen. Dadurch wird die Anfertigung von Blöcken und anderen Walzeisensorten, wie Formeisen und Stabeisen, in den verschiedensten Profilen ermöglicht.

Je nach der Anordnung der Walzen werden Duowalzwerke, Triowalzwerke und Doppelduowalzwerke unterschieden. Die besonderen Betriebsverhältnisse bedingen entweder die Aufstellung von Walzgerüsten neben-

Abb. 45. Drahtwalzwerk

einander oder hintereinander oder auch in mehreren Reihen. Man spricht dann von offenen, kontinuierlichen oder gestaffelten Walzenstraßen.

Zur Herstellung von Halbzeug, insbesondere von vorgewalzten Blöcken, werden hauptsächlich Umkehrduowalzwerke verwendet. Die Walzen haben einen beträchtlichen, mitunter bis zu 120 cm großen Durchmesser. Angesichts der Schwere der Blöcke sind die Blockwalzwerke mit besonderen Verschiebe- und Kantvorrichtungen ausgerüstet, um das Walzgut einerseits in die richtigen Kaliber zu führen, andererseits aber auch zu kanten, da das Walzen abwechselnd in der Breiten- und Höhenrichtung vor sich geht. Vorgewalzte Blöcke und Brammen mit einem rechteckigen Querschnitt von 10 cm und darüber sind das Vorerzeugnis für schwere Träger, Eisenbahnschienen, Grobbleche usw. Sind die Flachprofile von größerer Breite, so werden die Walzstücke als Platinen bezeichnet, aus denen man hauptsächlich Feinbleche herstellt. Stäbe mit rechteckigem Querschnitt von etwa 4 bis 10 cm werden

103

Knüppel genannt, aus denen Stabeisen, Formeisen, Walzdraht und dergleichen hergestellt werden.

Die Erzeugnisse, die nach erfolgtem Gießen, Schmieden oder Walzen des Stahles die Verarbeitungsstätten verlassen, müssen zum größten Teil an ihrer Oberfläche noch durch Schleifen, Polieren, Beschneiden, Überziehen oder durch andere Nacharbeiten verfeinert werden. Erst dann kann man sie ihrem eigentlichen Bestimmungszweck als Bestandteile von Maschinen, Fahrzeugen und sonstigen industriellen oder wirtschaftlichen Gebrauchsgegenständen zuführen.

41. Alfred Krupp.

Am 20. November 1811 wurde in Essen die Firma Fried. Krupp und die Gußstahlfabrik zu dem Zweck gegründet, einen dem englischen Gußstahl gleichwertigen Tiegelstahl zu erzeugen. Nach mancherlei Fehlschlägen gelang es Friedrich Krupp (1787—1826), das gesteckte Ziel zu erreichen. Er lieferte Gußstahl, der es mit dem englischen wohl aufnehmen konnte. Die ersten Probe-Schmelzversuche fanden in Essen im Winter 1811/1812 in dem Anbau eines Wohnhauses statt. Im Frühjahr 1812 eröffnete Friedrich Krupp seinen Fabrikbetrieb auf einer ehemaligen Walkmühle in Altenessen, baute aber schon 1818/1819 einen geräumigen Schmelzbau auf dem Gelände der heutigen Gußstahlfabrik. Der Reckhammer auf der Walkmühle blieb in Betrieb bis zur Anschaffung der ersten Dampfmaschine im Jahre 1835. Maschinenfabriken, auch Hüttenwerke und bald die Königlichen Münzen in Düsseldorf und Berlin, die dauernd große Mengen Gußstahl zu Stempeln und Walzen verbrauchten, haben Friedrich Krupp die damals unerreichte Güte seines Stahles durch Zeugnisse und Aufträge bestätigt. Aber der wirtschaftliche Erfolg blieb ihm versagt, und deshalb hatte Friedrich Krupp bis zu seinem Tode mit großen Schwierigkeiten zu kämpfen.

Er starb am 8. Oktober 1826. Der Glaube an die Zukunft seines Werkes erleichterte ihm das Ende nach einem Leben voll Enttäuschungen.

Der vierzehnjährige Alfred Krupp hatte den jugendfrischen Mut, mit Hilfe seiner tatkräftigen und nie verzagten Mutter die Arbeiten, die sein Vater begonnen hatte, zur Vollendung zu bringen. Er entwickelte das fast zusammengebrochene Werk im Verlauf einiger Jahrzehnte unter größten Mühen, Schwierigkeiten und Fehlschlägen zu einem der bedeutendsten Unternehmen der Eisen- und Stahlindustrie. Er war stets bestrebt, sich durch eigene Studien und später auf größeren Reisen nach Holland, Frankreich und England technisch und kaufmännisch weiterzubilden. In der Frühzeit der Fabrik waren die vorwiegenden Erzeugnisse Walzwerke für die Gold- und Silberindustrie, Münz- und Löffelwalzwerke.

Das anbrechende Zeitalter der Eisenbahnen eröffnete dem Kruppschen Tiegelstahl ungeahnt große Absatzgebiete. In Preußen, Sachsen und Bayern entstanden die Anfänge eines deutschen Eisenbahnnetzes. Lokomotiv- und Wagenfabriken blühten auf, um deren Aufträge sich Krupp jahrelang vergeblich bemühte, denn die Preise für seine Gußstahlerzeugnisse schreckten zunächst noch ab. Inzwischen lehrte aber die Erfahrung, daß für die Anforderungen der Eisenbahn Eisen und Schweißstahl nicht mehr genügten. Krupp konnte beweisen, daß sein Tiegelstahl der bessere Werkstoff und durch seine Dauerhaftigkeit auch der billigste war. Das brachte schließlich den Erfolg. Die eingehenden Aufträge erforderten den Bau einer Federwerkstatt sowie die Aufstellung neuer Hämmer und Drehbänke. Der Schmelzbau wurde vergrößert. Die Belegschaft der Werke wuchs auf 300 Mann. Die Londoner Weltausstellung im Jahre 1851 machte mit einem Kruppschen Gußstahlblock von 4300 Pfund Krupps

Abb. 46. Alfred Krupp

Namen in der ganzen Welt bekannt. Neben Eisenbahnfedern und -achsen gingen Kurbelwellen für Lokomotiven und Schiffe in steigender Zahl und Größe aus der Kruppschen Fabrik hervor.

Um diese Zeit wurde die Stahlbereitung vom alten Osemundverfahren auf andere Einsätze umgestellt. Ungern trennte sich Alfred Krupp von dem alten zuverlässigen Arbeitsvorgang, aber er wurde dazu bewogen, weil auch die Konkurrenz in Preußen und Sachsen neuen Wegen der Stahlbereitung zustrebte. Jahrelang gingen die Versuche um ein neues, sicheres Verfahren, bis die Erfindung des Puddelstahls eine zuverlässige Grundlage für den Tiegelprozeß schuf. Eines der ersten und größten Puddelwerke entstand bei Krupp.

Noch andere wichtige Dinge beschäftigten Alfred Krupp. Im Jahre 1849 war endlich das Geschützrohr, das er vor zwei Jahren nach Berlin geschickt hatte, schweren Schieß- und Sprengversuchen unterworfen worden. Der Erfolg war, wie ihn Krupp vorausgesagt hatte. Bei halber Wandstärke im Vergleich zu den bisher gebrauchten Rohren zeigte es sich unverwüstlich. Krupp erhielt den Bescheid, daß der Gußstahl jedem anderen Kanonenmaterial weit überlegen sei; für die Einführung aber seien die Kosten ein unübersteigbares Hindernis. Man schlug deshalb vor, daß er von weiteren Versuchen besser absehe. Krupp aber dachte ganz anders. Wenn die preußische Waffe durch seinen Gußstahl verbessert werden konnte, so mußte dieser eben ohne Rücksicht auf die Kosten eingeführt werden. Im Jahre 1859 erhielt Alfred Krupp endlich die erste größere Bestellung auf 300 Gußstahlrohre.

Damit bezog man ein neues Arbeitsfeld, den Geschützbau, der zu bedeutenden Erweiterungen der Fabrik führte. Sie wurden wesentlich aus dem Gewinn bestritten, den Alfred Krupps epochemachende Erfindung des nahtlosen Radreifens aus Tiegelstahl für Eisenbahnzwecke in diesen Jahren brachte. Dieser Fortschritt, die nahtlose „Bandage", eroberte sich die Anerkennung der Welt, und mit vollem Recht sind die drei aufeinandergelegten Ringe das Wahr- und Geschäftszeichen der Gußstahlfabrik geworden.

Der neue Riesenhammer, für den die Pläne bereits 1858 entworfen worden waren, wurde bald zu einer Sehenswürdigkeit der Gußstahlfabrik. Zu seinen ersten Erzeugnissen gehörten ein Block von 20 000 kg Gewicht für die Londoner Weltausstellung des Jahres 1862 und eine Schiffskurbelwelle von 30 000 Taler Wert. Zwölf schwere Schiffswellen wurden danach in einem Jahre bestellt. Bald liefen nicht nur deutsche, sondern auch englische Dampfer mit Schraubenwellen aus Kruppschem Gußstahl.

Anderen hätten solche Erfolge vielleicht genügt, für Krupp hatten sie nur Wert als Grundlage weiteren Schaffens. Lange hatte er sich ausschließlich seiner Arbeit gewidmet, und erst spät war er zur Gründung einer Familie geschritten. Seit 1854 lebte ihm ein Sohn. Der Gedanke, das vom Vater übernommene Werk als ein Familienunternehmen auf seine Nachfahren zu vererben, gab seinem Schaffen nun neue Kraft.

Als erster auf dem Kontinent wendete Alfred Krupp im Jahre 1862 das Bessemer-Verfahren, 1869 das Martin-Verfahren an. Schon im nächsten Jahr wurde in den Kruppschen Werken in Zusammenarbeit zwischen Wissenschaft und Praxis die Werkstoffprüfung eingeführt, die sich in den folgenden Jahrzehnten als überaus fruchtbar erwies. Etwas später wurden die ersten Erzgruben und Steinkohlenzechen angekauft. 1877 fand die Einweihung des Schießplatzes Meppen statt.

Im gleichen Jahr wurde auf Alfred Krupps Anregung das „General-Regulativ" veröffentlicht, d. h. die gesamte Organisation seines Werkes eingehend schriftlich festgelegt. Inzwischen waren Wohnsiedlungen für die Gefolgschaft in einer Ausdehnung entstanden, die für die damalige Zeit ungewöhnlich war. Als Alfred Krupp am 14. Juli 1887 die Augen schloß, hinterließ er seinem Erben Friedrich Alfred Krupp ein stark gefestigtes Werk mit insgesamt 21 000 Arbeitern und Angestellten.

Das Prinzip der Qualität als Geschäftsgrundsatz war das Erbgut, das der Verstorbene von seinem Vater übernommen hatte. In den sechs Jahrzehnten seines Schaffens hatte Alfred Krupp immer seinen Wahlspruch befolgt: „Als oberster Grundsatz ist das Ziel im Auge zu behalten, daß die Firma in der Fabrikation stets das Ausgezeichnetste, möglichst Vollkommene zu leisten hat!" Der Glanz des Namens Alfred Krupp ließ in der Nachwelt oft die Erinnerung zurücktreten, wie unendlich schwer der Lebensweg dieses eisernen Tatmenschen gewesen war. Wenn wir seine Charaktereigenschaften betrachten: zähen Fleiß, größte Beharrlichkeit, persönliche Anspruchslosigkeit, Hingabe an sein Werk bis zur Selbstaufopferung und den durch nichts zu erschütternden Glauben an seine Bestimmung, dann haben wir die Persönlichkeit Alfred Krupps vor uns.

Mit seinen Arbeitern blieb Alfred Krupp sein ganzes Leben hindurch verbunden, mit den alten durch gemeinsames Erleben, mit den jungen durch Beispiel und Legende. Solange seine Arbeitsbelastung es irgendwie zuließ, nahm er sich persönlich der Lehrlinge an, bemerkte ihre Talente und wies sie geschickten Meistern zu. Mancher von ihnen kehrte nach den Wanderjahren in die Gußstahlfabrik zurück und stieg später zu angesehener Stellung auf. Alle sahen in Alfred Krupp den Schaffer und Erhalter des großen Werkes, das im Jahre seines Todes seinesgleichen auf deutschem Boden nicht hatte.

42. Hermann Gruson und seine erste Panzerplatte.

Im Jahre 1869 fanden in Tegel bei Berlin Schießversuche gegen die erste Panzerplatte statt, die in den Werken von Hermann Gruson hergestellt worden war. Als beste Deckung gegen die herumfliegenden Geschoßtrümmer stellte sich der Erfinder hinter seine eigene Panzerplatte, die beschossen wurde. Der damalige preußische Kriegsminister von Roon wollte ihn bewegen, den gefährlichen Platz zu verlassen, und sagte deshalb zu ihm: „Wenn die Platte kaputt geht, sind Sie doch hin!" Gruson aber hatte volles Vertrauen zu seiner Panzerplatte und erwiderte mit einer Anspielung auf die wirtschaftlichen Folgen bei einem Mißlingen des Versuches: „Exzellenz! Wenn die Platte kaputt geht, bin ich so oder so hin; aber sie geht nicht kaputt!"

43. Die Leichtmetalle.

Die starke Zunahme der Anwendung von Leichtmetallen in der Technik läßt sich an der Steigerung der Aluminiumerzeugung der Welt in den letzten Jahren erkennen. Der Bedarf in anderen Metallen, wie Kupfer, Zink oder Blei, ist in weit geringerem Maße gewachsen. Die Bevorzugung der Leichtmetalle hat ihren Grund besonders in der Entwicklung der Verkehrsmittel. Nicht nur im Flugwesen, sondern auch für Kraftfahrzeuge und Wasserfahrzeuge bringt die Verwendung von Leichtmetallen wesentliche Vorteile. Die Bezeichnung „Leichtmetalle" rührt von der geringen Wichte*) dieser Stoffe her. Während 1 cm³ Eisen 7,8 g wiegt, Kupfer eine Wichte von 8,9, Blei von 11,3 und Gold von 19,3 besitzen, wiegt 1 cm³ Aluminium nur 2,7 g. Das leichteste aller für die Technik wichtigen Metalle ist das Magnesium mit einer Wichte von 1,74.

Leichtmetalle wie Magnesium, Beryllium, Lithium lassen sich nur in Verbindung mit anderen Metallen als Legierungen technisch verarbeiten.

---

*) = „Wichte" ist die jetzige Bezeichnung für „ spezifisches Gewicht", d. h. für das Gewicht je Raumeinheit eines Stoffes.

Welchen Wert diese für die Praxis haben, erkennt man aus nachstehenden Beispielen. Bronze mit geringem Zusatz von Beryllium ist so elastisch und zäh, daß man Federn für Taschenuhren daraus herstellt, die weder durch Schlag noch durch Feuchtigkeit zerstört werden. Setzt man dem durch seine Weichheit bekannten Blei ganz geringe Mengen Lithium zu, so erhält man einen harten Baustoff, der sich für die Lager von schweren Eisenbahnwagen eignet. Auch das sehr leichte Magnesium findet als Werkstoff nur in Legierungen Anwendung.

Das Aluminium hingegen, das ebenfalls zu den Leichtmetallen gehört, läßt sich auch in reiner Form verwenden. Wir finden es in der Küche als Löffel oder als Kochgeschirr, als Beschlag von Türen und Fenstern, als Dachdeckung oder Wandverkleidung, als Bauteil von Land-, Luft- und Wasserfahrzeugen. Aluminium ersetzt Kupfer für Freileitungen, Sammelschienen oder Kabel und erspart dabei etwa die Hälfte an Baugewicht gegenüber der Kupferausführung. Auch das Stanniolpapier, das aus Zinn hergestellt wurde, ist fast restlos durch die Aluminiumfolie verdrängt worden.

Dem Deutschen Friedrich Wöhler ist es 1827 zum ersten Male gelungen, im Laboratorium der Städtischen Gewerbeschule Berlin reines Aluminium zu gewinnen. Von einer technischen Bedeutung des Aluminiums kann man allerdings erst seit Beginn unseres Jahrhunderts sprechen. Seine preiswerte Herstellung ist vor allem durch die Entwicklung der Elektrotechnik möglich geworden. Demgemäß ist auch die Welterzeugung, die 1888 kaum vier Tonnen betrug, heute auf jährlich über 500 000 Tonnen angewachsen. An der Herstellung und Verarbeitung von Aluminium hat Deutschland unter allen Ländern den größten Anteil.

Der Ausgangsstoff für die Gewinnung von Aluminium ist Tonerde, die in der Natur leider nicht rein vorkommt. Sie wird vorzugsweise aus dem Bauxit gewonnen. Das bauxitreichste Land Europas ist Ungarn, aber auch in Frankreich, Griechenland, Rumänien, im ehemaligen Jugoslawien und in Rußland sowie an anderen Stellen der Erde findet sich dieser Grundstoff. Bauxit enthält 60 Prozent Tonerde, 20 bis 30 Prozent Eisenoxyd und außerdem Kieselsäure, Wasser und sonstige unerwünschte Fremdstoffe. In zunehmendem Maße wird von den Aluminiumhütten auch deutscher Ton verarbeitet, nachdem die laufenden Versuchsanlagen längst die Verwendungsfähigkeit des deutschen Tons als Aluminiumrohstoff erwiesen haben.

Die Gewinnung von Aluminium aus Bauxit zerfällt in zwei Prozesse. Im ersten Prozeß scheidet man die Tonerde aus dem Bauxit aus. Die Bauxitsteine werden zerkleinert, stark erhitzt und dann gemahlen. Das Bauxitpulver wird hierauf mit Natronlauge vermengt und unter Druck und Hitze vom Eisenoxyd befreit. Die gereinigte Aluminatlauge wird nun chemisch und mechanisch weiter behandelt, bis man schließlich die gewünschte Tonerde erhält.

Im zweiten Arbeitsgang kommt es nun darauf an, die Tonerde in Aluminium zu verwandeln. Die Lösung und Zerlegung der Tonerde erfolgt auf elektrolytischem Wege. Als Elektrolyt eignet sich besonders ein Naturstein, der Kryolith, der aber auch künstlich hergestellt werden kann. Bei dem Durchgang des elektrischen Stromes durch die Schmelze entsteht flüssiges Aluminium. Aus 4 kg Bauxit werden 2 kg Tonerde und 1 kg Aluminium gewonnen, wobei eine elektrische Energie von 20—25 kWh erforderlich ist. Hieraus erklärt sich die Lage der deutschen Aluminiumhütten in der Nähe billiger Stromquellen. Sie nutzen zum Teil Wasserkräfte aus, zum anderen Teil liegen sie in der Nähe großer Braunkohlenfelder.

Die Festigkeit des reinen Aluminiums reicht nicht aus, wenn es bei seiner Verwendung in der Technik besonderen Beanspruchungen unterworfen wird. In solchen Fällen greift man zu Aluminiumlegierungen, die geringe Beimengungen, wie Kupfer, Nickel, Magnesium, Silizium oder Mangan, enthalten. Durch Zusatz derartiger Metalle lassen sich die mechanischen Eigenschaften des Aluminiums weitgehend verbessern. Die erste 1909 bekannt gewordene brauchbare Legierung war das Duraluminium, das durch seinen Magnesiumgehalt gekennzeichnet wird. Zu dem Duraluminium sind heute eine große Anzahl anderer Legierungen hinzugekommen.

Zur Verbesserung der Haltbarkeit oder des Aussehens von Aluminiumgegenständen aller Art wird die Oberfläche der Halb- oder Fertigfabrikate oft besonderen Behandlungen unterworfen. Die mechanischen und chemischen Oberflächenbehandlungen, wie Schleifen, Polieren, Beizen, Ätzen, sind denen anderer Metalle ähnlich. Ein häufig gebrauchtes Verfahren ist das sogenannte Eloxalverfahren, bei welchem die Oberfläche des Aluminiums auf elektrischem Wege oxydiert, damit sie besonders verschleißfest und schön wird. Auf diese Weise kann man den Gegenständen auch Färbungen verleihen, wovon das Kunstgewerbe ausgiebig Gebrauch macht. Das elektrisch oxydierte Aluminium ist fest mit dem Grundmetall verbunden und besitzt große Oberflächenhärte, chemische und thermische Widerstandsfähigkeit. Ein anderes, billigeres Verfahren zum Schutz von Aluminium gegen chemische Einwirkungen ist das sogenannte Modifizierte Bauer-Vogel- (MBV-)-Verfahren. Man kann es bei allen kupferfreien Aluminiumlegierungen sowie bei Reinaluminium verwenden; seine mechanische Widerstandsfähigkeit gegen Reibung ist jedoch im Gegensatz zur Eloxalschicht gering. Außerdem läßt sich die Oberfläche der Aluminiumlegierungen auch galvanisch vernickeln oder verchromen sowie chemisch färben.

Soll Aluminium mit dickeren, durch Galvanisierung nicht erzielbaren Schichten anderer Metalle überzogen werden, so nimmt man Plattierungen vor. Einfache Konstruktionsteile werden bisweilen im Schiffbau oder Flugzeugbau mit besonders widerstandsfähigen Aluminiumlegierungen ein- oder beiderseitig plattiert. Neuerdings ist man auch dazu übergegangen, Eisenblech doppelseitig mit Aluminium zu plattieren, und erhält dadurch einen Werkstoff, der die technischen Vorzüge von Eisenblech besitzt, ohne gegen Feuchtigkeit empfindlich zu sein.

Ferner ist es gelungen, auf Sperrholzplatten Aluminium aufzubringen, die unter dem Namen „Panzerholz" im Handel eingeführt sind. Sie finden für Aufbauten von Lieferwagen, für feuersichere Trennwände, Koffer, Transportkisten und Türen Verwendung. Eine Umkehrung hiervon stellen die holzfurnierten Aluminiumbleche dar. Bei ihnen ist das Blech das tragende Material, während die Holzfurniere zur Verdeckung der metallischen Fläche aufgeleimt werden.

Außer dem Aluminium ist das Leichtmetall Magnesium besonders erwähnenswert. Es wurde bereits 1830 im Laboratorium dargestellt, konnte aber erst gegen Ende des vorigen Jahrhunderts technische und wirtschaftliche Bedeutung gewinnen. Die Ausgangsstoffe für das Magnesium sind die Magnesiumchlorid-Endlaugen der Kaliindustrie sowie Dolomit, beides Rohstoffe, die in unbeschränkten Mengen zur Verfügung stehen. Diese Tatsache und die überaus geringe Wichte des Magnesiums von 1,74 haben dazu geführt, dieses Metall in weitestem Maße für technische Zwecke zu verwenden. Da wie beim reinen Aluminium die Festigkeit des reinen Magnesiums sehr gering ist, werden kleine Mengen von Aluminium und Zinn zugesetzt. Diese Legierungen besitzen bei fast gleicher Wichte sehr günstige Festigkeitseigenschaften. Derartige Magnesiumlegierungen wurden unter dem Namen „Elektrometall" auf der Internationalen Luftfahrtausstellung in Frankfurt am Main 1909 zum ersten Male gezeigt. Seitdem hat sich die Magnesiumfabrikation in Deutschland sehr schnell entwickelt, und heute hat die deutsche chemische Industrie die größte Magnesiumerzeugung der Welt.

Magnesiumlegierungen lassen sich gießen, ziehen, walzen, pressen und schmieden. Ihr besonderer Vorteil liegt in der Gewichtsersparnis, die man durch sie erzielt. Deshalb stellt die Industrie Motorengehäuse, Flugzeugteile, Baubeschläge, Schreibmaschinengestelle, Gehäuse für photographische und optische Apparate und viele andere Dinge aus Magnesiumlegierungen her. Die Verwendbarkeit aller Leichtmetallegierungen ist dadurch besonders erweitert worden, daß man sie löten und schweißen kann. Man gebraucht sowohl die Gasschmelzschweißung als auch die elektrische Lichtbogen- und Widerstandsschweißung.

So stellen die Leichtmetallegierungen einen Baustoff dar, der vielseitig benutzt werden kann, und der in der Zukunft noch ganz ungeahnte Möglichkeiten bieten dürfte.

44. Friedrich Wöhler.

Friedrich Wöhler wurde am 31. Juli 1800 in dem Dorfe Eschersheim im Maingebiet geboren. Er besuchte das Gymnasium zu Frankfurt a. M. Auf der Schule zeichnete er sich weder durch großen Eifer noch durch besondere Begabung aus. Sein Hauptinteresse wendete er chemischen Versuchen und dem Sammeln von Mineralien zu.

Im Jahre 1820 bezog Friedrich Wöhler die Universität Marburg, um Medizin zu studieren. Ein Jahr später ging er nach Heidelberg. Seine ersten Arbeiten bezogen sich auf Untersuchungen über die Blausäure. Daran schlossen sich Versuche mit Harnstoff, die zu einer preisgekrönten Abhandlung führten. Im Jahre 1823 promovierte er zum Doktor der Medizin und wandte sich dann dem Studium der Chemie zu.

Zur Vertiefung seiner darin erworbenen Kenntnisse begab er sich im November 1823 nach Stockholm, wo er sich vornehmlich unter der Leitung des für alle Zeiten berühmten Chemikers Berzelius mit quantitativen Mineralanalysen beschäftigte. Dabei lernte er auch die sinnreichen Mittel und Methoden kennen, die sein Lehrer bei Untersuchungen über Fluorverbindungen, Silizium und Bor anwendete. Anschließend führte ihn dann eine wissenschaftliche Reise durch Schweden und Norwegen. Im Juli 1824 kehrte er nach Deutschland zurück.

Im darauffolgenden Jahr wurde Wöhler als Lehrer der Chemie an die neugegründete Städtische Gewerbeschule in Berlin berufen, wo ihm auch ein kleines Laboratorium für seine chemischen Arbeiten zur Verfügung stand. Hier glückte ihm im Jahr 1827 als erstem die Herstellung des Aluminiums. Später gelang ihm auch die Isolierung der seltenen Metalle Beryllium und Yttrium. Im Anschluß daran machte er noch die große Entdeckung, wie man Harnstoff künstlich erzeugt. Dadurch wurde die Grenzlinie zwischen unorganischer und organischer Chemie aufgehoben, und der Wissenschaft wurden neue Wege gewiesen.

In die Berliner Zeit fiel auch die Anknüpfung der Freundschaft mit dem großen Chemiker Justus von Liebig, die sich zu einem festen Band entwickelte und bis zum Tod Liebigs niemals gelockert wurde.

Im Dezember 1831 siedelte Wöhler an die Gewerbeschule nach Kassel über. Dort beschäftigte er sich mit Untersuchungen der Benzoesäure. Eine große Zahl von chemischen Reaktionsmethoden, deren sich die Wissenschaft noch heute bedient, sind bei diesen Untersuchungen zum ersten Male angewendet worden.

Eine tiefgreifende Veränderung in Wöhlers Lebensverhältnissen brachte dann das Jahr 1836. Er folgte einer Berufung als Professor an die Universität Göttingen. 37 Jahre hat er dort Vorlesungen gehalten und die Übungen im Laboratorium geleitet. Unter seinen vielen wissenschaftlichen Erfolgen ist besonders die Herstellung des kristallisierten Bors mit Hilfe des Aluminiums zu erwähnen. Von ebenso großer Bedeutung waren seine Arbeiten, die die Zersetzung von Kalziumkarbid durch Wasser unter Bildung von Azetylen zur Folge hatten. Erst mehrere Jahrzehnte später sollte diese Entdeckung in der Technik zur Anwendung kommen. So hat Wöhler mehr als die meisten seiner Zeitgenossen Pionierdienste für die Chemie und für die Technik geleistet.

Ein glücklicher Familienkreis und zahlreiche Freunde umgaben ihn. Durch die Lauterkeit seines Wesens, durch die Wahrhaftigkeit seines Charakters sowie durch die Schärfe und Sicherheit seines Urteils war er allgemein beliebt. Als begeisterter Freund der Natur konnte er sich bis in sein hohes Greisenalter körperliche Gesundheit und geistige Frische bewahren. Der Tod traf ihn im Alter von 82 Jahren.

45. Die Welterzeugung von Roheisen, Aluminium und Kupfer im Lichte der Statistik.

Die Welterzeugung von Roheisen hat 1938 einen starken Rückschlag erlitten; sie war um 16 v. H. niedriger als im Jahr 1929. Im Vergleich zu 1937 ergibt sich ein Rückgang von 20 v. H. Auf die europäische Eisenproduktion entfallen 56 v. H. der Welterzeugung. Gegenüber 1937 hat die Erzeugung in Europa nur um 5,5 v. H. abgenommen.

Hieraus ergibt sich, daß die Entwicklung in Europa günstiger gewesen ist als in den anderen Erdteilen. In dem bedeutendsten Eisenland der Erde, den Vereinigten Staaten, stellte sich der Rückgang gegenüber 1937 auf 48 v. H.

Demgegenüber hat Deutschland seine Eisengewinnung in den letzten Jahren erheblich steigern können und steht jetzt an zweiter Stelle unter den Ländern, die Eisenerze verhütten.

Neben anderen Staaten haben auch Italien und Japan im vergangenen Jahrzehnt ihre Eisenindustrie erst neu aufgebaut und sind damit in die Reihe der Eisenerzeuger getreten. Ihre Leistung ist auch im Jahre 1938 gestiegen, während sie in den großen westeuropäischen Eisenländern in einem Maß gesunken ist, das nicht weit hinter dem der Vereinigten Staaten zurückblieb.

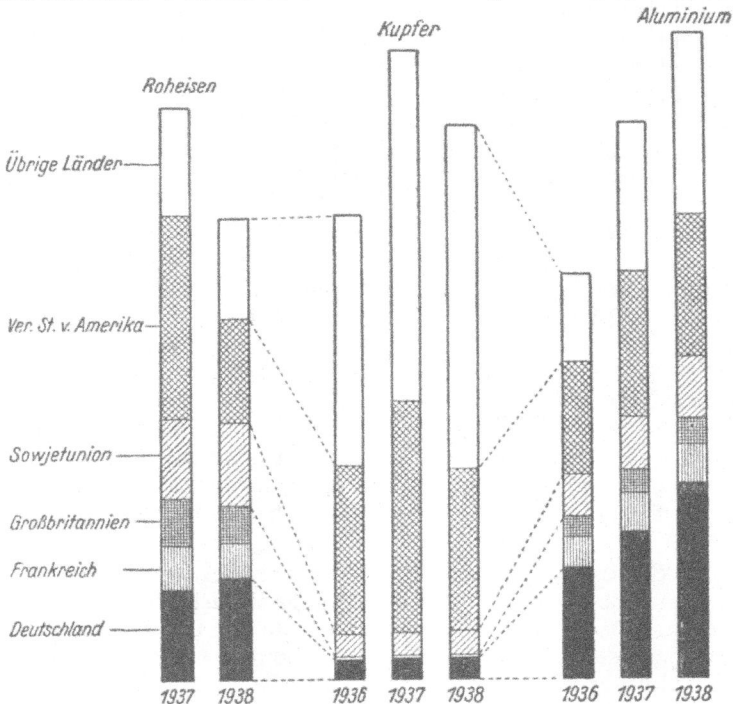

Abb. 47. Roheisen-, Kupfer- und Aluminiumerzeugung der Welt

Ähnlich ist die Lage bei der Kupfergewinnung: die internationale Kupfererzeugung war 1938 niedriger als im Jahr vorher. Die Einschränkung der Leistung erklärte sich einmal aus dem allgemeinen wirtschaftlichen Niedergang in den Vereinigten Staaten als dem wichtigsten Kupferland, zum anderen aus den Auswirkungen des Produktionsabbaues, der auf Grund eines Kartells der außeramerikanischen Erzeuger durchgeführt wurde.

Dagegen ist die Kupfererzeugung in Japan und Kanada weiter gestiegen, während sie in Chile als dem zweitwichtigsten Kupferland gesunken ist.

In der Erzeugung von Aluminium steht Deutschland zur Zeit unter allen Ländern an erster Stelle. Seine Leistung ist von 1936 bis 1938 um 65 v. H. gestiegen und hat damit die der Vereinigten Staaten im Jahr 1938 weit überflügelt. An der erhöhten Welterzeugung des letzten Jahres hat Deutschland den größten Anteil. Erhebliche Steigerungen der erzeugten Menge, die allerdings weit unter denen in Deutschland bleiben, weisen ferner Kanada, Japan, Italien, Norwegen, Frankreich und die Schweiz auf. Die allgemeine Aufwärtsbewegung in der Aluminiumerzeugung hat 1938 den Produktionsrückgang überlagert, der in einzelnen Ländern durch den wirtschaftlichen Einbruch verursacht wurde. Überall stiegen die Erzeugungsziffern, nur in den Vereinigten Staaten sanken sie unerheblich, wie die folgende Übersicht zeigt:

Erzeugung von Roheisen		Kupfer			Aluminium		
1937	1938	1936	1937	1938	1936	1937	1938
*)	*)	*)	*)	*)	*)	*)	*)

	1937 *)	1938 *)	1936 *)	1937 *)	1938 *)	1936 *)	1937 *)	1938 *)
Deutschland (einschl. Ostmark)	16 349	18 655	63,2	67,5	68,8	100,8	132,0	165,6
Frankreich	7 914	6 061	1,1	1,0	1,00	26,5	34,5	45,3
Grossbritanien	8 629	6 869	9,5	7,5	7,2	16,4	19,0	22,5
Italien	864	928	0,5	1,5	2,9	15,9	22,9	25,8
Norwegen	—	—	8,4	8,3	10,5	15,4	23,0	29,0
Schweden	708	732	9,3	9,1	10,7	1,8	1,8	1,9
Schweiz	—	—	—	—	—	13,6	25,0	26,5
Ungarn	357	335	—	—	—	0,8	1,2	1,5
Sowjetunion	14 421	14 606	83,0	92,5	98,0	37,9	47,6	56,8
Japan	3 300*)	3 600**)	78,6	87,7	100,7	7,5	10,5	17,0
Kanada	997	770	173,4	210,0	215,9	26,2	42,2	64,5
Chile	—	—	245,3	397,4	337,5	—	—	—
Vereinigte Staaten	37 723	19 467	592,6	820,3	585,1	102,0	132,7	130,2
Ges. Welterz. (einschl. d. nicht gen. Länder)	104 109	83 000	1 672,0	2 259,0	1 996,0	366,0	493,0	588,0

*) in 1000 t
**) einschl. Korea u. Mandschukuo

Die Ziffern der vorstehenden Tabelle erstrecken sich bis zum letzten vollen Vorkriegsjahr. Eine Weiterführung der Angaben wird erst nach Eintritt friedensmäßiger Verhältnisse möglich sein.

46. Neue deutsche Werkstoffe.

Werkstoffe werden im Handwerk und in der Industrie weiterverarbeitet. Man benutzt dafür entweder Rohstoffe, so wie sie in der Natur vorkommen, oder wie sie durch chemische bzw. mechanische Behandlung verändert worden sind. Solche Werkstoffe sind Holz, das im Naturzustand verwendet werden kann, ferner Stahl, der aus den Eisenerzen, und Gummi, der aus Kautschuk gewonnen wird. Eisenerze und Kautschuk stellen mithin die Rohstoffe für die Erzeugung der aus ihnen erst geschaffenen Werkstoffe dar. Allerdings kann Holz auch als Rohstoff zur Erzeugung anderer Werkstoffe dienen, z. B. der Zellwolle. Die Grenzen zwischen Rohstoff und Werkstoff gehen also ineinander über.

Außer den natürlichen Werkstoffen haben nun in den letzten Jahren auch die künstlich oder „synthetisch" hergestellten Werkstoffe an Bedeutung zugenommen. Diese Erscheinung hängt eng mit den Rohstoffvorkommen in den verschiedenen Ländern der Welt zusammen. Besitzt ein Land große Rohstoffschätze, oder ist es reich an landwirtschaftlichen Austauschgütern, so wird es den synthetischen Werkstoffen natürlich weniger Interesse entgegenbringen. Wichtig dagegen ist diese Angelegenheit für Länder mit großer Industrie, aber verhältnismäßig geringen Rohstoffvorräten.

So sehen wir denn, daß die Werkstoffrage eines Landes eng mit seiner wirtschaftlichen Lage verknüpft ist. Deutschland ist nun von der Natur außer mit Kohle nicht sehr reich mit Rohstoffschätzen gesegnet. Andererseits ist gerade sein Bedarf als bedeutendstes Industrieland Europas an Roh- und Werkstoffen besonders groß. Diese vom Ausland zu beziehen, war ihm nach dem Weltkrieg verwehrt. Es war also für die deutsche Industrie eine zwingende Notwendigkeit, sich die erforderlichen Werkstoffe auf andere Weise zu beschaffen.

Hier bewährte sich deutscher Forscher- und Erfindergeist. In kürzester Zeit entstanden neue Industrien, die mit Hilfe der Chemie bisher unbekannte Wege beschritten. Aus den vorhandenen Rohstoffen, besonders der Kohle, wurden neue Werkstoffe entwickelt und nach eingehender und gewissenhafter Prüfung der deutschen Wirtschaft zur Verfügung gestellt.

Betrachten wir einmal den für diese Entwicklung wichtigsten Ausgangsstoff: die Kohle. Aus ihr werden leichte Treibstoffe für Flugmotoren und Automobile sowie schwere für Dieselmotoren in jeder gewünschten Eigenschaft gewonnen. Darüber hinaus hat man gelernt, aus Kohle in Verbindung mit anderen Grundstoffen auch Werkstoffe zu schaffen. Überall bekannt ist der künstliche Gummi, Buna genannt, der als chemische Ausgangsstoffe Kohle und Kalk hat. Seine Gewinnung, schon im Weltkrieg vorbereitet, gelang im Jahre 1926. Sie war ein großer Erfolg, da Buna sich besser und haltbarer als der natürliche Kautschuk erwies. Die Zusammensetzung des neuen Stoffes gelang in Form einer Emulsion, ähnlich der des Kautschukbaumes. Man gewinnt zuerst eine Art von synthetischem Milchsaft, der dann wie die natürliche Gummimilch in festen Kautschuk umgewandelt wird.

114

Der wirtschaftliche Einsatz dieses Rohstoffes wird dadurch besonders begünstigt, daß man durch geeignete Verfahren verschiedene Kautschuksorten herstellen kann. Hierher gehört vor allem der Buna S-Stoff, der zur Fabrikation des Buna-Reifens und als Isolierstoff der Kabeltechnik verwandt wird, außerdem der Perbunan, der durch seine Quellfestigkeit gegen Fett, Öl und Benzin und durch seine Hitzebeständigkeit den Naturkautschuk weit überragt. Selbst bei längerer Lagerung ist Perbunan gegen die Einwirkung des Sauerstoffes der Luft widerstandsfähiger als Naturkautschuk. Den Bunasorten können zudem leicht elastische und isolierende Eigenschaften verliehen werden, und sie finden darum mit bestem Erfolg Verwendung für Druckwalzen, Druckplatten, Gummischlauchleitungen, Schutzkabel, Isolierhandschuhe u. a. Bei entsprechender Erhöhung des Schwefelzusatzes läßt sich ebenso wie aus Naturkautschuk Hartgummi herstellen, der für die verschiedensten Zwecke in Industrie und Gewerbe Benutzung gefunden hat.

In das Gebiet der neuen Werkstoffe gehören auch die plastischen Stoffe, die man deshalb so nennt, weil sie unter bestimmten Bedingungen plastisch, d. h. bildsam sind. Hierzu zählen alle Gegenstände aus künstlichem Horn, Edelkunstharz, Plexiglas u. a. Während Naturhorn infolge des natürlich gewachsenen und deshalb geschichteten Materials im Laufe der Zeit anfängt abzublättern, können Kunsthorngegenstände dies nicht tun, weil sie nicht geschichtet sind. Kunsthorn wird aus dem Käsestoff der Magermilch, dem Kasein, gewonnen. Die hauptsächlichsten Kunsthornerzeugnisse sind Armringe, Brieföffner, Federschalen, Bekleidungserzeugnisse verschiedener Art und andere kleinere Gegenstände, bei denen Anpassung an modische Ansprüche eine Rolle spielen. Edelkunstharz ist von gleicher Farbe wie Elfenbein und ist ebenso leicht zu bearbeiten, ist aber von größerer Elastizität als dieses und kostet nur einen Bruchteil des Naturstoffes. Es ist ein begehrter Werkstoff für Schmuckgegenstände, Schirmgriffe, Möbelknöpfe und -griffe sowie anderer Gebrauchsgegenstände geworden. Im Apparatebau stellt man ganze Gehäuse für Rundfunkgeräte, Haarduschen, Ventilatoren usw. oder auch Einzelteile aus Edelkunstharz her. In der Metallindustrie hat sich die Verwendung von Kunstharzstoffen zur Anfertigung von Lagerschalen, Buchsen und Zahnrädern als zweckmäßig erwiesen, da hierbei durch geringere Abnutzung Ersparnisse erzielt wurden. Die Lebensdauer für solche Lagerschalen kann gegenüber den aus Bronze gefertigten 30—40mal höher angesetzt werden.

Das bereits erwähnte Plexiglas besitzt gegenüber dem gewöhnlichen Glas, das übrigens auch ein „Kunststoff" ist, den Vorzug, daß es nicht spröde ist und nicht splittert. Seine Verwendung in der Automobilindustrie hat schon unzähligen Menschen das Leben gerettet.

Ein weiterer neuer Werkstoff, der vorwiegend aus deutschen Kiefern und Buchen hergestellt wird, ist das Cellophan. Das Holz wird entrindet und zerkleinert, in schwefelsauren Salzen gekocht, mit Chlorkalk gebleicht und schließlich in Natronlauge gelöst. Die entstehende Masse ist unter dem Namen „Viskose" bekannt. Aus ihr erzeugt man je nach der Art der Weiterverarbeitung entweder Cellophan oder Kunstseide. Zur Cellophanherstellung wird die Viskose durch einen breiten Schlitz gepreßt und in einem Bad zum Gerinnen gebracht. Cellophan ist als luftdichtes Abschluß- und Verpackungsmittel heute unentbehrlich geworden. Die Werkstoffe für Textilien sollen hier nicht näher betrachtet werden.

Solche Leistungen sind nicht nur mit Kohle und Holz als Ausgangsstoffe vollbracht worden; auch auf dem Gebiet der Leichtmetalle sind größte Erfolge zu verbuchen. In verhältnismäßig kurzer Zeit gelang es, die Werkstoffe Aluminium und Magnesium sowie deren Legierungen soweit zu beherrschen, daß sie heute aus vielen Zweigen der Industrie überhaupt nicht mehr fortzudenken sind.

Abschließend muß gesagt werden, daß alle diese neuen Werkstoffe keine „Ersatzstoffe" im früheren Sinne dieses Wortes darstellen, sondern mit allen Mitteln der Wissenschaften entwickelte neue Stoffe, die teilweise den Naturstoffen weit überlegen sind. Das Vorurteil gegen künstliche Werkstoffe ist unbegründet; denn auch Glas, Porzellan, Zement und Seifen sind eigentlich „Kunststoffe", die sich trotzdem in jahrhundertelangem Gebrauch bestens bewährt haben. Dies beweist, daß die Natur vielfach nicht unübertrefflich ist, sondern daß menschlicher Geist und Forschungsdrang wohl in der Lage sind, die natürlichen Stoffe durch synthetische Werkstoffe zu ersetzen oder sogar zu verdrängen.

47. Die Bedeutung der Kunstfaser.

Wie auf vielen anderen Gebieten der Gütererzeugung, hat die chemisch-technische Forschung auch in der Textilwirtschaft eine bedeutsame Wendung dadurch herbeigeführt, daß sie Wege gefunden hat, eine Kunstfaser herzustellen, die der Naturfaser und der Naturseide ebenbürtig an der Seite steht.

Vielfach sind die Ursachen für diese Umbildung, deren weitere Entwicklung und Bedeutung für die Menschheit heute noch nicht abzusehen sind. Die stete Zunahme der Erdbevölkerung, die Einführung der Spinnmaschinen, der mechanischen Webstühle im 19. Jahrhundert sowie die durch die Mode bedingten gesteigerten Anforderungen an das Bekleidungsgewerbe ließen vor der Jahrhundertwende die Frage aufkommen, woher in Zukunft der gesteigerte Bedarf an Faserstoffen für Bekleidungszwecke gedeckt werden sollte. Besonders diejenigen Staaten, deren geographische und ernährungswirtschaftliche Lage eine wesentliche Hebung der Ernte wichtiger Naturfasern, wie Hanf und Flachs, oder eine ausreichende Vermehrung der Schafherden zwecks Wollgewinnung verbot, mußten zu einer grundsätzlichen Lösung dieser Fragestellung gelangen. Erhöhte Einfuhr ägyptischer und amerikanischer Baumwolle, australischer Wolle und japanischer Seide konnte nicht als eine solche betrachtet werden, da sie die textilbedürftigen Länder in ein wirtschaftliches Abhängigkeitsverhältnis brachten, das auf die Dauer untragbar war. Heute hat nun der nimmer ruhende menschliche Geist der Natur das Geheimnis der Fasererzeugung abgelauscht und damit das drohende Fasermonopol der Erdgegenden gebrochen, die Textilrohstoffe liefern.

Außer den Seiden- und Wollstoffen sind alle anderen Spinnstoffe nur verschiedene Erscheinungsformen desselben Stoffes, nämlich des Zellstoffes, auch Zellulose genannt, aus dem alle Pflanzen höherer Art im wesentlichen aufgebaut sind. Bisher verarbeitete man den Zellstoff nur in der von der Natur fertig gelieferten Form der Bastfaser oder Baumwolle. Bei der Herstellung der Kunstfaser ist man jetzt dazu übergegangen, den Zellstoff aus den kurzen Zellstoffasern des Holzes durch eine verwickelte chemische Aufbereitung zu lösen und in eine solche Form zu bringen, daß er mittels eines technischen Verfahrens, das dem von der Seidenraupe benutzten Spinnvorgang gleicht, in ein fadenförmiges Gebilde gebracht werden kann. Zu diesem Zweck verflüssigt man den Pflanzenzellstoff und läßt die zähe, klebrige Masse langgezogen als Faden wieder erstarren.

Für die Verflüssigung sind vier verschiedene Behandlungen des Zellstoffes entwickelt worden, nach denen die Enderzeugnisse, die Kunstseiden und die Zellwollen, ihre technischen Namen erhalten haben, und die sich in chemischer Hinsicht wesentlich voneinander unterscheiden. Im folgenden wird zunächst die Nitratkunstseide und die Azetatkunstseide besprochen. Die Fäden beider Kunstseidenarten werden durch Trocknung an der Luft zum Erhärten gebracht, welchen Vorgang man als das Trockenspinnverfahren bezeichnet. Eine andere Gruppe bildet die später erörterte Viskosekunstseide und Kupferkunstseide, deren spinnfertige Lösungen in der Hauptsache durch chemische Zersetzungen mit Fällflüssigkeiten erstarren oder, wie der Fachmann sagt, koagulieren. Diese Behandlung der Masse nennt man das Naßspinnverfahren.

Nitratkunstseide, die man aus Nitrozellulose, einer Verbindung von Zellulose mit einer Mischung von konzentrierter Schwefel- und Salpetersäure unter Verwendung von leicht flüchtigen Lösungsmitteln, wie Äther und Alkohol, gewinnt, ist außerordentlich feuergefährlich. Da zudem die Herstellungskosten für Nitrozellulose zu hoch waren, wurde dieses Verfahren eingestellt.

Für Azetatkunstseide ist der Rohstoff ausschließlich die kurze bräunliche Samenfaser der Baumwolle, Linters genannt. Das Enderzeugnis besteht im Gegensatz zu den anderen Kunstseidenarten nicht aus reiner Zellulose, sondern enthält eine Verbindung von Zellulose mit Essigsäure, die Azetylzellulose. Diese gibt der Azetatkunstseide besonders gute Eigenschaften, die andere Kunstseiden nicht besitzen. Zunächst hat sie unter allen Spinnfasern die geringste Wichte. Ferner sind die daraus hergestellten Garne und Gewebe im Vergleich zu anderen Textilien besonders weich und füllig. Hohe Knitterfestigkeit, große Fähigkeit, Wasser abzustoßen, und ihre geringe Neigung, Schmutz aufzunehmen, sind weitere Eigenschaften, die ihr den Markt erschließen. Diesen Vorzügen stehen allerdings die hohen Herstellungskosten gegenüber, die durch die kostspieligen, für die Anfertigung jedoch notwendigen Kupfergeräte sowie durch das teure essigsaure Anhydrid verursacht werden. Allerdings werden heute die Dämpfe des Lösungsmittels aus wirtschaftlichen und hygienischen Gründen in einen Trockenschacht, in den die durch Düsen gepreßte Kunstseidenmasse fällt, und worin sie unter Verdunstung der Essigsäure langsam gerinnt, abgefangen und wieder verwendet. Der Anteil der Azetylzelluloseseide an der Welterzeugung von Kunstseiden betrug 1931 7,5 v. H. und ist jetzt auf 10 v. H. gestiegen.

Um vieles größer ist die Bedeutung der Viskosekunstseide, von der zirka 86 v. H. der Gesamterzeugung in Kunstseide entfallen. Als Ausgangsstoff wird ausschließlich Holzzellstoff von besonderer Reinheit in Plattenform verwendet, der mit einer etwa 18prozentigen Natronlauge getränkt oder, fachmännisch ausgedrückt, merzerisiert wird. Es bildet sich eine chemische Verbindung, die Alkalizellulose, deren Gewicht nach Abpressen der überschüssigen Lauge, wobei zugleich die Verunreinigungen ausgeschwemmt werden, noch immer das Dreifache des trockenen Zellstoffes beträgt. Die in den Zellulosezellen verbleibende Natronlauge macht die sonst chemisch träge Zellulose nun um vieles reaktionsfähiger. Der so aufgeschlossene Zellstoff wird mechanisch in flaumartige Flocken zerkleinert, um in der weiteren Behandlung leichter angreifbar zu sein. In Sulfidiertrommeln, die sich drehen, wird die Alkalizellulose mit Schwefelkohlenstoff gemischt, wobei sich ein neuer Stoff, das sogenannte Xanthogenat, bildet, das ungefähr wie nasse Sägespäne aussieht. Dieses Xanthogenat kann unter Zusatz von Wasser oder verdünnter Alkalilauge durch Kneten in eine zähe, honiggelbe Masse verwandelt werden, die nun die eigentliche Spinnflüssigkeit, die Viskose, darstellt. Nach einer gewissen Zeit des Reifens und darauf folgendem Filtrieren wird sie durch Spinndüsen gepreßt und dabei in ein Fällbad von schwach angesäuerter Salzlösung eingespritzt, in der die Schwefelverbindungen ausgeschieden werden und die reine Zellstoffaser zurückbleibt. Hierauf wird sie von einer in schneller Drehung befindlichen Spule aufgenommen und einer vorsichtigen, aber gründlichen Reinigung durch Wasser unterzogen. Nachdem sie getrocknet und nochmals mittels heißer Alkalisulfiden entschwefelt worden ist, wird sie manchmal noch gebleicht und ist nunmehr fertig zur Zwirnung. Die Stärke aller bisher besprochenen Kunstseidenfasern hängt von der Feinheit der Düsenöffnungen ab, durch die die Spinnmasse gedrückt wird. Ihr Querschnitt kann bis zu 0,01 mm herabgesetzt werden.

Als das letzte der erwähnten Verfahren sei das Kupferoxyd-Ammoniakverfahren kurz erläutert. Als Rohstoff gebraucht man heute noch Linters, da völlig reiner Zellstoff die unerläßliche Voraussetzung bei der Herstellung von Kupferkunstseide ist. Doch steht zu hoffen, daß auch hier in naher Zukunft Holz als Ausgangsstoff dienen kann.

Die Linters werden zunächst mechanisch und chemisch gereinigt und in Bleichholländern gebleicht, worauf sie mit Kupferhydroxyd und konzentriertem Ammoniak angerührt und zu einer sirupartigen, zähen Flüssigkeit verknetet werden. Nach Filtrierung durch feine Nickeldrahtgaze läßt man die Masse durch die Düsenöffnungen von oben in ein Fällbad aus Wasser eintreten, das die Kupferoxydammoniakzelluloselösung zur Erstarrung bringt. Fällbad und ausgefällte Fäden umgibt man mit einem Zylinder, der sich im Inneren nach unten trichterförmig verjüngt. Da naturgemäß die Strömung des Wassers am unteren engeren Ende des Zylinders schneller ist als am oberen weiten Ende, übt sie auf den Kunstseidenfaden eine Zugwirkung aus. Auf diese Weise wird durch Dehnung die Stärke des Fadens noch weit unter 0,01 mm verringert. Man nennt dies das Streckspinnverfahren, das die feinsten auf dem Markt befindlichen Kunstseiden liefert. Der Kupferzellulosefaden wird darauf mit Hilfe von Mineralsäuren zersetzt, und es entsteht eine Faser aus reiner Zellulose, also ein Kunstseidenfaden, der sich grundsätzlich nicht von dem Viskosekunstseidenfaden unterscheidet.

Sämtliche Kunstseiden werden am Ende, ehe sie das Herstellungswerk verlassen, von angelernten Arbeiterinnen auf Farbe, Stärke, Gleichmäßigkeit und Fehlerfreiheit geprüft und sortiert. Danach werden sie gefärbt und treten ihren Weg in die Wirkereien und Webereien zur weiteren Verarbeitung an.

Kunstseidenfäden sind endlos. Werden sie in gleichmäßige kleine Stücke geschnitten, so erhält man die sogenannte Stapelfaser, die zur Erzeugung der Zellwolle wie Baumwolle versponnen werden kann. Sie unterscheidet sich also in keiner Weise in ihrer chemischen Herstellung und Zusammensetzung, sondern nur der Form nach, von der Kunstseide. Wie bei ihr, gibt es demzufolge heute drei Grundarten von Zellwollen, nämlich Viskose-, Kupfer- und Azetatzellwollen.

Die zur Herstellung dieser Kunstfasern dienenden Spinnmaschinen besitzen eine um vieles höhere Zahl von Spinndüsen als die Kunstseidenspinnmaschinen, bei denen die Anzahl der Öffnungen durch die der Einzelfäden im Garn begrenzt ist. Zellwollspinnmaschinen vermögen gleichzeitig bis zu 200 000 Einzelfasern zu liefern, die, zu einem dünnen Strang vereinigt und in dieser Form ununterbrochen in die Bäder eingeführt, dort gewaschen und nachbehandelt werden. Die Faserstränge mehrerer Düsen werden zu einem gemeinsamen starken Faserband zusammengeführt. In noch feuchtem Zustand schneidet eine Maschine dann das Zellstoffaserband in die erforderlichen Längen, worauf die geschnittenen nassen Fasern getrocknet werden. Hierauf bringt man sie noch in eine Art Kardiervorrichtung, in der sie sich zu einem rohen Vlies zusammenschließen, das dann zu Garn verarbeitet werden kann. In den Spinnereien geht die Zellwolle durch die gleichen Arbeitsgänge wie etwa die Baumwolle oder Wolle. Eine Schwierigkeit bei der Verarbeitung der Stapelfaser liegt darin, daß sie nicht wie Baumwolle gekräuselt oder wie Wolle mit Häkchen an den Oberflächen versehen ist, was die Einzelfasern beim Spinnen aneinander haften läßt; doch versteht man es neuerdings, die Stapelfaser mit einer feinen und dauerhaften Kräuselung zu versehen oder sie auch durch Zerreißen der endlosen Einzelflächen aufzurauhen.

Der große Vorzug der Kunstfasern für die Volkswirtschaft besteht neben der Ersparnis an Devisen darin, daß der Preis von Kunstseide und Zellwolle unabhängig von Natureinflüssen geregelt werden kann. Während die Preisgestaltung von Seide, Baumwolle, Flachs und Wolle unmittelbar oder mittelbar von dem Ausfall ihrer Ernten abhängig ist und dadurch außerordentlichen Schwankungen unterliegt, kennt der Kunstfasermarkt derartige Einflüsse nicht.

In der Textilwirtschaft werden deshalb Zellwolle und Kunstseide heute in weitestem Ausmaß verbraucht. Reine Zellwolle wird allerdings nur für Trikotwäsche verwendet, während man Stoffe für Anzüge und Mäntel aus einem Gemisch von Zellwolle und Wolle anfertigt, das außerordentlich weich ist und vorzüglich wärmt. Kunstseide wurde bereits vor 1914 zur Anfertigung von Besatzartikeln benutzt. Der Bedarf an Kunstseide in der Posamentenindustrie wurde aber bald weit übertroffen durch die Anforderungen, die von den beiden Hauptzweigen der Textilindustrie, der Wirkerei und Weberei, gestellt wurden. Die meisten Gewebe, wie Kleider- und Wäschestoffe, Bänder, Samt und Möbelstoffe, enthalten Kunstseide und sind daher trotz ihrer Güte billig und stetig im Preis. Das gleiche trifft auch für Wirkwaren zu. Ferner wird Kunstseide auch schon für Autoverdeckstoffe, Bremsbänder, Treibriemen, Schläuche aller Art und für Möbelbezüge verwendet. Der Verbrauch der Kunstseide hat sich in Deutschland seit dem Weltkrieg um mehr als das Zehnfache gesteigert. Der Wert der Jahreserzeugung liegt heute weit über 200 Millionen Reichsmark. Die Einfuhr von Naturseide ist im gleichen Zeitraum von 5 000 000 kg auf etwa die Hälfte zurückgegangen. Damit hat die Kunstseide die Naturseide um das Zwanzigfache überflügelt. Die Kunstfaser hat sich aber nicht allein auf Kosten der teuren Naturseide durchgesetzt, sondern in viel stärkerem Maße auf Kosten anderer Fasern, insbesondere der Baumwolle.

Die ständigen Verbesserungen in der Güte der künstlichen Faserstoffe bilden auch für die Zukunft die beste Gewähr für die Erschließung weiterer neuer Bedarfsgebiete.

Aussprüche über die Technik.

Max Eyth: „Der Mann, der nicht das Unmögliche wagt, wird das Mögliche nie erreichen."

Adolf Hitler: „Jede Idee und jede Leistung ist das Ergebnis der schöpferischen Kraft eines Menschen."

Rudolf Diesel: „Erfinden heißt, einen aus einer großen Reihe von Irrtümern herausgeschälten richtigen Grundgedanken durch zahlreiche Mißerfolge und Kompromisse hindurch zum praktischen Erfolge zu führen."

Otto von Guericke: „Bei naturwissenschaftlichen Fragen hat es gar keinen Wert, schön reden und gut disputieren zu können. Wo man Tatsachen reden lassen kann, braucht man keine gekünstelten Hypothesen."

VII. Technik in der Stoffumwandlung.

48. Wanderlebensregeln.

Willst du hinaus in die weite Welt,
So laß das Sorgen dahinten.
Nimm nicht zu viel, doch ein wenig Geld.
Das weitere solltest du finden.

Ein flinker Fuß, eine stetige Hand
Und das Herz am richtigen Flecke,
So kommst du sicher, im fernsten Land,
Auch um die gefährlichste Ecke.

Und den Schulsack — vergiß den Schulsack nicht,
Um den uns der Erdkreis beneidet.
Erfreu dich an seinem schönen Gewicht,
Solange dein Rücken es leidet.

Doch hab' er ein Loch, hübsch lang und weit,
Wenn nötig, gebrauche die Schere,
Damit er beim Wandern, im Laufe der Zeit,
Sich heimlich und schmerzlos entleere.

Was alles du siehst, ist dein Wandersold,
Den magst in die Tasche du rammen;
Vielleicht ist es Plunder, vielleicht ist es Gold,
So lag's auch im Schulsack beisammen.

Dann: — fährt dich niemand, und mußt du gehn,
Greif aus, kein Weg mach dir bange,
Und siehst du das Glück an der Straße stehn:
Greif zu, besinn dich nicht lange.

Doch wendet den Rücken es manches Mal
Und zeigt dir boshaft die Kralle,
Geh weiter! Bleib treu deinem Eisen und Stahl,
Und pfeif auf die Edelmetalle.

So ziehe getrost bergauf, bergab
Und trage und schaffe und scherze;
Bringst du nur zurück, was Gott dir gab,
Dein altes, fröhliches Herze.

Max Eyth.

49. Wie entsteht das Papier?

Die wichtigste Rohstoffquelle für die Papiererzeugung bildet heute der Wald, und zwar vorzugsweise der Fichtenwald. Bis vor kurzem verwendete man für den Weißschliff und den Sulfitzellstoff ausschließlich Fichtenholz, dessen Faser und sonstige stoffliche Zusammensetzung sich am besten für die Verarbeitung eignete. Lediglich für Braunschliff und Natronzellstoff diente auch in größerem Umfang das Kiefernholz. Erst seit kurzem wird auch für Weißschliff und Sulfitzellstoff Kiefernholz verwendet. Buchenholz ist für die Papierbereitung zu kurzfaserig.

Wenn die Bäume gefällt sind, werden die Stämme gewöhnlich an Ort und Stelle entrindet, der Bast entfernt und das Holz in Balken von etwa einem Meter Länge zerschnitten. In dieser Form werden die Hölzer auf dem Lagerplatz der Papierfabrik gestapelt.

Von da gelangen die Stämme zur weiteren Bearbeitung in die Holzputzerei, wo sie von Rinde, von Ästen und Bast gesäubert werden, soweit das nicht schon im Wald geschehen ist. Der Balken wird an eine umlaufende Scheibe gedrückt, in die Messer eingelassen sind, die nur wenig hervortreten und die Rinde und etwaige Unreinigkeiten wegfegen. Die abfallenden Späne werden durch ein starkes Gebläse entfernt.

Abb. 48. Stetiger Kleinkraftschleifer

Nun wird das Holz entweder zu Holzschliff oder zu Zellstoff verarbeitet. Während es sich bei der Holzschliffgewinnung um ein mechanisches Verfahren handelt, beruht die Zellstoffgewinnung auf einer chemischen Aufschließung der Holzfaser.

Für die heutige Papierherstellung ist der Holzschliff von größter Bedeutung. Er bildet den Hauptbestandteil des Zeitungspapiers, bei dem weniger auf Festigkeit und Dauerhaftigkeit als vielmehr auf einen niedrigen Herstellungspreis Wert gelegt wird.

Es gibt mehrere Arten von Holzschleifern, nämlich Magazinschleifer, Stetigschleifer und Pressenschleifer. In jedem Fall wird das Holz unter starkem Wasserzusatz gegen einen Schleifstein gepreßt und auf diese Weise zu einem Brei verwandelt. Der dünne Faserbrei wird nun auf ein Schüttelsieb geleitet, das alle groben Holzteile zurückhält. Sie werden dem sogenannten Raffineur zugeführt, der die groben Splitter zerkleinert und dann wieder an die Breimasse abgibt.

Der flüssige Holzschliff wird nun entweder über einen Vorratsbehälter direkt zum „Holländer" zur sofortigen Weiterverarbeitung gepumpt, oder man dickt ihn ein und sticht ihn später nach Bedarf etwa wie Torf aus.

Die bisher geschilderte Verarbeitung des Holzes ergibt den sogenannten „Weißschliff". Er kann allein nicht zur Fertigung von Papier verwendet werden, da seine Fasern nicht die genügende Länge für die Verfilzung aufweisen. Darum erfordert er stets einen Zusatz von Zellstoff, der selbst bei Zeitungspapier 20—25 v. H. beträgt.

Außer dem Weißschliff kennt man auch den „Braunschliff". Für die Erzeugung von Packpapier oder von Lederpappe wird das Holz vor dem Schliff unter Druck gedämpft, wodurch die Holzfaser weicher wird. Das Dämpfen wird in Eisengefäßen, die innen mit Kupfer plattiert sein müssen, vorgenommen. Allerdings erhalten dadurch die Holzfasern eine braune Färbung, weshalb man den Rohstoff „Braunschliff" nennt. Nach unseren heutigen wissenschaftlichen Erkenntnissen besteht das Holz aus 53 v. H. Zellulose und den Inkrusten, nämlich 29 v. H. Lignin und 18 v. H. Harzen, Ölen, Fetten und anderen Stoffen. Da die Inkrusten im Faserstoff des Holzes bleiben und auch eine chemische Veränderung nicht eintritt, bezeichnet man die aus Holzschliff gefertigten Papiere als holzhaltige. Im Gegensatz dazu gibt es holzfreie Papiere, bei denen durch chemische Vorgänge die Inkrusten aufgelöst und zerstört werden, so daß die reine Zellulosefaser übrigbleibt. Sie kann infolge ihrer Reinheit, Festigkeit und Unversehrtheit für sich allein zu hochwertigen Papieren verarbeitet werden. Es ist ein völlig neuer Stoff entstanden, der Zellstoff, der mit Holz nichts mehr zu tun hat, trotzdem der ursprüngliche Rohstoff auch Holz war.

Man unterscheidet zwei verschiedene Verfahren, das Holz chemisch aufzuschließen: das Sulfitverfahren und das Natron- oder Sulfatverfahren. Der Unterschied zwischen den beiden Vorgängen liegt lediglich in der verwendeten Kochlauge. Beim Sulfitverfahren bildet die schwefelige Säure in Verbindung mit anderen Chemikalien das wirksame Mittel, während dafür beim Natronverfahren eine Ätznatronlauge benutzt wird. Das Sulfitverfahren ist das weitaus wichtigere. Aus Natronzellstoff werden nur gewisse Papiere, z. B. feste Packpapiere, gefertigt. Vor der Verarbeitung zu Zellstoff muß das Holz ganz besonders gut gereinigt werden. Darum wird es einer Wäsche unterzogen. Auf Transportbändern wird es dann zur Hackmaschine befördert, die Stamm für Stamm in kleine Hackschnitzel zerschlägt. Ein anderes Förderband trägt die Schnitzel auf dem Umwege über eine Sortiertrommel in große, trichterförmige Vorratsbehälter, die im obersten Stockwerk unmittelbar über den Kochern liegen. Diese Trichter fassen bis zu 400 m³ Holzschnitzel.

Unmittelbar darunter stehen mächtige metallische Kocher, die innen aus-
gemauert und gegen Wärmeverlust stark isoliert sind. Darin werden die
Hackschnitzel 12—15 Stunden bei etwa 140°C unter hohem Dampfdruck in
Säure, fälschlich als Lauge bezeichnet, gekocht.

Nach beendetem Kochen wird das Gut, eine breiige Masse, die nun zu
Zellstoff geworden ist, in Vorratsbehälter abgelassen. Sie sind mit porösen
Kacheln ausgemauert, durch die die Ablauge abzieht.

Abb. 49. Holländer

Mit Hilfe eines Becherwerkes von Greifern oder in neuerer Zeit durch
ein Spritzverfahren wird der dickgewordene Zellstoffbrei bei Bedarf heraus-
geholt. Da er für die Weiterverarbeitung noch zu unsauber ist, muß er noch
mehrmals gereinigt werden. Zu diesem Zweck verdünnt man den Brei stark
mit Wasser und leitet ihn hierauf durch einen Eindickzylinder. Von da wandert er in den Zerfaserer, auch Opener genannt, um wieder gelockert zu
werden.

Nachdem die Masse von neuem mit Wasser verdünnt ist, geht sie über
Astfänger in Form von Siebtrommeln mit Rinnen, in denen die Äste ge-
fangen und ausgeschieden werden.

Der Zellstoff durchfließt nun die Sandfangrinne, wobei noch vorhandene feste Stoffteile und Unreinigkeiten nach unten sinken und von Querstegen festgehalten werden. Zur weiteren Veredelung der Zellstoffmasse dienen Feinsortierer und Waschtrommeln, nach deren Durchgang sie in eine Rühr- und Schöpfbütte gepumpt wird.

Für feinere Papiere, insbesondere Schreibpapiere, muß der Zellstoff noch gebleicht werden. Das geschieht im Bleichholländer durch Behandlung mit Chlorlauge. Bei diesem Vorgang werden die in dem Brei noch befindlichen Farbkörperchen zerstört, wodurch das hochweiße Aussehen des gebleichten Zellstoffes entsteht. Eine sehr wichtige Aufgabe hat der gebleichte Zellstoff neuerdings auch in der Kunstseiden- und Zellwollbereitung gefunden.

Wenn der Zellstoff nicht sofort im Werk in flüssigem Zustand Verwendung findet, wird er auf das Sieb einer Entwässerungsmaschine geleitet, wo ihm das Wasser durch Walzenpressen entzogen wird. Hierauf bringt man ihn in Pappenform. Damit ist der Herstellungsgang des Zellstoffes bis zum versandfähigen Halbstoff als beendet zu betrachten.

Die meisten Papiere bestehen aus einer Mischung von verschiedenen Halbstoffen, neben denen sie auch noch Leim-, Füll- und Farbstoffe enthalten. Je mehr Güteunterschiede der Papiere angestrebt werden, desto verschiedenartiger müssen die benötigten Mischungen sein. Die Mahlung und Mischung der für die einzelnen Papiersorten erforderlichen Stoffe erfolgt im Holländer. Das ist ein ovalförmiger Trog, in dem die mit Wasser stark verdünnte Masse in kreisartige Bewegung gebracht wird. Am Boden befindet sich auf der einen Seite ein Messerwerk, das Grundwerk, darüber eine sich drehende Walze. Die Mischung wird durch Grundwerk und Holländerwalze bei jeder Umdrehung einmal durchgearbeitet.

Füllstoffe, wie Kaolin, Gips, Anneline, Blancfixe, dienen zur Beschwerung des Papiers und zur Verminderung seiner Durchsichtigkeit. Zugleich wird das Papier weicher, geschmeidiger und trotzdem doch billiger. Unbeschwerte Papiere sind hart und pergamentartig.

Als Leimstoffe, die gestatten, auf dem Papier zu schreiben, verwendet man vorwiegend eine aus Kolophonium und Soda hergestellte Harzauflösung. Sie wird im Holländer durch Zusatz von schwefelsaurer Tonerde auf der Faser niedergeschlagen. Auch Tierleim und Wachslösungen werden als Leimmittel herangezogen.

Zur Färbung der Papiermasse benutzt man heute meistens Anilinfarbstoffe. Ihre Auswahl ist so groß und ihre Farbbeständigkeit so hervorragend, daß nur noch in wenigen Sonderfällen die früher viel gebrauchten mineralischen Farbstoffe, wie Ultramarin, Chromgelb usw., zur Anwendung kommen. Lediglich Erdfarben wie Oxydrot, Ocker, Umbra und andere werden noch in einigen Fällen in größerem Ausmaße benutzt.

Die Blattbildung des Papiers erfolgt in den seltensten Fällen durch Handarbeit. Dazu gebraucht man wie in früheren Zeiten das Gautschbrett, in dem die Papiermasse gegautscht und gepreßt wird. Dann werden die fertigen Bogen auf dem Trockenboden aufgehängt und wie Wäsche getrocknet.

Heute wird das Papier aber überwiegend auf der Papiermaschine angefertigt. Der Ganzstoff befindet sich in diesem Erzeugungsgang zunächst in Bütten, die mit Rührwerken versehen sind, um den Stoffbrei in gleichmäßiger Faserverteilung zu erhalten. Dadurch verhindert man, daß die Masse einmal zu dick, ein andermal zu dünn auf die Maschine kommt. Hierauf wird das Ganzzeug in Sandfänger und Knotenfänger gebracht, in denen Verunreinigungen der Papiermasse und vielleicht noch vorhandene Knoten entfernt werden. Der wässerigen Papiermasse muß jetzt die Flüssigkeit entzogen

Abb. 50. Papiermaschine

werden, wonach man einen Papierfilz erhält. Das geschieht auf dem Maschinensieb, das gewöhnlich als Langsieb ausgeführt wird. Dabei gleitet der Papierstoff auf ein endloses Metallsiebband, das um zwei parallele, in gleicher Höhe liegende Walzen, die Brustwalze und die Gautsche, läuft. Hierbei formt sich das Papierband, wenn auch zunächst noch als flockiges, feuchtes Gebilde. In der zweiten Hälfte seines Weges wird das Band über Saugkästen geführt, wodurch eine Verstärkung der Entwässerung bewirkt wird.

Schon am Ende des Siebes besitzt die Stoffbahn so viel Festigkeit, daß man sie vom Siebe lösen und nach Durchgang durch eine Gautschpresse auf Naßfilze überführen kann. Die Papierbahn geht mit dem Filz zusammen noch durch mehrere Walzenpaare, die Naßpressen, die ähnlich wie Wringmaschinen weitere Wassermengen entziehen. Etwa die Hälfte des Wassers ist bis dahin entfernt worden. Der bisherige Arbeitsvorgang spielt sich in der Naßpartie der Maschine ab und wird als Naßdienst bezeichnet. Anschließend läuft die Stoffbahn, die jetzt bereits das Aussehen von Papier hat, auf die Trockenpartie der Maschine. Die Behandlung in diesem Teil nennt man Trockendienst. Hier wird dem Papier in einer Reihe von hintereinanderliegenden, dampfbeheizten Zylindern größeren Durchmessers der Rest von Feuchtigkeit entzogen.

Die Zylinder sind so eingerichtet, daß das durch dicke Trockenfilze an ihre Oberfläche gedrückte Papier glatt und gleichmäßig stark wird. Um die in die Filze eingedrungene Feuchtigkeit wieder zu entfernen, sind in die Trockenpartie noch besondere Filztrockner eingebaut.

Zur weiteren Veredelung des Papiers ist hinter den Trockenzylindern der Kalander aufgestellt, der aus einer Anzahl Metallwalzen und solchen aus elastischen Stoffen besteht. Er ist die wichtigste Appreturmaschine und dient dazu, das schon glatte Papier noch weiter zu glätten.

Die Arbeitsbreite der Papiermaschine beträgt je nach Bauart 1—4 m, doch wurden in neuerer Zeit schon Maschinen bis zu 6 m Breite errichtet. Da das Papier selten in dem Breitenmaß, das der ganzen Arbeitsbreite der Papiermaschine entspricht, abgenommen wird, trennt der Längsschneider die Papierbahn vor dem Aufrollen in Streifen der gewünschten Breite. Das geschieht mit Hilfe umlaufender Scheiben, der sogenannten Tellermesser. Nach erfolgtem Längsschnitt kommt die Papierbahn auf die Aufrollvorrichtung.

Das aufgerollte Papier nimmt nun seinen Weg in den Papiersaal, wo es gesichtet wird. Während bis jetzt alle Arbeiten ausschließlich mechanisch verrichtet wurden, sieht man im Papiersaal außer den Maschinen auch Hände am Werk, die fehlerhafte, verunreinigte, mangelhafte oder beschädigte Bogen ausscheiden. Je besser oder hochwertiger die Papiergüte ist, desto sorgfältiger muß dieses Aussuchen vorgenommen werden.

Damit ist die Erzeugung des Papiers beendet. Jetzt wird es nur noch sorgfältig in Ballen oder, wie dies bei wertvolleren Sorten üblich ist, in Kisten verpackt und für den Versand bereitgehalten.

50. Von der rohen Haut zum Leder.

Schon immer waren die Menschen bemüht, sich die tierische Haut nutzbar zu machen. Es ist ein weiter Weg, den die Entwicklung der Hautbearbeitung vom Hausfleiß zum Handwerk, dann zur Industrie und endlich zur Großindustrie genommen hat. Hierzu war es notwendig, die einfache Überlegung und das handwerkliche Können des Gerbers durch wissenschaftliche Forschungen zu ergänzen, bis eine Gerbereiwissenschaft im heutigen Ausmaß entstand.

Rohstoff für die Lederherstellung sind die rohen Häute und Felle. Wie verschiedenartig auch ihre Beschaffenheit im einzelnen sein mag, so zeigen sie doch alle den gleichen Aufbau. Drei Schichten werden an der tierischen Haut unterschieden: Oberhaut, Lederhaut und Unterhaut.

Die Oberhaut oder Epidermis besteht aus der oberflächlichen Hornschicht und der darunter liegenden Schleimschicht, die sich wieder in Körner- und Keimschicht gliedert. Jede Zelle der Oberhaut durchläuft folgenden Lebensweg: sie entsteht in der Keimschicht, wächst in die Körnerschicht hinein, verflacht sich und stirbt in der Hornschicht ab. Für den lebenden Körper hat die Oberhaut größte Bedeutung, für die Ledergewinnung ist sie nicht verwendbar. Nur die Lederhaut, die mittlere Schicht, kann zu Leder verarbeitet werden. Die vielen kleinen Fasern dieser Schicht vereinigen sich zu dünnen, engverflochtenen Bündeln und diese zu Fasersträngen, die sich vielfach verästeln und durchkreuzen. Dieses Fasergewebe, das Bindegewebe, ist der wertvolle Kern der Haut und wird als Hautsubstanz bezeichnet. Ihr oberer Teil, die Papillarschicht, bildet am fertigen Leder den Narben. Die Hauptschicht ist die Retikularschicht. Während in der Narbenschicht besonders feine Bindegewebsbündel parallel zur Oberfläche gelagert sind, verflechten und durchkreuzen sich in der Retikularschicht die Faserbündel zu einem Gewebe, das bei hoher Festigkeit und weitgehender Dehnbarkeit und Elastizität den besten Werkstoff darstellt.

Die Unterhaut liegt als verschiebbares Polster dem Fleisch des Körpers auf. Ihr lockeres, fettreiches Gewebe ist für die Ledergewinnung wertlos, worauf die Bezeichnung „Aas" für die Unterseite des Leders hinweist.

In der trockenen Hornschicht der Oberhaut treffen wir nur die Zellwände der abgestorbenen Zellen an. Sie bestehen wie Nägel und Haare aus Hornstoff, Keratin genannt. In den übrigen noch lebenden Schichten der Haut überwiegen die Eiweißstoffe.

Die Lederhaut ist ein feines Fasergewebe von eiweißartiger Beschaffenheit, das aus unzähligen Zellen besteht. Zwei Arten von Fasern sind zu unterscheiden, nämlich Bindegewebsfasern und elastische Fasern. Bindegewebsfasern bilden den Hauptbestandteil der Lederhaut und enthalten einen Leim gebenden Stoff, das Kollagen. Die elastischen Fasern überwiegen in der Papillarschicht und bestehen vornehmlich aus Elastin. Zwischen den Fasern ist der Zwischenzellstoff eingelagert, der aus Eiweißstoffen in aufgelöstem oder gequollenem Zustand aufgebaut ist.

Etwa drei Viertel der Haut ist Wasser; der Fettgehalt schwankt zwischen 2 und 30 v. H. Die Fasern sind in kaltem Wasser, auch in Kalkwasser, unlöslich; in kochendem Wasser verwandeln sie sich zu Leim. Der Zwischenzellstoff läßt sich durch verdünnte Säuren und Laugen, besonders durch Kalkwasser, lösen. Diese Eigenschaft spielt im Gerbprozeß eine große Rolle.

Der Gerberei haben Technik und Wissenschaft neue Wege gewiesen. Die Handarbeit wird durch sinnvolle Maschinen weitgehend ersetzt und übertroffen. Im Laboratorium der Lederfabrik wird die Haut in allen Arbeitsgängen überprüft. In der Wasserwerkstatt erfolgt die Herstellung der reinen Blöße durch Entbündeln oder Aufschlagen, Einweichen und Wässern, Lockern und Entfernen der Haare, Entfleischen und Spalten. Darauf kommt die Blöße in den Gerbraum, wo sie mit Gerbstoff behandelt wird, um die Haut so aufzubereiten, daß sie im trockenen Zustand nicht bricht und im nassen nicht fault. Die Wechselwirkung zwischen Haut und Gerbstoff nennt man Gerbung, ihr Erzeugnis das Leder.

Ist das Leder durchgegerbt, so kommt es in die Zurichterei, wo das gare Leder die Beschaffenheit erhält, die der Verwendungszweck erfordert. Die Zurichtung erstreckt sich bei dem Unterleder auf Abpressen, Ausrecken, Ausstoßen und Walzen.

Ein weit größeres Maß von Zurichtungsarbeiten erfordern die verschiedenen Oberlederarten. Durch Falzen und Blanchieren wird die erwünschte gleichmäßige Stärke erzielt. Zur Herstellung von Sammtledern dienen Schleif- und Dolliermaschinen.

Bei der Färberei des Leders werden Teerfarbstoffe bevorzugt. Einen vollkommen gleichmäßigen Farbton erreicht man mit Deckfarben, die mit der Spritzpistole aufgebracht werden.

Das Fetten der Leder geschieht bei gewöhnlicher Temperatur auf der Tafel, bei höheren Wärmegraden im Schmierwalkfaß. Bei Riemenleder und Blankleder werden die Fette eingebrannt.

Zum Weich- und Zügigmachen dienen Stollmaschinen und für die Handarbeit der Stollmond auf dem Stollpfahl.

Die Bearbeitung des natürlichen Narbens erfolgt durch Krispeln von Hand oder mit der Krispelmaschine; hierbei wird das Fasergewebe gleichzeitig auseinandergereckt. Die Herstellung eines künstlichen Narbens geschieht auf der Chagriniermaschine mit Narbenplatten, die nach Naturvorlagen angefertigt werden. Um der Narbenseite ein glänzendes Aussehen zu geben, folgt das Glanzstoßen oder Lüstern. Nach dem Auftragen einer Appretur wird auf der Glanzstoßmaschine der gewünschte Glanz erzeugt.

Ein großes Gebiet der Lederkunde bildet die Prüfung des Leders. Dabei ist eine genaue Kenntnis der Beschaffenheit der rohen Haut bzw. des Felles notwendig. Ferner muß man in der Lage sein, den Gerbvorgang in allen seinen Einzelheiten nachprüfen zu können. Dafür stehen dem Gerbereichemiker im Laboratorium die notwendigen Hilfsmittel zur Verfügung.

51. Hitzebeständiges Glas.

Der Begriff Glas umfaßt sehr unterschiedlich aufgebaute Körper, die je nach ihrer Zusammensetzung verschiedene mechanische, optische, chemische und elektrische Eigenschaften haben: gemeinsam ist ihnen jedoch, daß sie amorphe, infolge Unterkühlung erstarrte Schmelzflüsse hauptsächlich oxydischer Zusammensetzung sind. Zum Unterschied von handelsüblichen Glassorten spricht man von Sondergläsern, wenn sie bestimmte Forderungen erfüllen, wobei Form, Verarbeitung und Farbe nicht als kennzeichnende Merkmale angesehen werden, sondern z. B. Temperaturbeständigkeit, besonders große chemische Widerstandsfähigkeit und dergleichen. Sie werden Verwendungszwecken nutzbar gemacht, denen gewöhnliches Glas nicht oder nur begrenzt genügen könnte.

Neben dem schon seit Jahrhunderten üblichen Gebrauch des Glases haben sich in den letzten Jahrzehnten andere ungeahnte Möglichkeiten für seine wissenschaftliche und industrielle Verwertung gefunden. Voraussetzung für eine ganze Gruppe dieser neuen Anwendungsmöglichkeiten war eine Eigenschaft gewisser Sondergläser, nämlich die Widerstandsfähigkeit gegen schroffen Temperaturwechsel. Die wenigen Sondergläser, die diese Eigenschaft aufweisen, bezeichnet man als hitzebeständig oder feuerfest.

Die Maßzahl für die Temperaturunterschiede, die ein Glaskörper bei plötzlicher Abkühlung noch gerade erträgt, ohne infolge der eintretenden Zugspannung seiner Oberfläche zu springen, ist der thermische Widerstands-

Abb. 51. Leitungsrohre aus hitzebeständigem Glas

koeffizient. Nur unwesentlich sind hierbei Wärmeleitzahl, spezifische Wärme und Wichte des Glases, während Elastizitätsmodul, Zugfestigkeit und Ausdehnungskoeffizient von Einfluß sind.

Da der Elektrizitätsmodul und die Zugfestigkeit bei den erwähnten Sondergläsern nur wenig schwanken, wird die Wärmefestigkeit hauptsächlich durch den Ausdehnungskoeffizienten bestimmt. Je kleiner dieser ist, um so größer ist also die Widerstandsfähigkeit gegen Temperaturwechsel solcher Gläser. Die Zugfestigkeit ist bei allen Glassorten viel kleiner als die Druckfestigkeit, und deshalb springt Glas, das auf Zug beansprucht wird, viel früher als bei Druckbeanspruchung. Es verträgt rasche Erwärmung, wobei Druckspannungen entstehen, daher stets besser als ein plötzliches Abschrecken, das Zugspannungen zur Folge hat.

Der Vorteil, den ein Glas mit kleiner Ausdehnung, also hoher Widerstandsfähigkeit, bei plötzlichem Temperaturwechsel bietet, kam zuerst dem Chemiker zugute. In den neunziger Jahren fand nämlich Otto Schott als erster ein gutes Geräteglas, das, mit einer Flüssigkeit von 200⁰ C gefüllt, sich in kaltes Wasser tauchen ließ, ohne zu springen. Dies war bedingt durch den kleinen Ausdehnungskoeffizienten, den dieses Glas hatte. Ferner besaß es eine geringe Alkalilöslichkeit, die für genaue Maßanalysen äußerst wichtig ist und bis dahin nicht erreicht wurde. Dieses Jenaer Geräteglas war ein Borosilikatglas, d. h. ein Glas, bei dem erstmalig die Borsäure als neues Glasoxyd verwendet worden war. Das bis dahin für die Glasherstellung unbeachtete Element Bor wurde in der Folge zum unersetzlichen Bestandteil hitzebeständiger Gläser.

Außer dem geringen Ausdehnungskoeffizienten besitzt das Borosilikatglas zugleich noch den Vorzug der Farblosigkeit und besserer Haltbarkeit. Es ermöglichte die Herstellung von Glaszylindern, die bei hohen Temperaturen dauerhaft sind und damit dem Gasglühlicht erst zu seinem Siegeszug durch die Welt verholfen haben. Auch für Prismenfernrohre, stereoskopische Doppelfeldstecher, optische Entfernungsmesser, Zielfernrohre sowie für hochwertige Quecksilberthermometer ist es ein besonders geeigneter Werkstoff.

Hierher gehören ebenfalls diejenigen Sondergläser, die sich dank ihrer kleinen Ausdehnung die verschiedensten Anwendungsgebiete erobert haben, bei denen es auf Hitzebeständigkeit ankommt. Man findet sie als Wasserstandsgläser im Kesselhaus und an der Lokomotive, als Schaugläser bei Dampfkesseln und beheizten Großapparaturen, als Brat- und Backschüsseln im Haushalt, als Rohrleitung in der chemischen Fabrik, als Kühl- oder Heizschlangen, als Innenbehälter zu Heißwasserspeichern und an vielen anderen Orten.

Gerade die Hitzebeständigkeit verschafft den Sondergläsern Eingang auch in den Fällen, wo Kunststoffe mangels dieser Eigenschaft ausscheiden müssen. Ferner werden sie nur von ganz wenigen chemischen Lösungen angegriffen und gestatten unmittelbare Beobachtung mit dem Auge. Geringe Schmutzempfänglichkeit und leichte Reinigungsmöglichkeit sind weitere Vorzüge. Dank dieser Eigenschaften haben sich die Sondergläser in der chemischen Industrie und verwandten Betrieben weitgehend durchgesetzt.

52. Die Erzeugung des Gases.

Die Erzeugung des Gases geschieht in der Hauptsache durch eine Entgasung von Steinkohlen. Diese findet entweder in Großraumöfen, sogenannten Kammeröfen, statt oder in Retortenöfen. Die Steinkohlen werden in den Kammern oder in den Retorten unter Luftabschluß einer Temperatur von 1000—1200⁰ C ausgesetzt. Diesen Vorgang nennt der Fachmann „trockene Destillation". Je nach Größe der Kammern oder der Retorten dauert die Entgasung 10—20 Stunden. Während dieser Zeit entweicht das Rohgas, und es bleibt ein fester, poröser und grauer Bestandteil zurück: der Koks.

Das Rohgas enthält eine Reihe verunreinigender, zum Teil aber wertvoller Bestandteile, u. a. Teer, Benzol, Ammoniak und Schwefelwasserstoff, die durch Kühlung und Waschung bzw. Reinigung entfernt werden. Nach diesem Verfahren bleibt dann das sogenannte Stadt- oder Leuchtgas übrig.

Die Erzeugung des Gases erfolgt in Kokereien und Gaswerken. Beide arbeiten nach den gleichen technisch-chemischen Grundsätzen; sie unterscheiden sich lediglich durch Größe und Aufbau der technischen Einrichtungen sowie durch die Sorten der Steinkohlen, die zur Entgasung kommen. Die Steinkohlen, durch Bahn oder Kahn von den Zechen angeliefert, werden in der Regel einer Aufbereitung in Mahl- und Mischanlagen unterworfen. Je nach Art der Ofenanlage werden die Kohlen in eine bestimmte Korngröße gebracht, die bis zur Mehlfeinheit herabgesetzt werden kann. Nach der Auf-

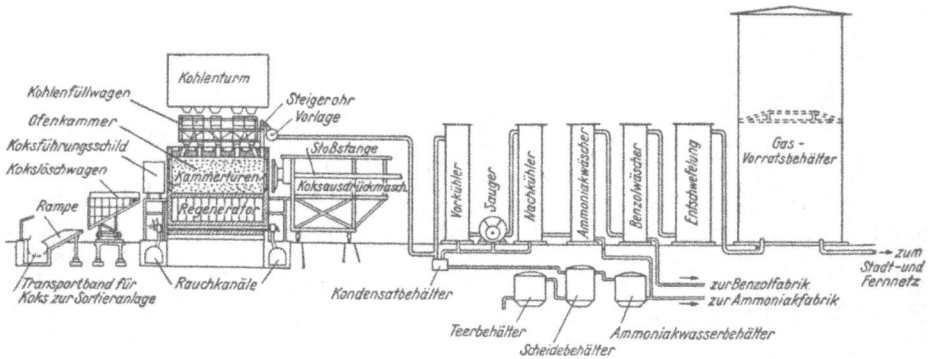

Abb. 52. Gaserzeugungsanlage

bereitung wandert die Kohle in Vorratskohlentürme oder in Vorratsbunker, um von dort in die Öfen zu gelangen.

Die Gas erzeugenden Werke weichen je nach Größe der Durchsatzleistung und der Art der eingesetzten Kohle in ihren Einrichtungen voneinander ab, aber sie arbeiten trotzdem in der betrieblichen Abwicklung nach den gleichen Richtlinien. Der Arbeitsvorgang soll an Hand der beigefügten Skizze erläutert werden.

Die aufbereitete Kohle wird aus dem Kohlenturm oder den Vorratsbunkern über Trichter in Kohlenfüllwagen abgezogen. Aus diesen Wagen werden die Kammern durch Füllöcher, die Retorten durch Deckelöffnungen mit Kohle gefüllt. Die Entgasungsräume werden nach dem Befüllen so dicht verschlossen, daß keine Luft eindringen kann. Die Kammer- und die Retortenwände, für die hochfeuerfeste Baustoffe Verwendung finden, beheizt man mit Gas. Zur Beheizung kann entweder das im Ofen selbst erzeugte Gas, das sogenannte Starkgas, oder das in besonderen Generatorenanlagen hergestellte Generatorgas, auch Schwachgas genannt, verwendet werden. Das

Generatorgas kann aus Koks oder Briketts durch restlose Vergasung erzeugt werden oder bei Retortenöfen aus Koks in Einzelregeneratoren. Die Kammern oder die Retorten werden in Ofenblöcke zusammengefaßt, die der Fachmann „Batterie" nennt.

Bei Horizontalöfen wird der Koks, der bei dem Entgasungsvorgang als Rest zurückbleibt, durch Druckmaschinen aus den Kammern ausgestoßen; bei Vertikalöfen fällt er nach Öffnen der unteren Verschlußdeckel von selbst aus den Öfen. In beiden Fällen wird er dann mit einer bestimmten Wassermenge abgelöscht und dampft auf Rampen oder in Bunkern ab. Man trennt

Abb. 53. Großkokerei

darauf je nach Bedarf durch Siebe den feinen vom groben Koks und bricht diesen gegebenenfalls noch. Schließlich kommt er zum Verkauf, soweit er nicht im Betrieb für eigene Zwecke verbraucht wird.

Das Rohgas, das durch die Erhitzung aus der Kohle entweicht, hat eine gelbliche Farbe, die hauptsächlich von den darin befindlichen Teernebeln herrührt. Außerdem enthält es noch Wasserdampf, Benzole, Ammoniak, Schwefelverbindungen und andere Verunreinigungen. Sie müssen teils mechanisch, teils chemisch entfernt werden, damit ein gebrauchsfähiges

Stadtgas erzeugt wird. Das Rohgas tritt aus den Kammern oder aus den Retorten mit einer Temperatur von etwa 250—300⁰ C durch Steigrohre in eine sogenannte Vorlage, die ständig mit einem Gemisch von Ammoniakwasser und Teer bespült wird. Dadurch wird der Flugstaub ausgewaschen und zugleich das heiße Gas gekühlt. Ein großer Teil der Teernebel fällt hierbei schon als Teer aus und fließt mit der Spülflüssigkeit einem Kondensatbehälter zu.

Durch entsprechend große und lange Rohrleitungen, die mit zur Kühlung beitragen, wird das Gas in die Vorkühler geleitet. Wenn das Rohgas auch aus den Öfen mit einem gewissen Entgasungsdruck austritt, so reicht dieser nicht aus, um den Widerstand der Rohrleitungen und sonstigen Einrichtungen zu überwinden, der sich dem Gas auf seinem Weg zum Gasbehälter entgegenstellt. Deshalb sind hinter dem Vorkühler Turbogebläse oder Sauger in den Gasweg eingeschaltet, die das Gas von der einen Seite ansaugen und nach der anderen Seite fortdrücken.

Auf der Saugseite des Gaswegs liegen meist die Vorkühler. Darin wird das Gas, das mit etwa 95⁰ C eintritt, in bestimmten Stufen langsam bis auf 15—20⁰ C abgekühlt. Die Abkühlung, Kondensation genannt, die stufenweise stattfindet, bezweckt ein Ausscheiden des Wasserdampfes, fast des gesamten Teers und Naphtalins sowie eines großen Teiles des vorhandenen Ammoniaks. Teer und Ammoniakwasser, Kondensat genannt, werden in dem Kondensatbehälter aufgefangen. Nach dieser Vorkühlung geht das Gas in den Nachkühler, wo seine in den Gebläsen oder Saugern erhöhte Temperatur wieder herabgesetzt wird. Auch hier scheidet sich, allerdings nur in geringen Mengen, noch etwas Teer und Ammoniak aus, die ebenfalls dem Kondensatbehälter zugeführt werden.

. Die Kühler sind meist große, hohe eiserne Kästen, ausgerüstet mit Röhrenbündeln. Die Röhren werden von Wasser durchflossen und bewirken eine Kühlung des Gases, das an ihren Außenwänden hochstreicht. Als Wasserrohrkühler werden vorzugsweise Querrohrkühler und Längsrohrkühler benutzt. Doch finden mitunter auch große zylindrische Eisentürme Verwendung, die als reine Luftkühler arbeiten. Hinter dem Schlußkühler ist das Gas nahezu völlig frei von Teer, wird aber in manchen Werken noch durch Teerscheider geleitet, damit die letzten Spuren von Teer entfernt werden.

Das Gas enthält nun noch Ammoniak, Benzol und Schwefel, diesen vornehmlich in Form von Schwefelwasserstoff.

Das Ammoniak ist sehr leicht in Wasser löslich und wird daher in hohen Waschtürmen oder umlaufenden Waschern mit Wasser aus dem Gas entfernt. Man kann das Gas auch durch Schwefelsäurebäder schicken, wo sich das Ammoniak zu Ammonsulfat, dem bekannten Düngemittel, verbindet und damit beseitigt wird.

Die letzte Verunreinigung des Gases, der Schwefelwasserstoff, wird chemisch entweder in nassem oder trockenem Verfahren ausgeschieden. Meistens wird das Gas in Trockenreinigeranlagen durch Kästen oder Türme geschickt, die mit einer Eisenhydroxyd enthaltenden Masse gefüllt sind. Aus der Reinigungsmasse wird entweder durch Auslaugung Reinschwefel oder durch Abröstung Schwefelsäure gewonnen. Bei dem nassen Verfahren wäscht und entschwefelt man das Gas mit z. B. einer ammoniakalischen Arseniklauge.

Die Benzol-Kohlenwasserstoffe, die keine Verunreinigung darstellen, müssen nicht aus dem Gas herausgelöst werden; sie können auch als heizkräftige Bestandteile darin verbleiben. Gewöhnlich werden sie jedoch vom Gas getrennt. Zu diesem Zweck wird dieses entweder mit einem Waschöl behandelt, das die Kohlenwasserstoffe aus dem Gas löst, oder es wird durch Türme mit aktiver Kohle geleitet, die die Benzole aus dem Gas aufnimmt. Beim Waschölverfahren können die Benzolwascher vor der Schwefelreinigung, bei der Benzolgewinnung mittels aktiver Kohle müssen sie hinter der Schwefelreinigung angeordnet sein. Aus dem Waschöl-Benzolgemisch oder aus der Aktiv-Kohle-Anlage wird in der Benzolfabrik Motorenbenzol, Toluol, Xylol usw. gewonnen.

Das Gas ist nunmehr gebrauchsfertig und nimmt seinen Weg in den Gasbehälter. In vielen Gaserzeugungsstätten wird es vor Eintritt in den Behälter genau gemessen. Hierzu benutzt man entweder große nasse Trommelgasmesser oder trockene Drehkolbenmesser oder auch Staurandmessung. Die Mengenmessung kann auch hinter dem Behälter erfolgen.

Es gibt trockene und nasse Gasbehälter. Die trockenen sind vieleckige zylindrische Körper, in denen sich eine Scheibe auf- und abwärts bewegt, also gewissermaßen auf dem Gas schwebt. Bei den nassen Behältern schwimmt eine Glocke, unter der sich das Gas befindet, auf einem Wasserbecken. Sie hebt sich aus dem Becken oder senkt sich in das Becken je nach der Gasmenge. Vom Behälter aus nimmt das Gas nun seinen Weg in die Stadt oder zu Kompressoren, die das Gas fortdrücken.

Um die ständig wechselnde Abgabemenge und die dadurch bedingten Druckschwankungen im Stadtnetz auszugleichen, ist bei der direkten Stadtversorgung zwischen Behälter und Stadtnetz ein Druckregler eingeschaltet. Er läßt so viel Gas in das Stadtnetz strömen, daß stets ein gleichbleibender Druck bei den Verbrauchern und in den Rohrleitungen herrscht.

Außer den bereits erwähnten Nebenprodukten der Gaserzeugung verdient noch die Gewinnung wertvoller Stoffe aus dem Kondensat besondere Erwähnung. Der Inhalt des Kondensatbehälters besteht aus einem Gemisch von Teer und Ammoniakwasser und wird durch Wärmebehandlung in Rohteer und Ammoniakwasser getrennt. Da der Teer eine höhere Dichte als das Wasser hat, setzt er sich im Scheidebehälter unter dem Ammoniakwasser ab und fließt von unten in den Teerbehälter, während das Ammoniakwasser oben in den Ammoniakwasserbehälter überläuft. Der Teer wird als Rohteer meistens an Destillationen zur Aufarbeitung weitergeleitet. Aus dem Ammoniakwasser kann man in besonderen Anlagen entweder Konzentrat oder Salmiakgeist, auch Sulfat oder auch Salpetersäure gewinnen.

Unter den Nebenanlagen der Gaserzeugungsstätten ist noch die Wassergaserzeugung zu erörtern. Das in der Ofenanlage erzeugte Gas hat einen hohen Heizwert, der mehr oder weniger schwankt. Für Stadtgas hingegen braucht man ein Gas von beständigem, meist niedrigerem Heizwert. Man könnte diese Forderung durch Zumischung von Luft oder Rauchgas erfüllen, jedoch zieht man es vor, dem Ofengas Wassergas zuzusetzen, das man in Wassergasgeneratoren erzeugt. In diesen wird Koks abwechselnd in kurzen Abständen durch Luft heiß- und dann durch Dampf kaltgeblasen. Der Dampf zersetzt sich und bildet ein Gasgemisch von Wasserstoff, Kohlenoxyd und unverbrennlichen Teilen mit einem Heizwert von etwa 2700 WE. Da das Ofengas bis zu 5000 WE hat, wird ihm jeweils soviel Wassergas zugesetzt, bis der festgelegte Heizwert erreicht ist.

53. Die Ferngasversorgung.

Im Westen des Großdeutschen Reiches liegt das für die industrielle Versorgung Deutschlands wichtige Ruhrgebiet. In Anlehnung an den ausgedehnten Kohlenbergbau hat sich in diesem Bezirk eine mannigfaltige Industrie entwickelt. Fördergerüste, Kühltürme, Gasbehälter, Hochöfen, Fabrikhallen und Schornsteine beherrschen das Landschaftsbild. Hier spürt man die größte Zusammenballung von Menschen und Kräften im deutschen Lande, hier ist die Bevölkerungsdichte bis auf 600 Einwohner je Quadratkilometer gestiegen. Städte wie Essen, Dortmund, Duisburg, Gelsenkirchen und Bochum sind auch außerhalb Deutschlands wohlbekannt.

Im westdeutschen Raum und in anderen Teilen Deutschlands besteht bei der Industrie ebenso wie in den Städten ein sehr großer Brennstoffbedarf, der zwar zum Teil durch Kohle und Koks gedeckt wird, jedoch auch dem hochwertigen und leicht regelbaren Gas Geltung verschafft hat. Früher wurde es nur in Gaswerken durch Destillation von Kohle hergestellt. Im Verlauf der letzten 20 Jahre gewann aber für die Befriedigung des Brennstoffbedarfs auch das bei der Erzeugung von Hochofenkoks zwangsläufig anfallende Kokereigas eine erhöhte Bedeutung. Einst hatten die Kokereien ihr Gas nur zur Beheizung der Koksöfen, Dampfkessel usw. verwandt, obwohl sich dazu ebensogut die bei der Kohlen- und Koksgewinnung anfallenden geringwertigen Erzeugnisse, wie z. B. Koksgrus, gebrauchen lassen. Zum Teil war das Kokereigas sogar abgefackelt und

Abb. 54. Tiefkühlanlage zur Naphthalin- und Wasserentfernung aus dem Ferngas

damit nutzlos vergeudet worden. Heute wird das Gas der Kokereien nicht nur im westdeutschen Raum, sondern auch in anderen Teilen des Reiches nutzbringend verwertet.

Die Verwendung des Kokereigases für die Allgemeinheit scheiterte früher an den Schwierigkeiten der Gasfortleitung. Während das in den Gaswerken hergestellte Gas nur einen kurzen Weg von seiner Erzeugungsstätte bis zum Verbraucher zurückzulegen hat, muß das Kokereigas zum Teil über Hunderte von Kilometern befördert werden. Erst die technischen Fortschritte

Abb. 55. Ferngaskompressor für Gasfernversorgung

im Bau von Gasrohrleitungen für hohe Drucke ermöglichten eine befriedigende Lösung. Heute werden für die Ferngasleitungen durchweg nahtlos hergestellte Rohre verwendet, die zu langen Leitungsstrecken verschweißt werden und für Drucke bis zu 40 at geeignet sind. Gasverluste, wie sie bei mit Blei verstemmten Muffenrohren auftreten, sind bei Fernleitungen praktisch nicht mehr vorhanden. So bietet heute die Beförderung großer Gasmengen auf weite Entfernungen keine Schwierigkeiten mehr.

Welchen Weg nimmt nun das Gas von der Erzeugungsstätte bis zum Verbraucher und welche Vorkehrungen müssen getroffen werden, um eine möglichst vollkommene Sicherheit der Ferngasversorgung zu erreichen?

Zahlreiche Kokereien liefern das Gas durch besondere Zubringerleitungen in das eigentliche Ferngasleitungsnetz. Das Gas dieser Kokereien muß von unveränderlicher und einheitlicher Beschaffenheit sein, damit Schwankungen in der Güte des Gases beim Gasverbraucher vermieden werden. Auch darf das Gas keine Bestandteile mehr enthalten, die für das Rohrleitungsnetz oder bei der Gasverwendung schädlich sein könnten. Die Beschaffenheit des Gases unterliegt deshalb ganz bestimmten Vorschriften, die von allen angeschlossenen Kokereien in festgesetzten Grenzen eingehalten werden müssen. Auf jeder einzelnen Kokerei wird daher das bei der Kokserzeugung anfallende Gas einer Aufbereitung unterzogen, bevor es in die Ferngasleitung eintritt. Neben der Entziehung wertvoller, für den Gasverbraucher unwesentlicher Bestandteile, wie z. B. Benzol und Teer, wird das Gas vor allem von Schwefelwasserstoff, Naphthalin und Wasserdampf befreit. Dies geschieht in besonderen Anlagen, und zwar für den Schwefelwasserstoff in der Entschwefelungsanlage, für das Naphthalin und den Wasserdampf in der Tiefkühlanlage.

Das Gas wird auf jeder Kokerei wie auch an verschiedenen Stellen des Fernleitungsnetzes auf seine Zusammensetzung laufend überwacht. Hierbei ist die Feststellung des Heizwertes besonders wichtig, weil dieser mit Rücksicht auf den Verwendungszweck des Gases eine bestimmte Höhe haben muß.

Der Weg des Gases von der Gaserzeugungsstätte zu den Gasverbrauchern führt über große Entfernungen. Zur Überwindung des dabei auftretenden Leitungswiderstandes muß das Gas beim Eintritt in die Ferngasleitung auf hohen Druck gebracht werden. Dies geschieht durch die auf dem Gelände der Kokereien errichteten Verdichter, die mit Dampf, Gas oder Elektrizität angetrieben werden. Auf besonders langen Leitungsstrecken sinkt trotz der hohen Anfangsverdichtung der Gasdruck zu stark ab. Um ihn wieder auf die notwendige Höhe zu bringen, sind innerhalb des Leitungsnetzes Zwischenverdichteranlagen eingebaut.

Zur Deckung von plötzlich auftretendem Spitzenbedarf muß ein Gasvorrat vorhanden sein. Diesen Zweck erfüllen zahlreiche auf den Kokereien und im Leitungsnetz als Niederdruck- oder Hochdruckspeicher eingeschaltete große Gasbehälter.

Die Anschlüsse der Gasverbraucher verteilen sich über das gesamte Rohrnetz. An jeder Entnahmestelle hat das Gas einen unterschiedlichen Druck, der außerdem noch innerhalb gewisser Grenzen schwankt. Daher muß vor der Verwendung des Gases bei den angeschlossenen Werken, Städten usw. der Gasdruck auf die von dem betreffenden Abnehmer gewünschte Höhe geregelt werden. Außerdem muß zwecks Feststellung und Preisberechnung der entnommenen Mengen das Gas gemessen werden. Beides geschieht in der Regler- und Meßanlage, die bei jedem Abnehmer vorhanden und aus Sicherheitsgründen in einem besonderen kleinen Gebäude außerhalb der eigentlichen Betriebsgebäude untergebracht ist.

Der Hauptbestandteil der Meßanlage ist der Gasmesser. Die Art des Gasmessers richtet sich im wesentlichen nach der Höhe des jeweiligen Gas-

138

verbrauches. Gewöhnlich mißt man kleine Mengen mit nassen Trommelgasmessern, größere Mengen mit Drehkolbengasmessern. Da in der Ferngasversorgung der Preis des Gases nach der gelieferten Wärmemenge berechnet wird, befinden sich neben dem Gasmesser, der lediglich die Gasmenge bestimmt, noch Geräte, welche den Heizwert, den Druck und die Temperatur des Gases laufend aufzeichnen. Die in den Meßanlagen aufgenommenen Werte und Diagramme gelangen zu einer Sammelstelle, wo sie in einem umfangreichen Rechnungsgang ausgewertet werden. Bei den neuesten Anlagen

Abb. 56. Überwachungszentrale einer Ferngasversorgungsanlage

sind sogenannte Mengenumwerter angebracht, welche die Umrechnungsarbeit auf Grund der jeweils vorhandenen Druck- und Temperaturverhältnisse selbsttätig vornehmen. Auch auf den einzelnen Kokereien wird das Gas bereits bei Lieferung gemessen, und zwar meist nach dem Grundsatz der Strömungsmessung, d. h. es wird der Druckunterschied vor und hinter einer Stauscheibe aufgezeichnet und daraus die Menge errechnet.

Die Gaslieferung der Kokereien erfordert eine ständige Überwachung von einer Stelle aus, damit sie dem Bedarf der Abnehmer angepaßt werden kann. Falls Lieferung und Entnahme nicht übereinstimmen, sind Druckabsenkungen oder Drucksteigerungen im Leitungsnetz die Folge. Die Überwachungsstelle ist mit allen Lieferkokereien und den großen Gasabnehmern durch ein betriebseigenes, neben den Hauptleitungen liegendes Kabel verbunden. Es überträgt elektrisch von wichtigen Punkten des Leitungsnetzes die dort selbsttätig vermerkten Betriebsdrucke und die Aufzeichnungen der Meßgeräte. Ferner wird über das Kabel der Betriebsfernsprechverkehr abgewickelt. An den Ferngashauptleitungen sind in Abständen Steckdosen angebracht, die nach Verbindung mit tragbaren Sprechgeräten den Anruf der Überwachung und aller wichtigen Betriebsstellen ermöglichen.

Die Überwachungsstelle weist je nach der Gasentnahme die Kokereien an, die Liefermengen herauf- oder herabzusetzen. Sie trifft ferner Anordnungen für den Einsatz der Gasbehälter und der Zwischenverdichteranlagen. Für die Steuerung der Gaslieferung sind dabei die Druckverhältnisse im Leitungsnetz maßgebend. Sinkt z. B. auf einem Leitungsabschnitt infolge Steigerung der Gasentnahme der Betriebsdruck, so wird der Druckabfall durch verstärkten Einsatz der Kokereien oder auch der Gasbehälter ausgeglichen. Die verschiedenen Hauptleitungen des Netzes sind durch Schieber verbunden. Die Überwachungsstelle kann diese Schieber durch elektrische Fernsteuerung öffnen oder schließen und Gas aus der einen in die andere Hauptleitung überschleusen. Die Gasmengen, die überströmen, lassen sich an den Schreibgeräten in der Zentralstelle ablesen.

Ganz besonderer Wert wird auf die Sicherheit des Betriebes der Ferngasversorgung gelegt. Das Leitungsnetz wird ständig überwacht und instand gehalten. Arbeiterkolonnen stehen in verschiedenen Bereitschaftslagern jederzeit zur Verfügung, um etwaige Störungen und Undichtigkeiten sofort zu beseitigen. Bereitschaftswagen führen das Material und alles erforderliche Werkzeug mit. In Sonderfällen, z. B. zur schnellen Erledigung größerer Instandsetzungen, wird ein Hilfszug eingesetzt, der aus zwei Sonderfahrzeugen mit den erforderlichen Arbeitskräften besteht.

Von besonderer Wichtigkeit ist im Leitungsbetrieb die Feststellung und Abwehr von Korrosionserscheinungen. Leitungen, die beispielsweise durch stark angreifendes Erdreich führen, werden von Zeit zu Zeit geprüft und schon vor Eintritt der Schäden ausgebessert. Wenn elektrische Fremdströme, die meist auf Straßenbahnbetrieb zurückzuführen sind, die Leitungen durchfließen, werden die eingebauten Schutzvorrichtungen regelmäßig nachgemessen. So arbeiten Wissenschaft und praktische Betriebserfahrungen gemeinsam für die Sicherheit der Ferngasversorgung und für die Erhaltung der in den Verteilungsanlagen ruhenden hohen Werte.

Das Ferngas stellt einen der hochwertigsten Energieträger dar. Seine bei der Verwendung in der Industrie zur Geltung kommenden Eigenschaften, vor allem seine genaue Regelfähigkeit, führten zur Entwicklung neuartiger Wärmeprozesse, zur Verbesserung der Güte der Erzeugnisse und Verminderung des Ausschusses, zur Leistungssteigerung und zu vereinfachten Arbeitsverfahren. Sein niedriger Preis ermöglichte ein Vordringen in Gebiete, die bisher nur festen Brennstoffen vorbehalten waren. Heute werden in vielen Betrieben fast sämtliche Wärmevorgänge, wie Schmelzen, Schmieden, Vergüten, Glühen, Trocknen, Schweißen, Härten, mit Ferngas durchgeführt. Hauptabnehmer des Gases sind Eisenhüttenwerke und Metallindustrie. Auch die chemische und keramische Industrie sowie Glasfabriken verbrauchen in großem Ausmaß Ferngas. Durch den Ferngasabsatz geht die Kurve des gesamten deutschen Gasabsatzes seit 15 Jahren steil aufwärts, und heute wird der Stadtgasabsatz um ein Mehrfaches übertroffen. Das ist ein Beweis für die große Bedeutung, die der Ferngasversorgung in der Volkswirtschaft zukommt.

Aussprüche über die Technik.

Otto Lilienthal: „Technische Unmöglichkeiten gibt es nicht, und Schwierigkeiten müssen überwunden werden."

Oskar von Miller: „Die Technik hat die Produktionsfähigkeit beinahe unbegrenzt gesteigert, gleichzeitig die erforderliche menschliche Arbeitsleistung vermindert und die Möglichkeit geschaffen, Erzeugnisse an alle Menschen zu liefern, somit allen Menschen Zeit für geistige und körperliche Erholung zu geben."

Alfred Krupp: „Nichts besteht, kein Menschenwerk, das nicht bis in alle Ewigkeit der Vervollkommnung fähig wäre und bedürfte." „Anfangen im Kleinen, Ausharren in Schwierigkeiten, Streben zum Großen." „Wer mit schwerer Arbeit um sein Brot gekämpft hat, hat sich bewährt zur Meisterschaft!"

Werner von Siemens: „Das Entdecken und Erfinden kann Stunden höchsten Genusses, aber auch Stunden größter Enttäuschung bringen." „Eine technische Erfindung bekommt erst Wert und Bedeutung, wenn die Technik selbst soweit vorgeschritten ist, daß die Erfindung durchführbar und ein Bedürfnis geworden ist." „Es geht nichts über die tröstende Kraft nützlicher Arbeit."

Fritz Todt: „Die Technik ist nie unpersönlich. Immer ist das Werk mit dem Mann verbunden, der es geschaffen hat, und die technische Schöpfung ist das Kind des Schöpfers." „Die Technik ist nichts anderes als die Anwendung der Naturgesetze." „Neben der Form verlangen die Bauaufgaben, die unsere Zeit stellt, daß auch der Baustoff und seine Behandlung der Größe der Aufgabe und dem Zweck des Baues entsprechen."

VIII. Technik im Nachrichtenwesen der deutschen Reichspost.

54. Das Fernmeldewesen.

Unter Fernmeldewesen versteht man alle Einrichtungen für einen schnellen Nachrichtendienst auf elektrischem Wege. Hierzu gehört die Übermittlung von:

Nachrichten in Schrift, Wort oder Bild, die von einzelnen Personen ausgehen und in der Regel auch an einzelne Personen gerichtet sind (Telegrafie, Fernsprechen, Fernsehsprechen); Wort-, Musik- und Fernsehdarbietungen, die für die Allgemeinheit bestimmt sind (Rundfunk, Fernsehrundfunk);

Zeichen optischer oder akustischer Natur im Dienst von Verkehr und Sicherheit (Signalwesen).

Der Telegrafendienst der Deutschen Reichspost (DRP) übernimmt die Beförderung von Worttelegrammen nach dem In- und Ausland und deren Zustellung an Empfänger im Reichsgebiet. Die DRP sieht es als ihre vornehmste Aufgabe an, den Inhalt der Telegramme so schnell wie möglich und fehlerfrei dem Empfänger zuzuführen. Die Zustellung an die Empfänger erfolgt durch einen besonderen Eilbotendienst. Um einen längeren Aufenthalt von Telegrammen auf größeren Zwischenanstalten zu vermeiden, werden hier mechanische Förderanlagen in Dienst gestellt.

Das Telegrafennetz besteht überwiegend aus wettersicheren Kabelleitungen; im Dienst mit dem Ausland, insbesondere nach Übersee, werden auch Funkwege benutzt.

Bei zahlreichen Anstalten der DRP werden auch Bildtelegramme zur Beförderung im In- und Ausland entgegengenommen. Die Bilder müssen besonders festgesetzten Bedingungen entsprechen. Zur Beförderung werden hochwertige Fernsprechkabelleitungen, nach Übersee ausschließlich Funkwege gebraucht. Die DRP stellt ihr Bildtelegrafennetz auch privaten Inhabern von Bildgeräten zur Verfügung.

Weiterhin unterhält die DRP ein besonderes, vor allem wettersicheres Telegrafennetz mit zahlreichen selbsttätigen Vermittlungsämtern für einen telegrafischen Verkehr der Teilnehmer untereinander. Die Nachrichten werden mit besonderen Fernschreibmaschinen in Druckschrift übertragen. Das Netz erstreckt sich über das gesamte deutsche Reichsgebiet.

Die DRP besitzt außerdem eines der dichtesten und besten Fernsprechnetze der Erde. Für den Fernsprechverkehr stehen zahlreiche Ortsvermittlungsstellen für Selbstwahl sowie Fernämter für Handvermittlung zur Verfügung. Die Ortsnetze sind meistens unterirdisch geführt. Zur Verbindung der Ortsnetze untereinander dienen vorzugsweise Fernkabel, die mit Zwischenverstärkern betrieben werden. Die Zusammenfassung der Ortsnetze zu Netzgruppen mit uneingeschränkter Selbstwahl der Verbindungen ist in der Entwicklung.

Am Rundfunkdienst ist die DRP zunächst mit der Aufgabe beteiligt, die für die Ausstrahlung der Rundfunkprogramme erforderlichen Sender zu bauen und zu betreiben. Ferner liegt der DRP die Bereitstellung und Bedienung eines Rundfunkkabelnetzes ob. Es überträgt die Darbietungen an beliebige Sender zur Verbreitung durch Rundfunk.

Der von der DRP eingerichtete Drahtfunk bezweckt die Weitergabe der Rundfunkprogramme über Drahtleitungen, wodurch auch Gebiete mit schlechtem oder häufig gestörtem Empfang einwandfrei versorgt werden. Für den Drahtfunk wird das Fernsprechnetz weitgehend mitbenutzt.

Alle Empfangsstellen des Rundfunks werden durch die DRP beaufsichtigt. Sie erhebt auch die Rundfunkgebühren und sorgt für genügende Entstörung der Stellen.

Wie der Rundfunkdienst, so untersteht auch die technische Entwicklung des Fernsehens und der Fernsehrundfunk im Deutschen Reich der DRP. Sie stellt die erforderlichen Sender in Dienst und verbindet diese mit den Aufnahmeorten der Fernsehdarbietungen durch Breitbandkabel. Zwischen bestimmten öffentlichen Sprechstellen der DRP können auch Fernsehgespräche geführt werden.

55. Das Fernschreibnetz.

Das Fernschreibnetz der Deutschen Reichspost (DRP) hat den Zweck, eilige und wichtige Anfragen oder verbindliche Mitteilungen unmittelbar und sofort schriftlich zu übermitteln. Hierzu sind bei den daran angeschlossenen Teilnehmern Telegrafengeräte aufgestellt, die über Vermittlungen durch ein Leitungsnetz miteinander verbunden sind.

Es gibt grundsätzlich zwei Möglichkeiten einer Fernschreibvermittlung:

1. Anpassung der Telegrafengeräte an die Einrichtungen des Fernsprechwesens und Verwendung des Fernsprechnetzes mit seinen Vermittlungen für den Fernschreibdienst;

2. Verwendung eines besonderen Telegrafenleitungsnetzes mit eigenen Vermittlungseinrichtungen, das ausschließlich für den Fernschreibverkehr benutzt wird.

Die DRP hat das zweite Verfahren eingeführt. Es hat gegenüber dem ersten den großen Vorzug, daß man von den vorhandenen Fernsprecheinrichtungen unabhängig ist. Man kann dadurch die Anlage und die Regelung des Betriebes ganz den besonderen Anforderungen der Telegrafie anpassen und ist auch unbehindert bei der Festlegung der Gebühren für die Benutzung.

Das deutsche Fernschreibnetz ist mit Wählvermittlungen ausgestattet;

jeder Teilnehmer stellt seine Verbindung innerhalb des gesamten Netzes durch Selbstwahl her. Um nicht alle Ämter durch Leitungsbündel miteinander verbinden zu müssen, sind Knotenamtsbereiche geschaffen worden. Die Vermittlungsämter werden an das zuständige Knotenamt angeschlossen, und nur die Knotenämter untereinander erhalten unmittelbare Leitungsbündel. Als Knotenämter sind solche Orte gewählt worden, die sich bei günstiger Lage im Fernkabelnetz auch möglichst im Mittelpunkt einer Gruppe von Vermittlungsämtern befinden. Es sind 10 Knotenamtsbereiche aufgestellt worden, von denen jeder bis zu 10 Vermittlungen aufnehmen kann. Auf diese Weise können in allen größeren Orten Vermittlungen eingerichtet werden, deren Größe sich nach der Zahl der zu erwartenden Anschlüsse richtet. Die Teilnehmer in diesen Orten werden als Ortsteilnehmer angeschlossen. Außerhalb dieser Orte verlangte Anschlüsse können als Fernteilnehmer herangeführt werden. Zur besseren Ausnutzung der Fernteilnehmeranschlüsse ist außerdem die Bildung von Gemeinschaftsanschlüssen vorgesehen.

Wie bei den Wählvermittlungen im Fernsprechverkehr wird die selbsttätige Verbindung der Teilnehmerstellen in den Vermittlungs- und Knotenämtern durch sogenannte Wähler vorgenommen. Die Wählereinrichtung umfaßt mehrere Wählerarten, von denen jede eine besondere Aufgabe zu erfüllen hat. Der Vorwähler schließt die Teilnehmerleitung ab und sucht einen freien ersten Gruppenwähler für die Verbindung, außerdem führt er dem Gebührenzähler die Zählimpulse zu. Der erste Gruppenwähler trennt nach Orts- und Fernverkehr, gebührenpflichtigen und gebührenfreien Schreiben und steuert den Zeitzonenzähler. Der zweite Gruppenwähler wählt das Knotenamt, und der dritte Gruppenwähler sucht das gewünschte Vermittlungsamt heraus. Leitungswähler und gegebenenfalls ein vierter Gruppenwähler verbinden mit dem gewünschten Teilnehmer.

Der bereits erwähnte Zeitzonenzähler erfaßt selbsttätig die Gebühren nach der Entfernung der hergestellten Verbindung und der Dauer des Fernschreibens. Es gibt fünf Zonen für den Fernverkehr und eine für den Ortsverkehr. Der Berechnung der Gebühren für ein Fernschreiben wird ein Gebrauch der Anlage von mindestens drei Minuten Dauer zugrunde gelegt; eine längere Benutzung kostet im Verhältnis mehr. In den Nachtstunden sind die Gebühren auf $^2/_3$ der Tagesgebühren ermäßigt. Die Gebührenzählung erfolgt nicht sogleich nach Durchschaltung, sondern nach einer gewissen Wartezeit, die es gestattet, etwa falsch gewählte Verbindungen vor der Zählung auszulösen.

Das Netz der Verbindungsleitungen stützt sich weitgehend auf das dichte und störungssichere Fernkabelnetz mit seinen Verwendungsmöglichkeiten für Telegrafenverbindungen. Für die stärkeren Leitungsbündel zwischen den Knotenämtern wird meist Wechselstromtelegrafie angewendet, während die Verbindungen zwischen Knoten- und Vermittlungsämtern mit Gleichstromtelegrafie betrieben werden.

Bei den Teilnehmerstellen wird eine Fernschreibmaschine benutzt, die die abgehenden und eingehenden Mitteilungen selbsttätig auf eine laufende Papierrolle so aufdruckt, daß nach Beendigung der Übermittlung das Blatt mit der Nachricht abgetrennt werden kann. Zu ihr gehört ein sogenannter Beikasten, der die Anruftaste, Nummernscheibe und Schlußtaste für die Herstellung und Trennung der Verbindung und das Relais für das Einschalten des Motors beim Anruf enthält. Der Strom, der für die telegrafische Übertragung erforderlich ist, wird vom Amt geliefert. Beim Teilnehmer muß nur ein Starkstromanschluß für den Motor der Fernschreibmaschine vorhanden sein.

Das Fernschreibnetz der DRP arbeitet zusammen mit den Netzen der europäischen Länder, die Fernschreibdienst betreiben. Die Verbindungen werden an handbedienten Plätzen bei demjenigen Knotenamt vermittelt, das dem Vermittlungsamt des fremden Landes am nächsten liegt.

56. Das Fernsprechwesen.

Der Fernsprecher hat heute im gesamten Staats- und Wirtschaftsleben eine ungeheure Bedeutung erlangt. Die Deutsche Reichspost (DRP) als Hoheitsträgerin des deutschen Nachrichtenwesens sieht es daher als ihre Aufgabe an, die Benutzung und Verbreitung des Fernsprechers soweit wie möglich zu fördern. Zu diesem Zweck ist sie bestrebt, durch technische Verbesserungen und Vereinfachungen die Güte des Fernsprechdienstes zu steigern und die Gebühren tunlichst niedrig zu halten.

Der Fernsprechteilnehmer beurteilt den ihm gebotenen Dienst vor allem nach der Schnelligkeit der Vermittlung, außerdem aber auch nach der Güte der Sprachübertragung. In früherer Zeit mußten sämtliche Verbindungen durch Handvermittlung hergestellt werden. Um schnellere Verbindungen zu jeder Tages- und Nachtzeit zu gewähren, hat die DRP bei den Ortsämtern zum größten Teil bereits den Selbstwähldienst eingeführt. Sie verwendet hierfür das deutsche Schrittschalt- oder Reichspostsystem, dessen Wähler mit Einzelantrieb und unmittelbarer Steuerung durch die zehnteilige Nummernscheibe der Sprechstelle arbeiten. Es ist sehr anpassungsfähig und kann unter beliebigen örtlichen Verhältnissen vorteilhaft verwendet werden. In technischer Hinsicht ist es soweit durchgebildet, daß man in der Ortswähltechnik von einem gewissen Abschluß der Entwicklung sprechen kann.

Im Vordergrund des Interesses steht nunmehr die Einführung des Selbstwähldienstes auch im Fernverkehr, um hier ebenfalls seine Vorzüge zu erzielen, nämlich eine hohe Personalersparnis und eine gute Leitungsausnutzung bei gleichzeitiger Beschleunigung der Verbindungsherstellung. Auf Entfernungen bis zu etwa 150 km stellt der Teilnehmer hierbei in den bereits bestehenden Netzgruppen mit Selbstwählferndienst seine Verbindungen mit der Nummernscheibe ohne Wartezeiten selbst her. Die Gesprächsgebühren werden hierbei nach Zeit und Entfernungszone selbsttätig erfaßt. In immer steigendem Umfang wird außerdem dem handbedienten Ausgangsfernamt die Möglichkeit gegeben, die Weitverbindungen ohne Inanspruchnahme einer Handvermittlung bei der Empfangsanstalt, d. h. durch Wahl, herzustellen. Auch für die Zusammenschaltung der großen Fernleitungen mittels Wähler sind die technischen Voraussetzungen geschaffen worden. Die DRP hat bereits die erforderlichen Einrichtungen erprobt, die die Steuerung von Wählern über beliebige Entfernungen ermöglichen.

Vorbedingung für die Herabsetzung der Wartezeiten im Ferndienst oder ihre gänzliche Beseitigung ist eine ausreichende Zahl von Verbindungswegen. Hierdurch wurde die Entwicklung auf die mehrfache Ausnutzung der Leitungen hingelenkt. Für die verschiedenen Leitungsarten sind mit großem Erfolg geeignete Trägerfrequenzsysteme entwickelt und eingeführt worden. In diesem Zusammenhang ist besonders die Verwendung der Breitbandkabel zu erwähnen, die die Übertragung eines breiten Frequenzbandes gestatten und damit die Möglichkeit geben, neben dem Fernsehband gleichzeitig noch bis zu 200 Ferngespräche zu betreiben. Zur Verbesserung der übertragungstechnischen Verhältnisse ist die DRP ausschließlich auf die Anwendung des Endverstärkers übergegangen. Dabei wird die Fernleitung mit einem eigenen Verstärker abgeschlossen. Die Vermittlungseinrichtungen sind derart ausgestaltet, daß bei einheitlicher Bedienung der Fernplätze die Verbindungen dämpfungstechnisch von selbst richtig zusammengeschaltet werden. Somit entfallen für das Vermittlungspersonal alle Unterscheidungen und besonderen Behandlungen der Durchgangs- und Endverbindungen; es kommen nur gute Verbindungen zustande, da Unterlassungen und Vermittlungsfehler ausgeschlossen sind. Die Pfeifsicherheit der Verbindungen ist verbessert, und der Betrieb wird äußerst vereinfacht.

Von der Gesamtlänge aller Fernsprechleitungen entfällt der weitaus größte Teil auf die Anschlußleitungen der Teilnehmer, also auf die Verbindungen zwischen den Teilnehmern und ihren Vermittlungsstellen. Um auch in dieser Netzebene eine größere Wirtschaftlichkeit zu erzielen, werden für Teilnehmer mit verhältnismäßig wenigen Gesprächen Gemeinschaftsumschalter verwendet, die den Anschluß mehrerer Sprechstellen an eine gemeinsame Leitung gestatten. Das Gesprächsgeheimnis wird hierbei gewahrt. Insbesondere ist für solche Teilnehmer dadurch eine Minderung der Gebühren erreicht worden. Auch weiterhin wird die DRP den Grundsatz verfolgen, durch Ausbeute aller technischen Möglichkeiten ihr Leitungsnetz und die Vermittlungseinrichtungen bestens auszunutzen und durch solche Leistungssteigerungen den Fernsprecher weitesten Kreisen des Volkes zugänglich machen.

57. Die Entwicklung des Rundfunks in Deutschland.

Der erste deutsche Rundfunksender wurde am 29. Oktober 1923 im Berliner „Voxhaus" in der Potsdamer Straße von der Deutschen Reichspost (DRP) in Dienst gestellt. Es war ein behelfsmäßig aufgebauter Sender mit einer Leistung von 250 Watt, dessen Antenne zwischen zwei Dachrohrständern gespannt war. Als Empfänger wurden zunächst einfachste Detektorgeräte verwandt. Trotz aller technischen Schwächen fanden die ersten Darbietungen in Berlin begeisterte Aufnahme. Bis zum Jahre 1925 kamen 17 weitere Sender, die inzwischen von der deutschen Funkindustrie verbessert worden waren, in den wichtigsten Städten des Deutschen Reiches in Betrieb. Doch der Versorgungsbereich dieser Sender war noch zu klein. Deshalb wurden in den Jahren 1925 bis 1927 neue Sender errichtet, bei denen die Wirkung durch Erhöhung der Leistung auf 1,5 kW und durch Bau von 100 m hohen Antennen gesteigert wurde. Gleichzeitig wurde an der Entwicklung der Empfangsgeräte eifrig weitergearbeitet und der Röhrenempfänger mit einem oder mehr Kreisen vervollkommnet. Die Umstellung von Batteriebetrieb auf Netzbetrieb ging langsam, aber stetig vor sich. Statt der bisher üblichen Kopfhörer kamen zunächst Lautsprecher mit Trichter auf den Markt, die später von trichterlosen Lautsprechern verdrängt wurden.

Zunächst wurden die Programme der Rundfunkgesellschaften nur den eigenen Sendern zugeleitet. Bald aber entstand der Wunsch, die Sendungen über Leitungen auf andere deutsche Sender zu übertragen. Hierfür war eine Ausführung der Fernkabel der DRP mit vier abgeschirmten Adern geeignet, die unter dem Namen „Kernvierer" für Meßzwecke benutzt wurde. Es war nur erforderlich, Verstärker in den einzelnen Verstärkerämtern mit einem solchen Frequenzbereich einzubauen, daß sie auch den höheren Anforderungen einer Musikübertragung genügten. Das Rundfunkleitungsnetz wurde von Jahr zu Jahr verbessert und erweitert. Heute ist es so weit fertiggestellt, daß es möglich ist, aus jedem Ort jeden Sender zu besprechen.

Um einen ungestörten Empfang der Stationen in den einzelnen Ländern zu gewährleisten, wurden auf der Weltnachrichtenkonferenz in Washington 1927 für den Rundfunk bestimmte Wellenbänder festgesetzt. Damit war aber auch die Zahl der Wellen praktisch begrenzt. Die Wellenverteilung übernahm der für diesen Zweck gegründete Weltrundfunkverein (Union Internationale de Radiodiffusion).

Dem Rundfunk stellten sich zunächst Schwierigkeiten entgegen. Durch elektrische Maschinen, Straßenbahnen, elektrische Klingeln usw. wurden Empfangsstörungen verursacht. Ihr Einfluß kann aber durch Entstörung und durch Erhöhung der Senderleistung verringert werden. Die DRP hat darum einerseits einen vorbildlichen Entstörungsdienst eingerichtet und andrerseits den Bau von Großsendern durchgeführt. Für diese Sender mußten von der Industrie erst Großleitungsröhren entwickelt werden. Die in den Jahren 1930 bis 1933 gebauten Großsender hatten eine Leistung von 60 kW, die nach 1933 auf 100 kW erhöht wurde.

Bei den Großsendern mit ihrer größeren Reichweite machten sich in einer Entfernung von 80—120 km vom Sender Schwunderscheinungen unangenehm bemerkbar. In hochwertigen Empfangsgeräten konnte man ihnen durch Schwundausgleichsschaltungen begegnen. Um aber auch den Empfang durch einfache Geräte sicherzustellen, wurden schwundmindernde Sendeantennen entwickelt. Mit ihrer Hilfe erweiterte sich der einwandfreie Empfang auf das ungefähr doppelte Gebiet.

Für die Rundfunkversorgung innerhalb der nationalen Grenzen dienen nur Mittel- und Langwellen, während für den überseeischen Funkverkehr Kurzwellen verwendet werden. Seit der Olympiade im Jahre 1936 besitzt

Deutschland eine große Zahl von Kurzwellen-Rundfunksendern, die mit Richtstrahlern nach Nord-, Mittel- und Südamerika, nach Ost- und Südasien und nach Afrika ausgerüstet sind. Auf diese Weise steht die Heimat heute mit den deutschen Volksgenossen in Übersee in lebendiger Verbindung.

Bis zum Jahre 1933 war die Zahl der Rundfunkteilnehmer im Deutschen Reich auf $4^1/_2$ Millionen gestiegen. Als aber nach der Machtübernahme der nationalsozialistische Staat die Entwicklung und den Bau des Volksempfängers veranlaßte, dessen Erwerb infolge seines niedrigen Preises auch dem minderbemittelten Volksgenossen möglich gemacht wurde, erhöhte sich die Teilnehmerzahl bis Ende 1940 auf fast 15 Millionen.

58. Vom Fernsehen zum Fernsehsprechen.

Mit dem Fernsehen ist ein langjähriger Wunsch der Menschheit, nicht nur mit dem Ohr am Weltgeschehen teilzunehmen, sondern ihm auch mit dem Auge folgen zu können, in Erfüllung gegangen. Der Gedanke, bewegte Bilder über Leitungen zu übertragen, ist so alt wie die elektrische Nachrichtentechnik selbst. Die Grundzüge hierzu wurden zwar schon vor nahezu 50 Jahren entworfen, doch konnten diese Pläne erst in neuerer Zeit, nachdem die Elektronenröhre und besonders die Braunsche Röhre erfunden waren, verwirklicht werden. In der Erkenntnis, daß das Fernsehen für die Allgemeinheit ein wichtiges Nachrichtenmittel mit besonderen Anwendungsformen werden wird, hat in Deutschland die Deutsche Reichspost (DRP) auf diesem Gebiet die Führung übernommen.

Bereits seit dem Jahre 1929 werden durch die DRP Fernsehsendungen drahtlos verbreitet, die bis zum Jahre 1935 nur als Versuchssendungen zu werten waren. Die Bilder wurden stetig verbessert, und gerade in den letzten Jahren des nationalsozialistischen Aufbaues gelang es, die beiden Betriebsformen des Fernsehens, den Fernsehrundfunk und das Fernsehsprechen, auf den heutigen hohen Stand in Deutschland zu bringen.

Im Frühjahr 1935 konnte der Deutsche Fernsehrundfunk mit regelmäßigen Sendungen eröffnet werden. Zwei Sender unterhalb des Funkturms in Berlin-Witzleben versorgten das Stadtgebiet mit Bild und Ton. Der Bildsender übertrug auf Ultrakurzwelle 180zeilige Bilder mit 25 Bildwechseln in der Sekunde. Trotz dieser geringen Zeilenzahl wurden schon damals verhältnismäßig gute Bilder erzielt. Allerdings bereiteten Aufnahmen und Übertragungen aus dem Freien und aus großen Versammlungsräumen noch erhebliche Schwierigkeiten, da für die Abtastung nur mechanische Bildzerleger zur Verfügung standen. Mit diesen Geräten konnten Filme und räumlich begrenzte Szenen lediglich aus verdunkelten Aufnahmeräumen nach dem sogenannten „Lichtstrahl-Abtastverfahren" übertragen und gesendet werden. Für Bildausschnitte aus dem Freien war man auf den Zwischenfilm angewiesen, d. h. die Szene mußte zunächst auf einen Tonfilmstreifen aufgenommen werden, der in einem besonderen Schnellverfahren entwickelt und unmittelbar darauf fernsehmäßig zerlegt und übertragen wurde. Dieses technisch hochentwickelte Verfahren war aber noch kein unmittelbares Fernsehen. Dank der außerordentlichen technischen Entwicklung der Bildspeicherröhre, dem „Ikonoskop", konnte das unmittelbare Fernsehen schon im folgenden Jahre verwirklicht und bei den Olympischen Spielen 1936 zur Anwendung gebracht werden.

Mit diesem neuen elektrischen Bildfänger verließ man den mechanischen Bildzerleger und konnte statt der dunklen die helle Bühne benutzen. Der elektrische Bildfänger ähnelt in der Arbeit einer photographischen Kamera. In einer luftleeren Röhre befindet sich eine mit einer besonderen Schicht versehene Platte, auf die eine optische Einrichtung das Bild wirft, das übertragen werden soll. Diese photoempfindliche Schicht hat nun die Eigenschaft, die in dem Bild enthaltenen verschiedenen Lichtstärken in elektrische Spannungen verschiedener Größe umzuwandeln, die wiederum von einem Elektronenstrahl, der das Bild auf dem Schirm abtastet, abgenommen und über umfangreiche Verstärker dem Sender zugeführt werden.

Bei allen heute gebräuchlichen Fernsehverfahren wird das Bild durch einen Raster in einzelne Bildpunkte zerlegt, wozu schon im Jahre 1883 der deutsche Erfinder Nipkow den Weg wies. Von der Feinheit dieser Zerlegung, der Rasterung, hängt die Güte des Bildes ab. Je feiner die Rasterung, d. h. je höher die Zeilenzahl der Bilder, um so größer ist die Zahl der Bildpunkte, die übertragen werden. Mit dem Steigen der Bildpunktzahl erhöht sich die Bildschärfe beträchtlich, weil dann die einzelnen Feinheiten des Bildes nach ihren Helligkeitswerten wiedergegeben werden können.

Auch die Zahl der Bildwechsel in der Sekunde ist von Einfluß auf die Bildgüte. Das störende Flimmern der 180zeiligen Bilder mit 25 Bildwechseln in der Sekunde gab deshalb Anlaß, nach einem Verfahren zu suchen, dem dieser Mangel nicht mehr anhaftete. So wurde im Jahre 1938 die Umstellung des Fernsehrundfunks auf 441 Zeilen und 50 Halbbilder in der Sekunde nach dem Zeilensprungverfahren angeordnet. Diese neue Zeilenzahl ist als deutsche Fernsehnorm festgelegt worden. Gleichzeitig übernahmen zwei neue Ultrakurzwellensender in Berlin die Fernsehsendungen nach diesem Verfahren.

Beim Zeilensprungverfahren werden die 50 Halbbilder derart übertragen, daß bei dem ersten Halbbild die Zeilen mit den ungeraden Zahlen 1, 3, 5 usw. und beim zweiten Halbbild die Zeilen mit den gerader Zahlen 2, 4, 6 usw. abgetastet werden. Diese schnell aufeinanderfolgenden Halbbilder ergänzen sich zu Vollbildern so, daß das unangenehme Flimmern der Bilder im weitesten Maße beseitigt wird. Die in rund 200 000 Bildpunkte zerlegten 441zeiligen Bilder besitzen eine Schärfe, die derjenigen weit überlegen ist, die mit 40 000 Bildpunkten bei 180 Zeilen erreicht werden konnte. Zur Übertragung eines Fernsehbildes ist ein sehr breites Frequenzband erforderlich, das über neu entwickelte Spezialkabel übermittelt wird. Man hat diese Kabel, weil sie breite Frequenzbänder ohne Verzerrung übertragen, Breitbandkabel genannt.

Zur Wiedergabe des Fernsehbildes wird heute ausschließlich die Braunsche Röhre benutzt. Die vom Empfänger aufgefangene Energie wird einer

Elektrode der Braunschen Röhre zugeführt, die entsprechend der Elektronenmenge des Kathodenstrahles die vorhandene Bildspannung beeinflußt und somit die Helligkeit des Lichtpunktes auf dem Bildschirm ändert. Zwei zueinander senkrecht stehende magnetische oder elektrische Ablenkfelder leiten den Elektronenstrahl zeilenförmig über den Leuchtschirm. Den Gleichlauf des Bildpunktes auf dem Bildschirm mit dem Abtaststrahl am Sender bewirken Kondensatoren, die mit der Geschwindigkeit des Abtaststrahles beim Abtasten der Zeile aufgeladen und am Ende der Zeile entladen werden. Die so ansteigende und plötzlich abfallende Spannung steuert den Elektronenstrahl im Empfänger von links nach rechts, so daß die einzelnen Helligkeiten des Elektronenstrahles nacheinander in einer Zeile auf dem Bildschirm wiedergegeben werden. In der nächsten Zeile wird der Elektronenstrahl in der gleichen Weise geführt, nachdem er durch das zweite Ablenkfeld um Zeilenbreite tiefer gerückt worden ist. Am untersten Rand des Bildes springt der Elektronenstrahl dann infolge Einwirkung dieser sogenannten „Kippgeräte" wieder auf den obersten Bildrand um. Für eine einwandfreie Fernsehübertragung ist es unerläßlich, daß die Bewegungen des bildschreibenden Elektronenstrahles im vollen Gleichlauf mit den entsprechenden Bewegungen des abtastenden Lichtstrahles erfolgen. Deshalb wird den Kippgeräten im Empfänger durch besondere Gleichlaufzeichen vom Sender aus mitgeteilt, wann eine neue Zeile und wann ein neues Bild beginnt.

Die zweite Betriebsform des Fernsehens, das Fernsehsprechen, die im Jahre 1936 als Fernsehsprechdienst der DRP eröffnet wurde, arbeitet im Gegensatz zum Fernsehrundfunk nicht über Ultrakurzwellensender, sondern nur über die bereits erwähnten Breitbandkabel. Ein weitmaschiges Breitbandkabelnetz ermöglicht zur Zeit Fernsehsprechverbindungen zwischen den Städten Berlin, Leipzig, Nürnberg, Frankfurt a. M., München und Hamburg.

Im Fernsehsprechen hat sich bis heute der mechanische Bildzerleger behauptet, der mit der Nipkowschen Lochscheibe einen Lichtstrahl zeilenförmig über das Gesicht des Gesprächsteilnehmers führt, wobei der Sprecher in einer dunklen Zelle sitzen muß. Das zurückgeworfene Licht wird von zwei Photozellen großer Oberfläche aufgefangen und löst dort einen Elektronenstrom aus. Die Photozelle wandelt die Lichtschwankungen in Stromschwankungen um, die verstärkt über das Breitbandkabel gesandt werden. Sie rufen dann im Empfänger die verschiedenen Helligkeitswerte hervor. Der Empfänger ist dabei in die Anlage so eingebaut, daß der Sprecher auch während des Gespräches den anderen Teilnehmer sieht.

Die Bilder werden im Fernsehsprechen mit 180 Zeilen und 25 Bildwechseln in der Sekunde ohne Zeilensprung übermittelt. Da man sich bei den Fernsehgesprächen bisher auf die Übertragung von Kopf- und Brustbildern beschränkt hat, reicht diese Art der Rasterung von 40 000 Bildpunkten aus. Es ist aber auch hier eine Umstellung dieser Betriebsform auf 441 Zeilen beabsichtigt.

59. Carl Friedrich Gauß.

Welcher Techniker und Ingenieur kennt nicht den Namen Gauß? Wer ihn vergessen haben sollte, nehme seine Logarithmentafel zur Hand, und schon treten ihm das Wesen und das Werk dieses Mannes vor Augen. Selten hat in der Geschichte der Wissenschaften ein Mann so unumschränkte Anerkennung gefunden wie Gauß. Die gesamte mathematische, physikalische und technische Fachwelt erkennt und bewundert uneingeschränkt die geistige Überlegenheit dieses Genies.

Carl Friedrich Gauß wurde am 30. April 1777 in Braunschweig geboren. Sein Vater war ein einfacher, unbemittelter Arbeiter. Er bekleidete außerdem ein bescheidenes öffentliches Amt, das eines „Wasserkunstmeisters". In den ersten Lebensjahren offenbarte das Kind für sein Alter ungewöhnliche geistige Regsamkeit. So begann der kleine Gauß frühzeitig fast ohne Unterricht zu lesen, indem er die Hausgenossen, wie er selbst später erzählt hat, um die einzelnen Buchstaben anbettelte. Mit großer Leichtigkeit erlernte er die Zahlen. Das Kopfrechnen machte ihm keinerlei Schwierigkeiten, und oft pflegte er später scherzweise zu sagen, er habe früher rechnen als sprechen können.

Der Vater schickte den Sohn, als dieser 7 Jahre alt geworden war, in die Katharinen-Volksschule zu Braunschweig. Zwei Jahre besuchte der kleine Gauß diese Schule, ohne daß er als besonders begabt aufgefallen wäre. Nach dieser Zeit trat der Knabe in die Rechenklasse über, in der die meisten Schüler bis zum Alter von 14 Jahren blieben. In dieser Klasse nun fand ein Ereignis statt, das zum ersten Male die Aufmerksamkeit auf den kleinen Gauß lenkte.

Bei den Rechenaufgaben, die der Lehrer stellte, hielt er es meist so, daß die Schüler ihre Schiefertafeln mit den Lösungen nach vorn brachten und sie auf das Pult legten. Eines Tages stellte der Schulmeister den Schülern absichtlich eine Aufgabe, die noch nicht durchgesprochen war. Es handelte sich darum, sämtliche Zahlen von eins bis hundert zusammenzuzählen, was mit Hilfe der Summenformel für die arithmetische Reihe bekanntlich sehr rasch ausführbar ist.

Der Lehrer mochte wohl gedacht haben, die Schüler damit für einige Zeit zu beschäftigen. In der Zwischenzeit wollte er selbst etwas anderes erledigen. Kaum hatte er aber die Aufgabe ausgesprochen, als einer der Jüngsten, der kleine Gauß, die Tafel als erster auf den Tisch legte, während die andern Knaben noch immer rechneten. Ein mitleidiger Blick fiel auf den Jungen. Es stellte sich aber heraus, daß dieser als einziger die richtige Lösung gefunden hatte. Gauß hatte bemerkt, daß man ja nur zur ersten Zahl die letzte 100, zur zweiten die vorletzte 99 usw. zuzuzählen brauche, um immer die gleiche Summe 101 zu erhalten. Da dies fünfzigmal zu machen war, ergab sich sehr schnell die Gesamtsumme 5050. Seit dieser Zeit wurde er von seinem Lehrer bevorzugt.

Nach dem Besuche des Braunschweiger Collegium Carolineum, der heutigen Technischen Hochschule in Braunschweig, bezog, er im Alter von

18¹/₂ Jahren die Universität Göttingen. Dort fand er — noch nicht ganz 19 Jahre alt — die Konstruktion des regelmäßigen Siebzehnecks mit Zirkel und Lineal, die Theorie der Kreisteilung sowie die Methode der kleinsten Quadrate zur Ausgleichung der Beobachtungsfehler. Seine mit 22 Jahren eingereichte Doktor-Dissertation behandelte den sogenannten Fundamentalsatz der Algebra, d. h. den Satz, daß jede algebraische Gleichung mit einer Unbekannten mindestens eine reelle oder komplexe Wurzel besitzt.

Wenige Jahre später gab Gauß auch den Astronomen eine glänzende Probe seines Scharfsinns. Sie hatten den kleinen Planeten „Ceres" zwischen Mars und Jupiter, nachdem er kaum entdeckt war, aus dem Gesichtskreis verloren und versuchten vergeblich, ihn wieder aufzufinden. Gauß gelang es, die Stellung des Himmelskörpers rechnerisch zu ermitteln. Zu erwähnen ist noch, daß Gauß die Grundlagen für das „absolute Maßsystem" geschaffen hat, ferner, daß er den Heliotrop, ein Instrument für Vermessungsarbeiten erfand, und endlich, daß er auch an der Ausnutzung der damals bekannt gewordenen elektromagnetischen Erscheinungen zur Nachrichtenübermittlung maßgeblich beteiligt war. Auf Grund dieser Erfolge muß Gauß zu den größten wissenschaftlichen Forschern der Welt gezählt werden.

Bald nach der Berechnung der Ceres-Bahn erhielt er einen Ruf an die Petersburger Akademie. Diese versuchte den noch jungen und doch schon berühmten Mann als Leiter der Petersburger Sternwarte zu gewinnen. Doch Gauß lehnte ab. Er zog es vor, in Deutschland als Professor der Astronomie und Direktor der Sternwarte in Göttingen zu arbeiten. Diese Stellung behielt er bis zu seinem Tode am 23. Februar 1855.

IX. Technik im Bauwesen.

60. Die Autostraßen in Großdeutschland.

In den Jahren vor 1933 war die Zahl der Kraftwagen in Deutschland im Verhältnis zur Einwohnerzahl geringer als bei den westlichen Nachbarn. Der Autoverkehr war aber groß genug, um die schwachen Straßendecken jener Zeit zu zerstören. Zur Unterhaltung und Verbesserung der Straßen und erst recht für die Anlage neuer Verkehrswege fehlte es an Geld. An Arbeitskräften hingegen war Überfluß. Es war die Zeit der riesigen Arbeitslosigkeit, deren Beseitigung der Nationalsozialismus als eine seiner ersten Aufgaben betrachtete. Schon vor dem Jahre 1932 bereiteten namhafte Techniker, darunter der geniale Straßenbaumeister Dr. Todt, geeignete Arbeiten vor.

Dr. Todt sah in der Verbesserung und im Ausbau des Straßennetzes ein Mittel, zahlreichen Menschen Arbeit und Brot zu verschaffen, insbesondere da inländische Baustoffe für Straßendecken Verwendung finden konnten. Außerdem stand zu erwarten, daß bessere Straßen den Autoverkehr heben und somit dem Automobilbau den wünschenswerten Auftrieb geben würden, wodurch sich weitere arbeitslose Fachkräfte in den Arbeitsgang einschalten ließen.

Es wurde dagegen der Einwand erhoben, daß eine zu große Verlagerung des Verkehrs von der Bahn auf die Landstraße volkswirtschaftliche Nachteile mit sich bringen könnte. Ebenso wurde auf die Gefahren eines starken Kraftverkehrs auf den Landstraßen hingewiesen, die zu-

Abb. 57. Reichsautobahn

gleich Bauernfuhrwerken, Radfahrern und Fußgängern dienten. Indem der Führer schließlich dem Plan jenes Ausmaß gab, das aus einer Notstandsarbeit eine Großtat machte, wurde den Bedenken der Fachleute ein Ende gesetzt. Er veranlaßte neben der Verbesserung und dem Ausbau der Landstraßen die Anlage eines umfassenden Netzes von Schnellverkehrslinien. Um die Belange der Reichsbahn nicht zu gefährden, wurde sie in den Bau eingeschaltet. Dr. Todt wurde mit der Leitung betraut und wuchs an diesem Werk zu dem großen Straßenbaumeister heran, als den ihn die Welt kennt. — Nach der Machtübernahme trieb man die Arbeiten an den Reichsautobahnen schnell voran, was sich in raschem Sinken der Arbeitslosenziffer auswirkte. Bald waren die Maschinenfabriken mit der Herstellung von Mischmaschinen, Fertigern und anderen Geräten voll beschäftigt. In der Folge wurde dadurch die Mechanisierung des Arbeitsvorganges an den Baustellen ermöglicht.

Die Reichsautobahn hat zwei Fahrbahnen, die ohne die Seitenstreifen 7,5 m breit sind. Sie sind durch einen bepflanzten Grünstreifen getrennt, der die Blendung durch das Licht entgegenkommender Wagen verhindern soll. Die Fahrbahndecke besteht gewöhnlich aus Beton. An geeigneten Stellen ist ein bituminöser Belag oder ein Pflaster aus Kleinstein gewählt.

Die Decke ist griffig, dabei so vollkommen eben, wie es mit den besten Maschinen erreicht werden kann.

Die Trassierung der Reichsautobahn berücksichtigt Geschwindigkeiten, die in Zukunft verkehrsüblich werden können. Große Radien, entsprechende Überhöhungen in den Kurven, freie Sicht und stoßfreier Übergang aus Gefäll in Steigung gewähren ein sicheres und angenehmes Fahren.

Im zügigen Schwung in der Horizontalen wie in der Vertikalen schmiegt sich die Linie der Straße harmonisch in das Gelände. Mit Bedacht wird sie durch die schönsten Gegenden geführt; daher wird der Fahrer auch bei langer Fahrt nicht durch Langeweile ermüdet. Parkplätze und Rasthäuser an den reizvollsten Stellen sorgen für Bequemlichkeit.

Der Bau der Reichsautobahnen hat Ingenieurtechnik, Architektur, Gartenkunst und Wissenschaft zu idealem Wettbewerb aufgerufen. Die Eigenschaften der Baustoffe werden an besonderen Forschungsstellen untersucht. Die Biologie des Ingenieurbaues, eine neue Wissenschaft, erforscht die gegenseitigen Einwirkungen zwischen Bauten, Boden und Pflanzen. Ein Landschaftsanwalt sorgt für harmonische Einheit von Straße und Landschaft, für die Schonung fruchtbaren Bodens und die Erhaltung der nährenden Muttererde.

Hindernissen, die sonst der Ingenieur gern umgeht, wird nicht ausgewichen. Moore werden mit Hilfe von neuartigen Sprengverfahren wegsam gemacht, Talschluchten durch stolze Viadukte überbrückt.

Immer werden die großzügigste und erhabenste Lösung, das beste Material und die beste Technik gewählt.

Seit 1934 wurden mehr als 40 000 km Reichsautobahnen gebaut. Sie sind nicht nur ein Länder und Völker verbindender Zweckbau geworden, sondern ein Denkmal des Glaubens an die Zukunft Deutschlands.

61. Der Brückenbau.

Zu den vielseitigen und verantwortungsvollen Aufgaben des Bauingenieurs gehören vor allem Brückenbauten, die Jahrhunderte überdauern und nachfolgenden Generationen den jeweils erreichten Stand der Wissenschaft und Technik ebenso zum Ausdruck bringen sollen wie die Baugesinnung und den Formwillen ihrer Zeit.

Durch Brücken sollen Bäche, Flüsse, Ströme und Meerarme überbrückt, Täler und Schluchten, Verkehrswege und andere künstliche Hindernisse überwunden werden. Die Hauptaufgabe einer Brücke ist daher die ununterbrochene Durchführung der Fahrbahn eines Verkehrsweges. Dabei ist es gleichgültig, ob dieser Verkehrsweg eine Straße, eine Eisenbahnlinie oder gar ein Schiffahrtskanal ist. Jedesmal soll durch das Brückenbauwerk der erdgebundene Verkehrsweg gleichsam durch den Luftraum fortgesetzt werden.

Die Erfordernisse des Verkehrs sind es daher auch, die den Bau einer Brücke maßgebend beeinflussen. Die Verkehrsansprüche bestimmen die Brückenbreite, die Verkehrsmittel dagegen die Linienführung, das Längsprofil und die Ausbildung der Fahrbahn. Der Platz für das Brückenbauwerk kann entweder innerhalb eines Geländeteils frei gewählt werden, oder aber die Lage der Brücke ist von vornherein gegeben, wie es z. B. oft in Städten der Fall ist, wenn eine Verbindung zweier durch einen Wasserlauf bisher getrennter Straßen ausgeführt werden soll. Nach der Art des Verkehrsmittels unterscheidet man Straßen- und Eisenbahnbrücken sowie sogenannte Kanalbrücken. Es gibt feste und bewegliche Brücken; zu den beweglichen Brücken zählt man die Dreh-, Klapp- und Hubbrücken. Gewöhnlich baut man aber feste Brücken. Nach der äußeren Form teilt man die festen Brücken in vollwandige und fachwerkartige Systeme ein; in statischer Beziehung unterscheidet man Balken-, Bogen- und Hängebrücken. Welches System bzw. Tragwerk für den einen oder anderen Fall gewählt werden soll, hat der entwerfende Ingenieur zu entscheiden; wirtschaftliche und schönheitliche Gesichtspunkte sollen ihn dabei leiten.

Wie geht nun der Bau einer Brücke vor sich? Ist die Art der Brücke festgelegt und hat man sich Klarheit darüber verschafft, an welcher Stelle im Gelände ungefähr die Brücke errichtet werden soll, so besteht die erste Aufgabe darin, sich mit den vorhandenen Bodenverhältnissen vertraut zu machen. Dabei ist es besonders wichtig, daß man sich durch abgeteufte Probeschächte und Bohrlöcher ein genaues Bild über den geologischen Zustand des Untergrundes macht; denn das Brückenbauwerk wird ja in das Gelände gestellt und überträgt mit seinen Widerlagern und Pfeilern die Lasten des Verkehrs auf den Untergrund.

Umfangreiche vermessungstechnische Geländeaufnahmen sind notwendig, um die erforderlichen Planunterlagen für das Bauwerk zu schaffen. Erst nach Abschluß dieser Vorarbeiten kann der Entwurf der Brücke angefertigt werden. Sind ihre Abmessungen und ihre Form festgelegt, so überzeugt sich der Ingenieur durch die nachfolgende statische Berechnung, ob die so entworfene Brücke auch in der Lage ist, die erforderlichen Kräfte und Belastungen aufnehmen zu können. Mittels dieser Festigkeitsberechnungen werden dann die sogenannten baureifen Pläne angefertigt. Sie stellen die eigent-

Abb. 58. Straßenhängebrücke

lichen Unterlagen für den Bau der Brücke dar. Aufgabe des Bauleiters ist es nun, mit seinen Ingenieuren, Technikern und Arbeitern das vom Konstrukteur und Statiker im Büro entworfene und berechnete Bauwerk in die Tat umzusetzen.

Nach dem Abstecken der Brückenachse im Gelände wird mit dem wirklichen Bau der Brücke begonnen. Umfangreiche Erdarbeiten sind meist notwendig, um die Widerlager und Pfeiler ausführen zu können. Ihre Baugrube wird insbesondere bei Grundwasserandrang oft durch sogenannte Spundwände zu umschließen sein. Schwierig werden die Verhältnisse bei Pfeilern für große Strombrücken, die nur auf tragfähigem Boden gegründet werden können. In Fällen, wo dieser ziemlich tief unter dem Wasserspiegel liegt,

156

wird man Gründungsarbeiten vornehmen müssen, die das ganze Wissen und Können des Ingenieurs erfordern.

Nach Fertigstellung der Pfeiler und Widerlager erfolgt die Aufstellung des Lehrgerüstes, das bei Naturstein- oder Stahlbetonbrücken stets benötigt wird und meist aus Holz besteht. Es bildet ein Hilfsgerüst, auf dem durch Mauern oder Betonieren das eigentliche Brückentragwerk hergestellt wird. Sobald sich die Brücke selbst tragen kann, wird das Lehrgerüst wieder entfernt. Bei vielen stählernen Brücken kann man durch geeignete Bauausführung ein solches Lehrgerüst vermeiden.

Nach erfolgter Ausführung der Haupttragwerksteile der Brücke, z. B. bei Balkenbrücken der sogenannten Hauptträger, bei Bogenbrücken des Gewölbes oder der Bogenrippen, wird mit der Herstellung der Längs- und Querträger und schließlich mit der Fahrbahntafel begonnen. Sie nimmt mit ihrer Fahrbahndecke die Verkehrslasten auf.

Da die Fahrbahndecke, wie kein anderer Konstruktionsteil der Brücke, voll und ganz dem Oberflächenwasser ausgesetzt ist, müssen der entwerfende Ingenieur und auch der Bauleiter diese Tatsache besonders beachten. Sorgfältige Arbeit und gute Isolierung der Fahrbahntafel sind daher notwendig, um einer Gefahr der Zerstörung des Haupttragwerkes infolge dauernder Durchfeuchtung vorzubeugen.

Ehe die Brücke dem Verkehr freigegeben wird, erfolgt eine Probebelastung. Sie besteht darin, daß auf die Brücke Fahrzeuge und Belastungen aufgebracht werden, wie sie der Berechnung zugrunde gelegt waren. Mit Hilfe von Durchbiegungsmessungen stellt der Ingenieur dann fest, ob seine bei der Berechnung des Brückentragwerkes gemachten theoretischen Annahmen auch der praktischen Wirklichkeit entsprechen.

62. Deutscher Kranbau.

Die hochentwickelte deutsche Hebezeugindustrie hat stets einen großen Teil ihrer Erzeugnisse im Ausland abgesetzt. Vom einfachsten Kleinhebezeug bis zum Schwerlastkran von mehreren 100 Tonnen Tragkraft wurden sie immer mehr vervollkommnet und genießen wegen ihrer Güte und Preiswürdigkeit Weltruf. Zahlreiche Krane bis zu den größten Abmessungen, die im In- und Ausland aufgestellt wurden, beweisen die Leistungsfähigkeit des deutschen Kranbaues.

Die Krane werden hauptsächlich in Hafenanlagen, auf Schiffswerften, im Eisenbahnbetrieb, in Hochofen-, Stahl- und Walzwerken, in den Werkstätten der Maschinenindustrie sowie im Hoch- und Tiefbau verwendet. Den verschiedenen Bedürfnissen dieser Gebiete entsprechend sind die Krane in ihrer Gestaltung und Arbeitsweise sehr mannigfaltig.

Die ältesten deutschen Krane stammen aus dem Anfang des 15. Jahrhunderts. Besonders bekannt ist als historisches Kranbauwerk das Krantor zu

Danzig, das in den Jahren 1411 bis 1442 errichtet wurde. Es kann noch heute als ein hervorragendes Bauwerk angesehen werden, das von dem Gewerbefleiß und der technischen Tüchtigkeit dieser alten deutschen Stadt zeugt. Es diente zum Güterumschlag an Schiffen und ist heute noch betriebsfähig. An dem aus meterstarken Mauern errichteten Gebäude ist in einer Höhe von 26 m über Fußboden ein fester Ausleger angebracht, der in Holzfachwerk gehalten ist. Die Last hängt an einer losen Rolle von 6 Tonnen Tragkraft. Als Hebemittel dient eine Kette, die auf einer 500 mm starken, hölzernen Welle aufgewickelt wird. Diese Welle wird von zwei Treträdern angetrieben, die einen Durchmesser von 7 m und eine Breite von 1,5 m haben. Ferner ist noch ein kleines Hebewerk mit geringerer Ausladung vorhanden, bei dem die Last unmittelbar an der Kette

Abb. 59. Krantor Danzig

aufgehängt und dadurch schneller gehoben wird. Auch dieses Hebewerk wird von zwei Treträdern gleicher Abmessungen angetrieben.

Die ersten Krane waren alle ortsfest. Zur Vergrößerung des Arbeitsbereiches wurden sie später fahrbar und im 19. Jahrhundert auch als Schwimmkrane ausgeführt.

In neuerer Zeit werden die Krane allgemein motorisch, und zwar meist elektrisch, angetrieben. Drehkrane, die auf Normalspur (1435 mm) fahren und außer zum Güterumschlag auch zum Verschieben von Eisenbahnwagen dienen, werden vielfach mit Dampfantrieb oder mit Dieselmotoren ausgerüstet. Handantrieb durch Handkurbel oder Handkette mit Haspelrad kommt nur noch für selten benutzte Krane kleinerer Tragkraft bis etwa 20 Tonnen zur Anwendung.

Drehkrane findet man hauptsächlich im Hafenbetrieb, wo sie als fahrbare Voll- oder Halbtordrehkrane längs der Kaikante angeordnet sind und ein Eisenbahngleis oder mehrere überspannen. Für den Umschlag von Schüttgütern, wie Kohlen, Erze und dergleichen, werden sie mit einem Greifer ausgerüstet, der das Gut selbsttätig übernimmt und abgibt. Die in den Häfen zahlreich aufgestellten Tordrehkrane haben für den Umschlag von Stückgütern meist eine Tragkraft von 2,5 oder 3 Tonnen, bei Greiferbetrieb auch 5 bis 10 Tonnen.

Für die Hafenbetriebe hat sich eine Bauart als besonders vorteilhaft erwiesen, bei der der Kran so gestaltet ist, daß die Last beim Einziehen des Auslegers einen waagerechten Weg beschreibt. Diese Krane werden zum Verladen schwerer Lasten bis 40 Tonnen und mehr verwendet.

Sind große Mengen von Schüttgütern, z. B. Kohle, zwischen Schiff oder Eisenbahnwagen und einem nahe der Ladestelle gelegenen Lagerplatz umzuschlagen, so verwendet man eine Verladebrücke, die den Lagerplatz in seiner ganzen Breite überspannt. Diese Verladebrücken werden für Stützweiten bis 100 m gebaut, sind jedoch nur dann wirtschaftlich, wenn sie entsprechend ausgenutzt werden. Sie haben meist eine Drehlaufkatze für Greiferbetrieb und einziehbaren wasserseitigen Ausleger, der bei Nichtbenutzung der Verladebrücke hochgeklappt wird und die Takelage der anlegenden Schiffe nicht behindert.

Schwimmkrane haben den Vorzug eines unbegrenzten Arbeitsbereiches. Sie dienen im Hafenbetrieb zum Umladen von Schüttgütern sowie zum Bekohlen der Schiffe. Auf Werften werden hauptsächlich Schwerlastschwimmkrane zur Ausrüstung der von Stapel gelaufenen Seefahrzeuge, zum Einsetzen von Kesseln, Maschinen usw. verwendet. Diese Kranart leistet auch beim Verladen schwerer Einzelgüter am Kai gute Dienste, da sie überall eingesetzt werden kann.

In den Eisenbahnausbesserungswerken werden Laufkrane zum Heben und Befördern der Lokomotiven, Tender und Wagen verwendet. Außerdem findet man hier noch Konsolkrane für eine Tragkraft von etwa 5 Tonnen, die zum Bewegen leichter Lokomotivteile während des Ausbesserungsvorganges benutzt werden.

Bei der Herstellung der Krane wird in neuerer Zeit sowohl von dem autogenen, wie auch von dem elektrischen Schweißen vielfach Gebrauch gemacht. Es werden nicht nur zahlreiche geeignete

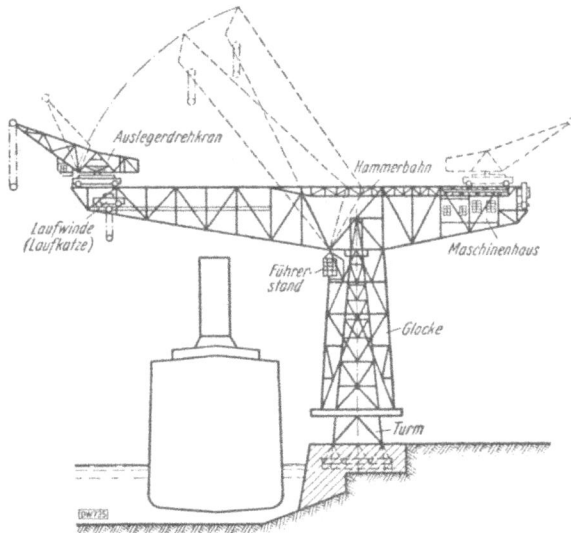

Abb. 60. Hammerwippkran

Abb. 61. Krananlagen für Erzverladung

Maschinenteile, sondern ganze Kranträger und sogar Gerüste von Verladebrücken geschweißt. Die Krane werden dadurch leichter und billiger, und Fracht- und Zollkosten sind erheblich niedriger.

63. Besuch auf der Baustelle einer Wasserkraftanlage.

„Im Bauwesen unterscheidet man allgemein zwischen Hochbau und Tiefbau. Während man unter Hochbau die Errichtung von Gebäuden jeder Art versteht, werden unter dem Begriff Tiefbau alle Ingenieurbauwerke zusammengefaßt, auch wenn sie aus dem Boden herausragen, also nicht nur Fundamente, Kanalisationen, Wasserversorgungsanlagen, Untergrundbahnen, Tunnel usw., sondern auch Brücken, Kaimauern, Schleusen, Talsperren, Wehre sowie Straßen, Eisenbahnen und Kanäle. Die Gestaltung von Anlagen des Tiefbaues und ihre Ausführung sind außerordentlich mannigfaltig je nach dem Gelände, der Art des Untergrundes, den Grundwasserverhältnissen und den Anforderungen, die an das Bauwerk gestellt werden."

Dies war die Antwort meines Freundes auf meine Frage, was man unter Tiefbau eigentlich verstehe, und gewissermaßen die Einleitung zu der Führung über seine Baustelle, zu der er mich eingeladen hatte.

„Der Bau, den wir jetzt besichtigen", fuhr mein Freund fort, „vereinigt in sich eine große Zahl verschiedener Arbeiten und wird dir daher ein gutes Bild von der Vielseitigkeit des Tiefbaues geben. Was wir hier bauen, ist eine Wasserkraftanlage, also eine Anlage, die bekanntlich den Zweck hat, die Kräfte des angestauten Wassers auszunutzen und sie in elektrische Energie umzuwandeln. Unsere Bauarbeiten sind zur Zeit in vollem Gang, und du wirst Gelegenheit haben, sie sowohl am Wehr als auch am Kanal, im Stollen, an der Druckleitung und am Maschinenhaus besichtigen zu können".

Vom Bahnhof fuhren wir zunächst mit einem Bauzug auf einem Anschlußgleis nach der Wehrbaustelle an einem Fluß. Das Wehr, mit dem man das Wasser staut, wird aus einer Anzahl Schützentafeln bestehen, die sich zwischen Pfeilern auf und ab bewegen können und von der darüber führenden Brücke aus bedient werden. Neben dem Wehr wird zum Durchschleusen

Abb. 62. Löffelbagger beim Ausschaufeln eines Kanals

von Holzflößen eine Floßschleuse angeordnet und ferner ein Fischpaß, der den Zweck hat, den Fischen die Überwindung der Staustufe zu ermöglichen. Auf dem anderen Ufer wird im Anschluß an das Wehr vor dem Werkkanal, durch den das gestaute Wasser abgeleitet wird, das Einlaufbauwerk errichtet.

Da der Baugrund an der Wehrbaustelle aus Sand und Kies besteht und erst in einer gewissen Tiefe Ton angetroffen wird, ist eine Sicherung des gesamten Bauwerkes gegen Unterspülungen und Durchsickern des gestauten Wassers unter der Gründungssohle notwendig. Aus diesem Grund wird rings um das ganze Bauwerk eine eiserne Spundwand gerammt, die bis in die undurchlässige Tonschicht hineinreicht. Das Eintreiben der eisernen Bohlen, aus denen sich die Wand zusammensetzt, erfolgt mit Hilfe einer Dampframme. Ein hoher Turmdrehkran unterstützt die Ramme, indem er ihr die auf Plattformwagen über ein Baugleis herangebrachten Bohlen zureicht. Ist die Spundwand gerammt, so hebt man den Boden im Innern des Spundwandkastens aus, um in die so entstehende Baugrube zunächst die Betonsohle des Wehres einzubringen. Damit das Wasser des Flusses nicht in die Baugrube eintreten kann, läßt man die Spundwände so hoch hinaufreichen, daß sie auch bei höchstem Wasserstand mit ihrer Oberkante noch über dem Wasserspiegel stehen. Das von unten her in die Baugrube eindringende Grundwasser wird mit Hilfe von kräftigen Kreiselpumpen, die von Elektromotoren Tag und Nacht angetrieben werden, ausgepumpt. So gelingt es, die Baugrube ständig trocken zu halten. Von einem Teil des Wehres ist der Grundbau bereits fertig-

Abb. 63. Oberwassergraben mit Beton verkleidet

gestellt. Man ist dabei, die Pfeiler zu betonieren, wozu ein zweiter Kran dient, der beim Aufstellen der Schalung hilft und ferner den von der Betonmischmaschine in Kübeln herangebrachten Beton in die Schalung einbringt.

Nachdem wir diese Baustelle gründlich besichtigt hatten, wanderten wir zu Fuß an dem Werkkanal entlang in der Richtung nach dem Krafthaus. Dieser etwa 3 km lange Kanal oder, wie man auch sagt, Oberwassergraben ist schon zum Teil fertiggestellt; Sohle und Böschung sind sauber mit einer Betonschale verkleidet. Diese Verkleidung hat den Zweck, die Reibung des durchfließenden Wassers zu verringern, um dadurch möglichst wenig an Druck zu verlieren. Wo der Kanal über dem Gelände liegt, mußten beiderseits Dämme angeschüttet werden, deren Oberfläche mit Rasen ausgedeckt worden ist. An verschiedenen Stellen sind zur Überführung von Wegen und Landstraßen kleine Brücken über den Kanal gebaut worden. Sie bestehen aus einer Eisenbetonplatte, den Widerlagern und zwei im Kanalquerschnitt stehenden schlanken Eisenbetonpfeilern. Alle Brücken haben eine Fahrbahn, zwei Gehwege und zu beiden Seiten Geländer.

Am Kanal konnten wir noch beobachten, wie bei der Herstellung des Kanals Boden ausgeschachtet wurde, den man an anderer Stelle zur Aufschüttung der Dämme verwendete. Ein sogenannter Löffelbagger hob den Boden mit einem löffelartigen Grabwerkzeug aus und belud damit die Kippwagen, in denen das Erdreich dann mit Hilfe einer Baulokomotive nach der Einbaustelle gebracht wurde.

Schließlich führt der Kanal an einem steilen Berghang entlang, der angeschnitten werden mußte. Um Rutschungen des Erdreichs zu verhüten, wurde eine Stützmauer errichtet und zur Ableitung des Sickerwassers über der Mauer wurden Sickerschlitze oder sogenannte Rigolen angelegt.

Der offene Werkkanal mündet in einen Stollen, der durch eine Bergnase hindurchführt und eine große Schleife des Flusses abschneidet. Dieser Stollen erhält einen kreisrunden Querschnitt von etwa 3,3 m Durchmesser und wird, wie der Kanal, mit Beton verkleidet. Zur Zeit ist man allerdings noch mit dem Ausbruch beschäftigt. Die Herstellung eines solchen Stollens geht in der Weise vor sich, daß man von beiden Enden aus zuerst je einen Vortrieb- oder Richtstollen mit kleinem Querschnitt vortreibt, um möglichst rasch eine durchgehende Verbindung zu erhalten. In einer gewissen Entfernung folgt dem Richtstollen der Vollausbruch und nach dessen Fertigstellung die Verkleidung mit Beton. Zum Sprengen des Felsens werden Bohrlöcher mit Hilfe von Drucklufthämmern gebohrt, die man mit Sprengstoff füllt. Am Ende der Arbeitsschicht werden jeweils alle Sprengladungen gelöst und die Sprengtrümmer zu Beginn der folgenden Arbeitsschicht, nachdem die durch die Sprengung entstandenen Rauchgase abgezogen sind, beseitigt. Diese Arbeit nennt man „schuttern". Daran schließt sich dann wieder das Bohren der Löcher für den nächsten Abschuß an. Zur Verbesserung der Luft, besonders im Vortriebstollen vor Ort, muß stets frische Luft zugeführt werden, die von besonderen Gebläsen durch Eisenblechrohre eingepreßt wird.

Am Tage meines Besuches war der Durchschlag bereits erfolgt, d. h. die Vortriebstollen waren sich schon begegnet, so daß man sie in ihrer ganzen Länge begehen konnte. An einigen Stellen beobachtete ich kräftige Holzeinbauten. Mein Freund sagte, daß diese Verzimmerung des gebrächen und zum Teil druckhaften Gesteins wegen notwendig sei, wie solches bei Verwerfungen im Gebirge häufig angetroffen werde.

Obgleich die Luft im Stollen infolge des nach dem Durchschlag einsetzenden natürlichen Luftzuges recht gut war, atmete ich doch erleichtert auf, als wir das Ende des Stollens erreicht hatten und wieder den blauen Himmel über uns sahen. Wir standen nun an einem steilen, zum Fluß abfallenden Hang, auf dem ein breiter Streifen von Bäumen und Sträuchern gesäubert und gerodet war. Über diesen Streifen werden, wie mein Freund mir erklärte, in nächster Zeit zwei Druckrohrleitungen verlegt werden. Die Sockel zur Unterstützung dieser Leitungen sind zum Teil bereits betoniert. Zur Beförderung der einzelnen Rohrschüsse vom Tal aus wird soeben ein Schrägaufzug aufgestellt.

Am Ausgang des Stollens waren Arbeiter damit beschäftigt, die Berglehne von Erde und verwittertem Fels zu reinigen und den Bau des Wasserschlosses vorzubereiten. Das ist ein Wasserbehälter, in den der Stollen mündet und aus dem die Rohrleitungen abzweigen. Er hat den Zweck, Druckstöße und Wasserspiegelschwankungen auszugleichen, die durch das plötzliche Abschalten einzelner Turbinen im Maschinenhaus entstehen können.

Abb. 64. Wehr einer Wasserkraftanlage, vom Oberstrom aus gesehen

Nun folgte der Abstieg zum Fluß hinunter. Schon von weitem hörten wir den Lärm der Maschinen für den Bau der Kraftzentrale, besonders das Krachen des Steinbrechers der Aufbereitungsanlage, in der aus dem Felsausbruch das Steinmaterial für den Beton, d. h. Sand und Schotter, hergestellt wird.

Auf der Baustelle des Maschinenhauses fiel mir das scheinbar wirre Durcheinander von Bauwerksteilen, in die Luft ragenden Rundeisen, von Holzsteifen, eisernen Trägern usw. auf. Man versicherte mir aber, daß alles durchaus planmäßig angelegt sei und ausgeführt werde. Doch fügte man hinzu, daß der Unterbau einer Wasserkraftzentrale besonders mit Rücksicht auf die Turbinen ein kompliziertes Tiefbauwerk darstelle, das sich während der Bauzeit nicht so klar übersehen lasse. In das Maschinenhaus kommen drei Maschinensätze zum Einbau, die aus je einer Turbine mit senkrechter Welle und unmittelbar gekuppeltem Generator bestehen.

Nach der Flußseite war die Baugrube durch einen Fangdamm abgeschlossen, der aus zwei Reihen durch Anker verbundener Wände und dazwischengestampftem Lehm bestand; dies soll das Eindringen von Wasser in die Baugrube verhüten. Da das Maschinenhaus dicht neben dem Flußlauf errichtet wird, ist ein Unterwassergraben, d. h. eine Verbindung zwischen Krafthaus und Flußlauf, nicht erforderlich. Dagegen muß der Auslauf aus dem Maschinenhaus durch Pflaster befestigt und der Fluß auf eine gewisse Strecke durch Einbau von Bahnen und Leitwerken reguliert werden.

Damit waren wir am Ende der gesamten Anlage angekommen. In hohem Maß befriedigt von meiner Wanderung über die verschiedenen Baustellen, aber auch reichlich ermüdet, folgte ich gern der Aufforderung meines Freundes zu einer kurzen Rast und Erfrischung in dem Gemeinschaftshaus des nahe der Baustelle errichteten Arbeitslagers.

64. Fritz Todt.

Die Abschiedsworte, die der Führer des Deutschen Reiches am 12. 2. 1942 in Berlin dem Ableben von Dr. Todt widmete (Auszug).

„Es ist sehr schwer für mich, eines Mannes zu gedenken, von dem die Taten lauter und eindringlicher zeugen, als es je Worte zu tun vermögen. Als wir die schreckliche Nachricht von dem Unglück erhielten, dem unser lieber Parteigenosse Dr. Todt zum Opfer gefallen war, hatten wohl viele Millionen Deutsche die gleiche Empfindung von jener Leere, die immer dann eintritt, wenn ein unersetzbarer Mann seinen Mitmenschen genommen wird. Daß aber der Tod dieses Mannes für uns einen unersetzbaren Verlust bedeutet, weiß das ganze deutsche Volk. Dabei ist es nicht nur die schöpferische Persönlichkeit, die uns genommen wurde, sondern es ist auch der treue Mann und unvergeßliche Kamerad, dessen Weggang uns so schwer trifft.

Als Dr. Todt zur Bewegung stieß, zählte er 31 Jahre. Hinter ihm lag ein Leben, das, von der Volksschule angefangen, das Humanistische Gymnasium einschloß. Von 1910 bis 1911 diente der Einjährig-Freiwillige beim Feldartillerie-Regiment 14 in Karlsruhe. Von 1911 bis zum August 1914 studierte er wieder als Bauingenieur an den Technischen Hochschulen München und Karlsruhe. Schon 1913 bestand er das erste Vorexamen an der Technischen Hochschule zu München. Der Kriegsausbruch führte ihn im Feldartillerie-Regiment 14 zur Westfront. Im Oktober 1914 wird er als Leutnant der Reserve zum Grenadier-Regiment 110 abkommandiert. In ihm kämpft er bis zum Januar 1916. Dann tritt er über zur Luftwaffe, wird Fliegerbeobachter und ist endlich Führer einer selbständigen Fliegerformation bis Kriegsende an der Westfront.

Im Luftkampf wird er auch verwundet.

1919 beendigt er sein Studium und besteht im Winter 1920 an der Technischen Hochschule zu Karlsruhe sein Diplomexamen.

Seiner Doktorpromotion an der Technischen Hochschule in München liegt das Thema zugrunde: „Fehlerquellen beim Bau von Landstraßendecken aus Teer und Asphalt."

Anschließend an die im Jahre 1933 erfolgte Eröffnung der Automobilausstellung versuchte ich, die damals proklamierten Grundsätze auch auf das Gebiet nicht nur der Verbesserung des schon vorhandenen deutschen Straßennetzes, sondern der Erbauung neuer, besonderer Autostraßen zu verwirklichen. Es war dies eine allgemeine Planung, die im wesentlichen nur das Grundsätzliche umfaßte. In Dr. Todt glaubte ich nach langen Prüfungen und Erwägungen den Mann gefunden zu haben, der geeignet war, eine theoretische Absicht in die praktische Wirklichkeit umzusetzen. Eine von ihm herausgegebene Broschüre über neue Wege des Straßenbaues wurde mir vorgelegt und bestärkte mich noch besonders in dieser Hoffnung. Nach langen Aussprachen übertrug ich ihm am 30. Juni 1933 die Aufgabe des Baues der neuen Reichsautobahnen und im Zusammenhang damit überhaupt die Reformierung des gesamten deutschen Straßenbauwesens als Generalinspektor für das deutsche Straßenwesen. Damit hatte dieser Mann nun einen Rahmen gefunden, den er in wahrhaft unvergleichlicher und unvergänglicher Weise auszufüllen begann. Die deutschen Reichsautobahnen sind in der Planung der Anlage und Ausführung das Werk dieser ganz einmaligen technischen und auch künstlerischen Begnadung. Diese Straßen sind aber aus dem Deutschen Reich nicht mehr wegzudenken, sie werden aber in der Zukunft als selbstverständliche große Verbindungslinien im gesamteuropäischen Verkehrsraum ihre Fortsetzung finden.

Es war daher nur selbstverständlich, daß dieser Mann endlich zum Generalbevollmächtigten der Regelung der gesamten Bauwirtschaft ernannt, wurde und dann auch im Vierjahresplan als Generalinspektor für Sonderaufgaben seine besondere Stellung erhielt.

Der ausbrechende Krieg aber gab diesem gewaltigen Organisator der neueren Zeit sofort neue zusätzliche Aufträge. Ein System großer Aufmarschstraßen mußte in kürzester Frist in Gebieten des Reiches erstellt werden, die bisher gerade in ihren Verkehrswegen sehr vernachlässigt worden waren. Tausende und aber Tausende Kilometer von Straßen wurden entweder neu gebaut oder verbreitert, mit harten Decken versehen und staubfrei gemacht. Ja, als endlich der Kampf begann, marschierten die von diesem einmaligen Organisationstalent ins Leben gerufenen Verbände hinter und mit den Truppen vorwärts, beseitigten Hindernisse und zerstörte Brücken, verbesserten Straßen, schufen überall neue Übergänge über Täler, Schluchten, Flüsse, Kanäle und ergänzten so in einer unersetzbaren Weise die Pioniertruppen, die durch diese Entlastung befähigt wurden, sich enger an die vorwärtsdrängende Front zu hängen, und dadurch noch mehr aktiv in den Kampf eingreifen konnten, bei dem sie sonst oft nicht zur Stelle hätten sein können.

Der Krieg im Osten hat die Organisation Todt wieder vor neue Aufgaben gestellt. Die Kilometerlängen der ausgebesserten Straßen sowohl als die Zahl der neugebauten Brücken gehen in das Unendliche. Dieses ganze ungeheure Werk aber einschließlich seiner Tätigkeit als Reichsminister für Bewaffnung und Munition meisterte dieser Mann mit einem Minimum an Hilfskräften. Er war ohne Zweifel auf diesem Gebiet der bisher größte Organisator, den das deutsche Volk sein eigen nannte. Fern jeder Bürokratisierung verstand er es, mit einem denkbar geringsten eigenen Apparat sich all der Stellen und Kräfte zu bedienen, die für die Lösung seiner Aufgaben entweder früher zuständig oder sonst dafür brauchbar zu sein schienen.

Vieles von dem, was dieser Mann geschaffen hat, wird erst nach dem Kriege dem deutschen Volk zur Kenntnis und damit wohl zum bewundernden Staunen gebracht werden können.

Es ist so Einmaliges, was dieser Mann geschaffen hat, daß wir ihm alle nicht genug dafür danken können.

Wenn ich nun von dem Techniker und Organisator Fritz Todt sprach, dann muß ich aber auch noch besonders des Menschen gedenken, der uns allen so nahe gestanden hat. Es kann keine bessere Charakterisierung seiner Persönlichkeit geben als die Feststellung, daß dieser gewaltigste Menschenlenker der Arbeit weder in der Bewegung noch unter seinen Mitarbeitern jemals einen Feind besessen hat.

Der Mann, der selbst Millionen von Arbeitern dirigierte, war nicht nur verstandesmäßig, sondern vor allem seinem Herzen nach ein wirklicher Sozialist. Ihn, den größten Straßenbaumeister aller Zeiten, hat das Schicksal einst genau so wie mich in meinen jungen Jahren gezwungen, sich als einfacher Arbeiter das tägliche Brot selbst zu verdienen. Er hat sich dessen nicht nur nie geschämt, sondern im Gegenteil: Es waren stets Augenblicke stolzer und beglückender Erinnerungen, wenn er, der gewaltigste Bauleiter, den die Welt bisher hatte, sein eigenes Bild betrachten oder zeigen konnte, auf dem er selbst, noch von Staub und Schmutz bedeckt, mit zerrissenem Arbeitskleid an der Straße arbeitete oder vor dem kochenden Teerkessel stand.

Er hatte deshalb auch seine deutschen Straßenbauer — wie er sie nannte — besonders in sein Herz geschlossen. Es war sein ununterbrochenes Streben, ihre sozialen Bedingungen zu verbessern, an die Stelle der früheren erbärmlichen Zelte moderne Schlaf- und Aufenthaltsräume zu setzen, den Lagern den Charakter liebloser Massenquartiere zu nehmen und vor allem im Arbeiter selbst das Gefühl zu erwecken, daß der Straßenbau — wie überhaupt das ganze Bauhandwerk — eine Tätigkeit ist, auf die der einzelne jederzeit besonders stolz sein kann, weil sie Dokumente nicht nur von höchster menschlicher Wichtigkeit, sondern auch von längster Dauer schaffen.

Ich selbst kann für mich dem nur wenige Worte anschließen. Ich habe in diesem Mann einen meiner treuesten Mitarbeiter und Freunde verloren. Ich fasse seinen Tod auf als einen Beitrag der nationalsozialistischen Bewegung zum Freiheitskampf unseres Volkes."

X. Technische Werke
und Großtaten deutscher Technik.

65. Das Zeißwerk in Jena.

Wer sich mit dem Zug von Berlin nach München begibt, fährt im thüringischen Lande an der Saale entlang, die die Bahn bald rechts-, bald linksseitig begleitet. Dort, wo der liebliche Fluß aus der mitteldeutschen Gebirgslandschaft heraustritt, liegt an seinen Ufern, eingebettet in das Grün der Berge, die alte Universitätsstadt Jena.

Sie beherbergt in ihren Mauern ein Industriewerk, das ihren Namen in der ganzen Welt bekanntgemacht hat. Wenn man sich auch nur ein wenig mit Optik beschäftigt hat, so wird man bestimmt schon von Carl Zeiß und seiner Arbeit in Jena gehört haben. Das Werk, das von diesem Pionier deutscher Arbeit gegründet worden ist, und die darin hergestellten Erzeugnisse sollen uns im folgenden näher beschäftigen.

Das Zeißwerk stellt optische Instrumente vom Brillenglas bis zum Bau riesenhafter astronomischer Spiegelteleskope samt Kuppel und Bewegungsmechanismus her. Seine Mikroskope, Prismenfeldstecher, Epidiaskope, Stereoskope und fotografischen Objektive sind überall in der Welt verbreitet. Die mikroskopischen und mikrofotografischen Apparate dienen sowohl der Wissenschaft zur Erforschung aller dem Auge nicht unmittelbar zugänglichen Gegenstände, die mit ihnen vergrößert, sichtbar gemacht und fotografiert werden können, als auch der Technik zur Untersuchung der Werkstoffe. An der Herstellung der fotografischen und kinematografischen Kamera ist die Firma Carl Zeiß durch die Erzeugung hochwertiger Objektive beteiligt.

Eine besondere Abteilung für optische Meßinstrumente fertigt zahlreiche Instrumente für Untersuchung und Messung fester Körper, Flüssigkeiten und Gase an.

Das Flugwesen führte zum Bau bisher unbekannter Geräte, die den Zwecken der Landesaufnahme dienen. Mit Hilfe des Stereoplanigrafen, eines selbsttätig wirkenden Schichtlinienzeichners, können die vom Flugzeug oder von der Erde aus gemachten Aufnahmen zu genauen Karten ausgearbeitet werden. Außerdem ist er von großem Wert für die Aufgaben des Ingenieurfaches beim Bau von Eisenbahnen, Talsperren, Kanalanlagen usw.

Für den Geometer werden eine Fülle von Vermessungsinstrumenten, wie Nivelliere, Theodolite, Winkelprismen und optische Entfernungsmesser hergestellt, die alle ein Höchstmaß an Meßgenauigkeit bei kleinstem Gewicht und einfachster Handhabung aufweisen.

Ihre Kenntnisse und Erfahrungen in der Optik hat die Firma Zeiß schon seit 1897 auch der Astronomie nutzbar gemacht. Im Zeißwerk werden Fernrohre jeder Art für kleine Sternwarten, wie auch große astronomische Instrumente, z. B. Spiegelteleskope, Astrografen, Refraktoren und andere Geräte, die man auf den Sternwarten in aller Welt gebraucht, gebaut. Hier werden auch die Kuppeln zum Schutz der Geräte gegen Witterungsunbilden angefertigt. Hier sind auch die über die ganze Erde verteilten 27 Planetarien als glänzende Anschauungsmittel und wahre Wunderwerke optischer Genauigkeit zu nennen. Sie werfen das Bild des sichtbaren Sternenhimmels auf eine Kuppel und können die Bewegung sämtlicher Himmelskörper vor unseren Augen sich abspielen lassen.

Abb. 65. Bei den großen Himmelsrohren im Zeißwerk Jena

Militärischen Zwecken dienen Zielfernrohre, Entfernungsmesser, Signalgeräte und anderes. Vielfach sind diese Geräte gleich mit Kameras verbunden, wie dies bei Scherenfernrohrkameras, Unterseeboot- und Fliegerkameras der Fall ist, damit das Beobachtete auf einer Platte festgehalten werden kann.

Für die Schiffahrt, Polizei, Eisenbahn, Feuerwehr und andere Zwecke werden in der Scheinwerferabteilung Spiegelscheinwerfer gebaut. Sie zeichnen sich durch außerordentliche Reichweite aus.

Jahrelanger Studien und eingehender Berechnungen hat es bedurft, um wissenschaftlich einwandfreie Brillengläser herzustellen, die im Gegensatz zu den früheren Brillengläsern dem Auge in jeder Blickrichtung gleichmäßig deutliche Bilder vermitteln. Nach Beendigung des Weltkrieges hat das hochwertige Punktalglas ein neues Arbeitsgebiet gebracht. Mit diesen Sehhilfen wurden Millionen von Augenschwachen volle Sehleistung und das uneingeschränkte Blickfeld des Normalsichtigen wiedergegeben. Stargläser, Fern-

169

rohrbrillen für hochgradig Kurzsichtige, Brillenlupen für Naharbeit und Fernrohrlupen helfen den Menschen mit ganz besonders herabgesetztem Sehvermögen. Lupen und Lesegläser ermöglichen es, Einzelheiten eines Gegenstandes, einer Münze, einer Handschrift, einer Fotografie, einer Zeichnung usw. zu erkennen.

Eine besonders lebhafte Entwicklung hat die nach dem Weltkrieg neu gegründete Abteilung für technische Feinmeßwerkzeuge genommen. Fernrohre und Mikroskope sind durch die hier geleistete bahnbrechende Arbeit zu unersetzlichen Helfern in der Maßkontrolle des Industriebetriebes geworden. Überall da, wo Längen, Winkel oder Profile mit hoher Genauigkeit zu messen sind, treffen wir heute in Werkstatt und Laboratorium die Optimeter, Längenmeßmaschinen, Werkzeugmikroskope, optische Teilköpfe und andere meist mit optischen Hilfsmitteln ausgerüstete Feinmeßwerkzeuge an.

Das vorstehende Bild aus einer Werkstatt des Zeiß-Werkes in Jena zeigt uns Fernrohre, die zur Verwendung in drei verschiedenen Erdteilen bestimmt sind: im Hintergrund sehen wir ein großes Doppelfernrohr mit zwei Kammern von 400 mm Linsendurchmesser für die Sternwarte Brüssel; links daneben befindet sich ein Spiegelrohr von 600 mm Durchmesser für die Sternwarte Nanking; das lange Rohr eines 250 mm Refraktors auf der rechten Bildseite erhielt das Franklin-Memorial-Museum in Philadelphia. Im Vordergrund sind die großen Einzelteile für ein Spiegelteleskop von 1 m Spiegeldurchmesser für die Sternwarte Brüssel sichtbar.

66. Ernst Abbe.

Mit den Zeiß-Werken in Jena ist der Name eines Mannes eng verbunden, der das empfindlichste Sinnesorgan der Menschen unendlich erweitert und ihnen neue Augen geschenkt hat, Ernst Abbe. Er ist der Gründer der Carl-Zeiß-Stiftung. Im Jahre 1840 wurde er in Eisenach geboren. Aus einfachen Kreisen hervorgegangen, studierte er Physik und war schon mit 21 Jahren Doktor und Assistent an der Sternwarte, mit 23 Jahren Privatdozent und später Professor und Physiker in Jena. Sein Interesse wandte sich dort einer kleinen, von dem Feinmechaniker Carl Zeiß betriebenen feinmechanischen Werkstätte zu, die schon seit 1846 Mikroskope baute. Der junge Gelehrte wurde von Zeiß, der sich seiner Grenzen auf dem Gebiet der physikalischen Wissenschaften wohl bewußt war, ins Vertrauen gezogen und arbeitete eine vollkommen neue Theorie der Bilderzeugung im Mikroskop und in den anderen optischen Instrumenten aus.

Aber noch gab es eine praktische Schwierigkeit zu überwinden. Es fand sich kein Glas, das den Güteanforderungen Abbes an Linsen optischer Geräte voll entsprach. Deshalb setzte er sich mit dem Chemiker Dr. Otto Schott in Verbindung, der ihm einige Glasproben zusandte. Auch sie genügten zwar noch nicht gleich für Abbes Zwecke, leiteten aber doch eine fruchtbringende Zusammenarbeit zwischen den beiden Forschern ein. Nach hartnäckigen Laboratoriumsversuchen gelang es Schott, unter Beigabe von Phosphor und

Bor ein Linsenglas herzustellen, das jedes damals angefertigte weit übertraf und die wissenschaftlichen Kreise dadurch in Erstaunen versetzte.

Nach dem Tode von Zeiß am 3. Dezember 1888 übernahm Abbe als alleiniger Leiter die Firma Carl Zeiß. Im nächsten Jahr wurde die Carl-Zeiß-Stiftung errichtet, in der sowohl die Firma Zeiß als auch die Schottschen Glaswerke aufgingen. Den beiden Stiftungsbetrieben gab Abbe eine soziale Verfassung, die seiner Zeit weit vorauseilte. Er verschaffte der Gefolgschaft Anteil am Gewinn durch eine Lohn- und Gehaltsnachzahlung, Pensionsberechtigung, betriebliche Arbeitslosenversicherung, bezahlten Urlaub und bezahlte Feiertage. Als einer der ersten führte er im Jahre 1900 den Achtstundentag ein. Weiterhin sicherte er sich bereits die Mitarbeit der Gefolgschaft an dem Gedeihen der Werke durch Vertretungen der Arbeiter und Angstellten. Um zu vermeiden, daß diese Maßnahmen als Wohltätigkeit aufgefaßt wurden, stellte er alle diese Einrichtungen auf eine klare Rechtsgrundlage. Er wußte, daß auf diese Weise Höchstleistungen erzielt werden würden, die die sicherste Gewähr für die Zukunft seiner Schöpfung bedeuteten.

Als Ernst Abbe im Jahre 1905 die Augen schloß, hatte er die Gewißheit, ein Werk geschaffen zu haben, das sich als größtes optisches Unternehmen der Welt allgemeiner Anerkennung erfreut.

Abb. 66. Ernst Abbe

67. Die Reichsmesse Leipzig, ein Mittelpunkt des Welthandels.

Die Leipziger Messe, heute „Reichsmesse Leipzig" genannt, ist die größte internationale Messe der Gegenwart. Sie ist überall im Ausland als solche bekannt und zieht sowohl Techniker als auch Kaufleute und Industrieführer der ganzen Welt nach Deutschland. Sie war ursprünglich eine reine Warenmesse und entwickelte sich erst später zur Mustermesse. Nach der im Jahre 1917 erfolgten Gründung des Leipziger Meßamtes, dessen Name jetzt „Reichsmesseamt" lautet, wurde im räumlichen Zusammenhang mit der Mustermesse auch die Technische Messe in

171

Leipzig ins Leben gerufen, die dann im Frühjahr 1920 erstmalig auf dem Messegelände stattfand. Das bis dahin noch geringe Ausfuhrgeschäft der deutschen Industrie für Produktionsmittel konnte durch Angliederung an die Leipziger Weltmesse erst zum eigentlichen Weltmarktgeschäft erweitert werden. Die Technische Messe ermöglichte weiterhin die Anknüpfung und den Ausbau vielfacher Geschäftsverbindungen. Vor allem aber erwies sie sich als geeignet zur Wiedergewinnung des während des Weltkrieges verlorengegangenen Ausfuhrgebietes der deutschen Maschinenindustrie. Ausfuhr erfordert Wettbewerbsfähigkeit auf dem Weltmarkt. Diese Fähigkeit

Abb. 67. Gelände der Reichsmesse Leipzig

ist ausschließlich von der Güte und dem hohen Entwicklungsstand der technischen Erzeugnisse abhängig. Die Reichsmesse Leipzig und insbesondere die Technische Messe beeinflussen nun ganz entscheidend die Güte der Industrieerzeugnisse und damit die technische Entwicklung. Die Technische Messe, die immer in gleichen Zeitabständen abgehalten wird, bestimmt dadurch sogar das Zeitmaß der technischen Entwicklungsarbeit. Insofern sind gerade die Aussteller der Technischen Messe Schrittmacher für die gesamte Ausfuhr der neuzeitlichen Fertigwaren; denn das Land, das sich durch Lieferungen bester Maschinen auszeichnet, darf damit rechnen, daß die Welt auch seine anderen industriellen Erzeugnisse als hochwertig anerkennt.

Auf der Reichsmesse Leipzig kann sich jeder Einkäufer ein vollständiges Bild von den neuen Waren machen, die auf den Markt gebracht werden. Der Messebesucher erhält einen Überblick über alles, was angeboten wird, und kann jeden einzelnen Gegenstand in Ruhe prüfen. Hier kommt er in persönliche Verbindung mit dem Hersteller der Ware. Verkäufer und Käufer lernen sich kennen und können sich gegenseitig ihre Wünsche vermitteln.

Annähernd 10000 Hersteller von Fertigwaren und Maschinen bieten regelmäßig ihre neuesten Erzeugnisse an. In ihren Ausstellungen befinden sich neben den Waren für den europäischen Markt auch solche, die eigens

Abb. 68. Blick in die Werkzeugmaschinenhalle auf dem Gelände der Großen Technischen Messe und Baumesse in Leipzig

für den Verbrauch in überseeischen Gebieten hergestellt sind. Ebenso werden bei dem vielfältigen Maschinenangebot in den Riesenhallen der Technischen Messe nicht nur die Bedürfnisse der europäischen, sondern gerade auch der außereuropäischen Abnehmer berücksichtigt. Die Reichsmesse Leipzig dient also in einzigartiger Weise nicht nur dem Hersteller, der seine Erzeugnisse ausstellt, sondern auch dem Einkäufer und Ausfuhrkaufmann.

Die Reichsmesse Leipzig findet in jedem Frühjahr als Mustermesse sowie als Große Technische Messe und Baumesse statt, in jedem Herbst als Mustermesse und Baumesse. Für die Mustermesse werden 24 Messehäuser der Leipziger Innenstadt, für die Große Technische Messe und Baumesse über 400000 m² Ausstellungsfläche am Fuße des Völkerschlachtdenkmals mit 20 Riesenhallen benutzt.

173

Auf dem Gelände der Großen Technischen Messe und Baumesse sind in sämtlichen Hallen technische Auskunft- und Dolmetscherstellen eingerichtet, in denen fach- und sprachkundige Ingenieure den Messebesuchern in den Handelssprachen der Welt technische Auskünfte erteilen. Dolmetscher stehen für Stunden und Tage den ausländischen Messebesuchern, die der deutschen Sprache nicht mächtig sind, zur Verfügung.

In mehr als sieben Jahrhunderten hat die Leipziger Messe stets zuverlässig in guten und schlechten Zeiten der deutschen Wirtschaft unschätzbare

Abb. 69. Blick in ein Überspannungslaboratorium der Siemens-Werke

Dienste geleistet. Viele Geschlechter haben für die Messe gestritten, ihren Aufbau gefördert und alles getan, um in schweren Zeiten unheilvolle Schläge von dieser lebenswichtigen Einrichtung im Dienst des völkerverbindenden Güteraustausches abzuwenden. Im Geist dieser alten Überlieferung sucht man zu den alten Freunden der Reichsmesse Leipzig immer neue hinzuzugewinnen und ihnen allen, die aus dem In- und Ausland kommen, nicht nur beim Aufenthalt in der Reichsmessestadt, sondern auch sonst jederzeit mit Rat und Tat zur Seite zu stehen. Diese Aufgabe erfüllt an erster Stelle das Reichsmesseamt in Leipzig, dem die Durchführung der Messen obliegt.

So ist die Reichsmesse in Leipzig als eine Brücke zum Ausland anzusehen, denn: „Handel verbindet die Völker".

174

68. Die technische Arbeit im Hause Siemens.

Das Haus Siemens ist eines der wenigen Unternehmen der Elektrotechnik, das sich mit ihr seit ihren Anfängen im gesamten Umfang beschäftigt hat. Beide Hauptzweige der Elektrotechnik, die Schwachstrom- und die Starkstromtechnik, sind von hier ausgehend in ihrer weiteren Entwicklung durch zahlreiche Erfindungen gefördert worden. Dieses umfassende Arbeitsgebiet verteilt sich heute auf mehrere Firmen und viele Werke. Die Siemens & Halske AG. bearbeitet das Gesamtgebiet der Fernmeldetechnik, der elektrischen Meßtechnik und der Elektrochemie, die Siemens-Schuckertwerke AG. hingegen bearbeitet die Starkstromtechnik. Einzelne Teile dieser Gebiete sind wieder in besonderen Firmen zusammengefaßt. Fertigungsstätten besitzt das Haus Siemens in vielen Landesteilen Deutschlands und an verschiedenen Stellen des europäischen Auslandes. Aber ihre Verwaltungen und die wichtigsten Werke der beiden Hauptgesellschaften des Hauses Siemens befinden sich heute in Siemensstadt bei Berlin, so daß hier die Hauptzweige der Elektrotechnik in einer Stadt vereinigt sind.

Der Grund dafür, daß die Siemens-Werke in der Elektrotechnik von Anfang an stets an der Spitze der Entwicklung geblieben sind, liegt in der Güte ihrer Arbeit. Bereits auf Werner Siemens, den Gründer des Hauses, geht die technisch-wissenschaftliche Arbeitsweise zurück, die bestrebt ist, technische Fragen durch wissenschaftliche Untersuchungen zu klären. Deshalb stehen in den einzelnen Werken die Laboratorien an erster Stelle. Sie befassen sich nicht nur mit den Aufgaben, die aus der stetigen Fortentwicklung elektrotechnischer Einrichtungen anfallen, sondern auch mit Fragen, die sich aus der Anwendung dieser Einrichtungen in der Praxis ergeben, sowie mit Untersuchungen, die das Auffinden neuer, besserer Baustoffe zum Ziel haben. Die Gediegenheit der Erzeugnisse des Hauses Siemens wird weiterhin dadurch gewährleistet, daß auch heute noch der Handwerker nicht ausgeschaltet ist. Es gibt daher bei Siemens noch viel Handwerksarbeit, obwohl dort, wo es angängig ist, auch im großen Umfang die Massenfertigung durchgeführt wird. Aber auch hierbei zeigt sich in der Anwendung von Präzisionsmaschinen, Fertigungsvorrichtungen und Prüfeinrichtungen das Streben nach Qualitätsarbeit.

Die Fertigungsstätten der Siemens & Halske AG. tragen zur Erinnerung an den Gründer des Hauses die Bezeichnung „Wernerwerk". Fast für jeden Zweig der Fernmeldetechnik, für Telegrafie, Fernsprechen, Verstärkertechnik, Funk und Rundfunk sind besondere Werke vorhanden. Fertigungstechnisch gehören diese Zweige, die ihrerseits wieder überaus vielgestaltig sind, zur Feinmechanik. Allerdings wurden in den Werkstätten auch Geräte hergestellt, die zwar nicht unmittelbar zur Elektrotechnik gehören, zu deren Entwicklung indessen die Siemens-Werke beigetragen haben, wie beispielsweise Reproduktionsautomaten, Kameras und Projektoren für Schmalfilm.

Das Wernerwerk M in Siemensstadt ist eine der größten und vielseitigsten Meßinstrumentenfabriken der Welt. In ihr entstehen nicht nur elektrische Meßapparate für die Meßtechnik, sondern auch Geräte für Mengenmessungen sowie Einrichtungen zur elektrischen Fernübertragung von Meßwerten und zur selbsttätigen Regelung von technischen Vorgängen aller Art. Die Erzeugung dieses Werkes ist von einer verwirrenden Vielseitigkeit. Man sieht da elektrische Meßinstrumente aller Systeme und Größen, z. B. solche, die man bequem in der hohlen Hand halten kann, neben Ausführungen mit einem Skalendurchmesser von 1 m.

Die Elektrochemie gehört von jeher zum Arbeitsgebiet des Hauses. Viele bahnbrechende Erfindungen auf diesem Gebiete gehen auf Werner Siemens zurück. Heute ist das Wernerwerk für Elektrochemie die einzige Entwicklungs- und Fertigungsstätte der Welt, die sämtliche Teilgebiete dieses Zweiges der Elektrotechnik in sich vereinigt. Zu den wichtigsten gehören der Bau von Elektroöfen für Metallurgie, die metallische und nichtmetallische Elektrolyse, die elektrochemische Oberflächenbehandlung von Metallen und die Elektroosmose.

In der Starkstromtechnik ist die Fertigung nach der Größe der Erzeugnisse auf mehrere Werke aufgeteilt, denn es gibt elektrische Maschinen mit Leistungen von einigen Watt bis 100 000 kW. Wenn auch dazwischen alle Größenanordnungen vertreten sind, so kann man doch etwa drei Gruppen unterscheiden: die Großmaschinen von etwa 1000 kW aufwärts, die meistens einzeln gebaut werden, die Mittelmaschinen bis zu 10 kW abwärts, bei denen die Reihenfertigung vorherrscht, und die Kleinmaschinen, die in Massenfertigung hergestellt werden, für Leistungen unter 10 kW.

Im Dynamowerk finden wir den Großmaschinenbau. Es besteht aus großen Hallen, in denen Laufkräne den Transport der Werkstücke bzw. der Arbeitsmaschinen übernehmen. Hier entstehen Wasserkraftgeneratoren, die schon bis zu Leistungen von 100 000 kW ausgeführt worden sind, Motoren für Walzwerke und elektrochemische Betriebe, große Umformersätze und ähnliche Maschinen. Da das Dynamowerk dem Fortschritt im Großmaschinenbau besondere Bedeutung beimißt, wird höchster Wert· auf Forschung und Prüfung gelegt. In großen Prüffeldern werden die fertigen Maschinen unter den Verhältnissen, unter denen sie arbeiten, auf die Eigenschaften geprüft, die sie nach der Berechnung haben müssen.

Kleine Generatoren, Motoren und Umformer, Motoren für den Einbau in Werkzeugmaschinen sowie Kleinstmaschinen zum elektrischen Antrieb von Büromaschinen werden im Elektromotorenwerk gebaut, ebenso auch Geräte, bei denen der Elektromotor einen konstruktiv wichtigen Teil bildet, wie Staubsauger, Kühlschränke, Pumpen usw. Derartige Maschinen, deren Zahl jährlich in die Hunderttausende geht, lassen sich nur in Massenfertigung wirtschaftlich herstellen, und ihre Verfahren sind im Elektromotorenwerk auf eine hohe Stufe der Entwicklung gebracht worden.

Alle Stromerzeuger, Umspanner und Stromverbraucher werden an die Übertragungsleitungen mit Schaltern angeschlossen, deren Größe und Ausführung entsprechend dem weiten Bereich der Ströme und Spannungen, die in der Starkstromtechnik vorkommen, sehr verschieden sind. So erklärt es sich, daß das Schaltwerk, ein elfstöckiges Hochhaus, in einem Fertigungsplan etwa 4000 verschiedene Typen hervorbringt. Wichtige Bindeglieder bilden in der Starkstromtechnik die Stromrichter, deren Erzeugung im Stromrichterwerk zusammengefaßt ist, während die Kleinröhren, die Verstärkerröhren der Fernmeldetechnik, Braunsche Röhren, Glimmröhren usw. in einem besonderen Röhrenwerk hergestellt werden. Zur Installation elek-

Abb. 70. Das Übermikroskop von Siemens u. Halske

trischer Licht- und Kraftanlagen gehören Zähler- und Verteilertafeln, Sicherungen, Dreh- und Hebelschalter, Steckdosen, Anschlußstecker usw. Diese Teile, die die Elektrotechnik in großen Mengen benötigt, bilden ebenfalls ein einheitliches Fertigungsgebiet, für das ein Kleinbauwerk vorhanden ist.

Kabel und Leitungen stellen heute in der Elektrotechnik ein Arbeitsfeld dar, das an Größe und Gliederung dem Gerätebau kaum nachsteht. Dieses Gebiet bearbeitet das Kabelwerk, dem ein Metallwerk, ein Gummiwerk und ein Lackwerk angeschlossen sind. Sämtliche Betriebe bilden eine große Werkanlage. Sie liegt außerdem günstig an einem Großschiffahrtsweg, der neben vorzüglichen allgemeinen Beförderungsmöglichkeiten zugleich noch den besonderen Vorteil bietet, daß größere Kabellängen, etwa ganze Seekabel, vom Fabrikhof aus unmittelbar in Seeschiffe verladen werden können.

So sehen wir denn ein vielgestaltiges Bild der technischen Arbeit in und bei Siemensstadt, die diese Zeilen naturgemäß nicht erschöpfend darstellen können. Sie vermitteln aber dem Leser bereits einen Einblick in die gewaltigen Werkstätten, die den Namen „Siemens" in der Welt bekannt gemacht haben. Noch heute lebt in den Siemenswerken der Geist ihres Begründers fort, der einmal schrieb: „Wer das Beste liefert, bleibt schließlich oben, und ich ziehe immer die Reklame durch Leistungen der durch Worte vor."

69. Werner von Siemens.

Werner von Siemens, der Pionier der Elektrotechnik und Begründer der Siemens-Werke, wurde am 13. Dezember 1816 auf dem Gut Lenthe in Hannover geboren. Auf der von seinem Vater im Jahre 1823 gepachteten Domäne Menzendorf in der Nähe der Stadt Lübeck verlebte er in der ungebundenen Freiheit der Natur, inmitten einer Schar von Geschwistern und Kameraden eine glückliche Jugendzeit, deren er sich noch in hohem Alter gern erinnerte.

Nach einem Unterricht in der Bürgerschule des benachbarten Städtchens Schönberg, dann durch Hauslehrer, vollendete er seine Schulbildung auf dem Catharineum in Lübeck, einem Gymnasium besten Rufes. Schon hier traten in der Bevorzugung bestimmter Lehrfächer seine Neigung für die Naturwissenschaften und seine Vorliebe für Mathematik und Physik hervor, die in ihm den Wunsch erweckten, sich einem technischen Beruf zu widmen. Das Studium auf der Berliner Bauakademie, damals der einzigen Anstalt für akademische Ingenieurausbildung in Norddeutschland, konnte der Vater seinem Sohn der Kostspieligkeit wegen nicht ermöglichen; Werner von Siemens entschloß sich daher, als Offiziersanwärter bei der preußischen Artillerie einzutreten. Auf der Artillerie- und Ingenieurschule in Berlin genoß er in einem dreijährigen Studium den ersehnten naturwissenschaftlichen Unterricht. Bei der praktischen Ausbildung zum Artilleristen kam ihm die Erkenntnis seiner technischen Begabung; denn alles, was den meisten seiner Kameraden schwer wurde zu begreifen, schien ihm selbstverständlich.

Nach bestandenem Offiziersexamen benutzte der junge Leutnant jede freie Minute, die der Dienst ihm ließ, zu mathematischen, physikalischen und chemischen Studien, zu denen sich bald Experimente gesellten. 1842 erhielt er sein erstes Patent für eine verbesserte Methode der Vergoldung und Versilberung auf galvanischem Wege; 1845 gelang ihm die Herstellung einer brauchbaren Schießbaumwolle. Von Bedeutung war auch sein Chronograph zum Messen von Geschoßgeschwindigkeiten.

Neben dem erwachten Schaffensdrang war es die Notwendigkeit, sich eigene Erwerbsquellen zu erschließen, die ihn zu immer neuen Versuchen und Erfindungen veranlaßten. 1842 waren seine Eltern im Verlauf weniger Monate gestorben, ohne nennenswerte Geldmittel zu hinterlassen, und der erst Vierundzwanzigjährige fühlte als Familienälteste die Verpflichtung, für die Geschwister zu sorgen. Schon im Elternhaus, wo Vater und Mutter durch wirtschaftliche Nöte zu sehr in Anspruch genommen waren, um die schnell anwachsende Kinderschar ständig zu beaufsichtigen, erwachte in ihm das Gefühl der Verantwortung für die kleineren Geschwister. Dieses Gefühl bewahrte er auch nach seinem Fortgang. Noch zu Lebzeiten der Eltern nahm er seinen sieben Jahre jüngeren Bruder Wilhelm zu sich nach Magdeburg, ließ ihn dort

die Gewerbe- und Handelsschule besuchen und überwachte seine Entwicklung. Nach dem Tod der Eltern trat die Sorge um die Erziehung auch der anderen Geschwister an ihn heran. Es gelang, die Verwertung seines Patentes auf galvanische Vergoldung in London für 30 000 Mark zu verkaufen und so der Geldnot der Brüder für einige Zeit ein Ende zu machen. Weitere Erfindungen, wie eine galvanische Vernicklung, ein anastatisches Druckverfahren, ein Regulator für Dampfmaschinen, brachten jedoch keinen wirtschaftlichen Gewinn, sondern verzehrten im Gegenteil das erworbene Geld.

Entscheidend für seine weitere Laufbahn wurde die Telegrafie. Die preußische Militärverwaltung war um 1846 im Begriff, anstatt der bisher verwendeten optischen Signalgeräte die elektrische Telegrafie zur Nachrichtenübermittlung einzuführen, aber die bisher angestellten Versuche waren unbefriedigend, weil die Telegrafen nicht sicher und gleichmäßig arbeiteten. Werner von Siemens erkannte sehr bald die Ursache des Mißerfolges und konstruierte 1846 einen zuverlässigen Zeigertelegrafen, bei dem der Gleichlauf mit Hilfe der Selbstunterbrechung des Stromes bewirkt wurde. Er übergab die Ausführung des Gerätes dem Präzisionsmechaniker Johann Georg Halske, der wegen seiner Geschicklichkeit und der Gediegenheit seiner Arbeiten unter den Berliner Physikern besonderes Ansehen genoß. Werner von Siemens wurde in die Telegrafenkommission des Generalstabs berufen, wo ihm die Leitung beim Bau der ersten Telegrafenlinien übertragen wurde. Zur Isolierung der unterirdisch verlegten Drähte verwendete er als erster Guttapercha, eine unelastische, in erwärmtem Zustand bildsame Masse aus dem Saft der tropischen Gummibäume, die mit Hilfe einer von ihm konstruierten Schraubenpresse nahtlos um die Drähte gepreßt wurde. In der Überzeugung, daß die Telegrafie ein eigener, wichtiger Zweig der wissenschaftlichen Technik werden würde, entschloß sich Werner von Siemens, sich mit ihr nunmehr vorzugsweise zu beschäftigen. 1847 gründete er in Gemeinschaft mit J. G. Halske eine kleine Werkstatt für den Bau von Telegrafen, die nach dreimonatiger Tätigkeit zehn Arbeiter beschäftigte, deren

Leitung vorerst Halske übernahm, während Werner von Siemens noch in militärischen Diensten verblieb.

Im Jahre 1848 führte er den ihm übertragenen Bau der ersten langen Telegrafenleitung Europas von Berlin nach Frankfurt a. M. aus. Im Jahre darauf reichte er seinen Abschied beim Heer ein, um sich nun ausschließlich wissenschaftlich-technischen Studien und seiner Firma zu widmen.

Die Telegrafen-Bauanstalt von Siemens & Halske entwickelte sich sehr schnell und erhielt Weltruf. Die naturwissenschaftlichen Kenntnisse und der erfinderische Geist von Siemens und die praktisch-mechanischen Kenntnisse und Fähigkeiten Halskes bildeten eine glückliche Vereinigung. Die durchdachten und in untadelhafter Gediegenheit ausgeführten mannigfachen Konstruktionen der Firma dienten überall als Vorbilder. In allen Weltaustellungen erhielt die Firma die höchsten Anerkennungen. Neben dem Bau von Telegrafengeräten wurden auch die dazu gehörigen Anlagen ausgeführt. 1852 übertrug man Siemens den Auftrag zum Bau der ersten russischen Telegrafenlinie von Petersburg nach Oranienbaum, dem in den nächsten Jahren ausgedehnte Bestellungen folgten. Bald war das ganze russische Reich mit Telegrafenlinien überzogen, deren Überwachung und Instandhaltung der Firma gleichfalls zugewiesen wurden. Zur Leitung der Linienbauten und als Vertreter für die Verhandlungen mit den Behörden entsandte Siemens seinen Bruder Carl nach Rußland, der sich durch sein großes technisches Verständnis sehr schnell Achtung und Ansehen erwarb und der Begründer und Leiter der russischen Siemens-Werke wurde.

Auch in England sollte Siemens bald ein Feld für seinen Betätigungsdrang finden. Dort lebte sein Bruder Wilhelm als Zivilingenieur und hatte durch Vorträge in den wissenschaftlich-technischen Vereinen das Interesse der Fachwelt für Bruder Werners telegrafische und seine eigenen thermodynamischen Erfindungen geweckt. 1850 begannen englische Firmen mit unterseeischen Kabellegungen, die im flachen Wasser glückten; aber bei Verlegung im tiefen Wasser zeigte es sich, daß durch das Gewicht des im Wasser hängenden Kabelstückes das ganze Kabel unaufhaltsam aus dem Schiff heraus in die Tiefe gezogen wurde oder abriß und im Meer verschwand. Sieben Jahre später wurde Werner von Siemens aufgefordert, bei einer solchen Kabellegung im Mittelländischen Meer die elektrischen Prüfungen während und nach der Legung zu übernehmen. Die ganz unzulänglichen Legevorrichtungen nötigten ihn, gegen seine ursprüngliche Absicht, sich in den mechanischen Teil der Verlegung einzumischen. Er entwickelte eine Theorie des Kabellegens, die er auch sogleich anwandte und später unter dem Titel: „Beiträge zur Theorie der Legung und Untersuchung submariner Telegrafenleitungen" veröffentlichte; sie ist bis heute für alle Tiefseekabelverlegungen maßgebend geblieben. Unter der Leitung seines Bruders Wilhelm entstand in England die Firma Siemens Brothers, die durch ihre großen, mit glücklichem Erfolg durchgeführten Kabelunternehmungen Weltruf erlangte. Besonders hervorzuheben sind die von den Brüdern Siemens gebaute Indoeuropäische Telegrafenlinie, die England über Preußen, Rußland und Persien direkt mit Indien verband, und die Legung des ersten transatlantischen Kabels von Irland nach den Vereinigten Staaten.

Alle diese Unternehmungen veranlaßten Werner von Siemens, sich unausgesetzt mit der Vervollkommnung und Neukonstruktion der Telegrafengeräte zu beschäftigen. Dabei entstanden Typendrucker, Morseapparate in verbesserter Form, Maschinentelegrafen mit selbsttätiger Zeichengebung und Einrichtungen für Mehrfachtelegrafie zur besseren Ausnutzung der Leitungen. Ferner entwickelte er neue Formen für Stromquellen, wie die Tellermaschine zur Erzeugung von Gleichströmen höherer Spannung und den Magnetinduktor mit dem Doppel-T-Anker, und schuf elektrische Meßapparate, die große Verbreitung gefunden haben.

Im Jahre 1866 machte Werner von Siemens seine einschneidendste Erfindung: das dynamoelektrische Prinzip, die selbsterregende Dynamomaschine, deren ungeheure Tragweite er sogleich voraussah. Ihre praktische Anwendung fand sie zunächst bei elektrischen Minenzündgeräten, später für Scheinwerfer- und Bogenlampenbeleuchtung sowie für elektrochemische Zwecke. Die von Siemens gebaute erste elektrische Eisenbahn wurde 1879 auf der Berliner Gewerbeausstellung vorgeführt. Im nächsten Jahr reichte Siemens der Stadt Berlin den Entwurf für eine elektrische Hochbahn ein. 1881 wird die erste elektrische Straßenbahn in Lichterfelde bei Berlin in Betrieb genommen. So entwickelte sich die Starkstromtechnik dank der Pioniertätigkeit von Siemens auf allen Gebieten mehr und mehr. Doch Siemens setzte sich nicht nur für die praktische Durchbildung, sondern auch für die wissenschaftliche Weiterentwicklung der Elektrotechnik ein. Die Gründung eines wissenschaftlichen Forschungsinstituts, der Physikalisch-Technischen Reichsanstalt in Berlin, ist nicht zum wenigsten seinem unermüdlichen Einsatz zu danken. Die Ergebnisse seiner wissenschaftlichen und technischen Tätigkeit legte er wenige Jahre vor seinem Tod in einem zweibändigen Werk: „Wissenschaftliche und technische Arbeiten" nieder. Eine anschauliche Schilderung seines inhaltreichen Lebens hat er uns in einer Selbstbiographie, betitelt „Lebenserinnerungen", hinterlassen.

Reich an Ehrungen des Staates, der Wissenschaft und der Technik wurde er 1888 in den erblichen Adelsstand erhoben. Zwei Jahre später trat Werner von Siemens von der Leitung des Unternehmens zurück, um sich ganz der Wissenschaft zu widmen. Er arbeitete aber auch jetzt noch tätig mit und nahm an allen wichtigen geschäftlichen Entscheidungen teil. Als er am 6. Dezember 1892 in Charlottenburg einer Lungenentzündung erlag, meldeten die von ihm entwickelten Telegrafen die Trauerbotschaft über den ganzen Erdball.

70. Neuzeitliche Riesenschweißmaschinen.

Von den Siemenswerken wurde eine vollselbsttätige Stumpf- und Abbrennschweißmaschine von noch nicht erreichter Leistung gebaut, mit der Querschnitte bis 40 000 mm² verschweißt werden können. Es lassen sich sowohl zwei einzelne Werkstücke, die auch hohl sein können, miteinander verbinden, wie aber auch aus einem Stück bestehende ringförmige Körper zu einem geschlossenen Ring oder dergleichen verschweißen. Die Werkstücke werden in stromführende Böcke eingespannt, von denen der eine ortsfest gelagert, der andere dagegen mit einem Schlitten verbunden ist, der auf dem Maschinenbrett hin und her gleiten kann.

Abb. 72. Vollselbsttätige Stumpfschweißmaschine für Querschnitte bis 40 000 mm²
(Abbrennvorgang)

Die Schweißung wird in der Regel als sogenannte Abbrennschweißung durchgeführt, bei der man drei zeitlich aufeinanderfolgende Arbeitsvorgänge unterscheidet: das Vorwärmen, das Abbrennen und das Stauchen. Beim Vorwärmen werden die Werkstücke nach Einschaltung des Stromes eine Zeitlang wechselweise zusammengeführt und wieder auseinandergezogen, so daß durch die auftretenden Kurzschlüsse allmählich die Stirnflächen erwärmt, jedoch noch nicht miteinander verschweißt werden. Bei diesem Vorgang, vor allem aber bei dem nachfolgenden Abbrennen, werden im Material befindliche Unreinigkeiten sowie Oxyde und überhitztes Material herausgeschleudert, worauf das im Bilde sichtbare Funkensprühen zurückzuführen ist. Sobald durch das Abbrennen die Stoßflächen gleichmäßig auf Schweißtemperatur gebracht sind, werden sie durch einen schlagartig ausgeführten

182

Stoß so weit ineinandergetaucht, bis die Querschnitte innig miteinander verbunden sind. Der an der Stoßstelle entstehende perlförmige Grat läßt sich auf einfache Weise entfernen.

Die Maschine steuert den Schweißvorgang vollkommen selbsttätig; nach Einspannen der beiden zu verschweißenden Werkstücke wird durch Betätigung eines Druckknopfes der gesamte Ablauf der verschiedenen Einzelvorgänge eingeleitet. Durch die Gleichmäßigkeit der Schweißungen und durch die Ausschaltung von Bedienungsfehlern ist Gewähr für eine ausgezeichnete, gleichbleibende Güte der Schweißverbindungen gegeben.

Von der Leistungsaufnahme, die für das Schweißen derartig großer Querschnitte erforderlich ist, kann man sich leicht ein Bild machen, wenn man bedenkt, daß in der Maschine zur Herabsetzung der Netzspannung auf die erforderliche Schweißspannung ein Transformator von 750 kVA eingebaut ist und daß die größten auftretenden Schweißströme etwa bei 100 000 A liegen. Die Daueraufnahme von 750 kVA entspricht der Lichtversorgung einer Stadt von etwa 30 000 Einwohnern.

Auch in mechanischer Hinsicht werden bedeutende Anforderungen an die Maschine gestellt; beträgt doch der Einspanndruck für die Werkstückenden bis zu 150 t und der Druck, mit dem die Stauchung erfolgt, bis zu 100 t. Selbst bei diesen hohen Beanspruchungen muß die Maschine äußerst feinfühlig und mit höchster Genauigkeit arbeiten, damit tatsächlich vollkommen einwandfreie Schweißungen gewährleistet sind.

Für die Beförderung der Maschine, die 75 t wiegt und bei einer Höhe von 6 m eine Länge von 7,5 m hat, waren vier Eisenbahnwagen erforderlich.

71. Ein Rundgang durch die AEG-Fabriken.

Im Jahre 1883 wurde in Deutschland ein Unternehmen gegründet, aus dem später die „Allgemeine Elektricitäts-Gesellschaft" (AEG) hervorging. Sie besitzt heute mehr als 20 Einzelwerke. Durch einige der größten Fabriken soll uns der nachfolgend beschriebene Rundgang führen.

In einer der Fabriken werden als Haupterzeugnisse Elektrizitätszähler hergestellt, die wir in unseren Wohnungen zur Messung der von den Elektrizitätswerken gelieferten Energie brauchen. Zähler können also als die Waage des Elektrizitätswerkes für die verkaufte Energie betrachtet werden.

Bei der heute so weit vorgeschrittenen Elektrifizierung aller Betriebe und aller Haushaltungen ist der Elektrizitätszähler zu einer Massenware geworden. Man ist also auf die Herstellung am laufenden Band angewiesen, um die erforderlichen Mengen bereitstellen zu können. Trotzdem muß die fließende Fertigung den allerhöchsten Anforderungen an Maßgenauigkeit entsprechen, da der Zähler ein ausgesprochenes Präzisionsmeßgerät ist.

Vom Rohstoff bis zum fertigen Zähler läuft die Herstellung Teil für Teil in einem festen, vorgeschriebenen Arbeitsgang, dem auch die schweren Stanzen und Pressen für die Anfertigung der Zählergehäuse eingegliedert sind. Den Stanzen werden flache Bleche in den geöffneten Rachen geschoben, und heraus fallen fertig gepreßte Zählergehäuse. Die Stücke, die die Maschinen auswerfen, gleiten über Rutschen auf die Wandertische, die sie dem nächsten Arbeiter zuführen. An einer anderen Stelle sehen wir, wie die Gehäuse lackiert werden. Sie drehen sich selbsttätig unter einem sprühenden Lackstrahl und wandern alsdann durch einen langen Trockenofen, aus dem sie gebrauchsfertig herauskommen.

Am klarsten erkennt man das Wesen der fließenden Fertigung an den Wandertischen der Montagewerkstätten, auf denen die zahllosen Einzelteile des Zählers zusammenlaufen und von geschickten Frauenhänden zusammengefügt werden. Die fertigen Zähler verlassen das Fließband und landen im Versandlager, wo sie verpackt und reisefertig gemacht werden.

Neben dem Zähler werden in dieser Fabrik noch Tarifgeräte, Schaltuhren, elektrische Zentraluhrenanlagen, Eichstationen und Kraftwagenvergaser hergestellt.

Ganz in der Nähe liegen Fabriken, in denen der Elektromaschinenbau untergebracht ist. Dieses Arbeitsgebiet umfaßt im einzelnen den Bau von Motoren aller Art, vom kleinsten Küchenmotor bis zum größten Wasserkraftgenerator, von Maschinen für Industrie, Landwirtschaft, Gewerbe, Haushalt und Bahnen, ferner den Bau von Gleichrichtern, Lüftern, Anlassern, Widerständen und Steuerungen.

Den stärksten Eindruck vermitteln die Hallen des Großmaschinenbaues. Die gewaltigen Gebäude dieser Fabriken gliedern sich in viele parallel laufende Schiffe, die von großen Kranbahnen beherrscht werden. Kaum sind die weiten Hallen zu überblicken, die vom Maschinenlärm angefüllt sind und aus denen zuweilen die roten Lampen der Prüffelder herausleuchten. Die Maschinen, die in diesen Hallen gebaut werden, sind jedoch nicht die größten, die das Werk herstellt. Für die mächtigen Wasserkraftgeneratoren ist noch eine besondere Montagehalle vorhanden. Hier befindet sich auch eine bemerkenswerte Einrichtung zum Prüfen der Wasserkraftmaschinen: eine riesige, nach allen Seiten geschützte Schleudergrube für den Probe- und Überdrehzahllauf. In dieser Grube werden die umlaufenden Teile der Maschine mit einer Drehgeschwindigkeit geprobt, die weit über der für den praktischen Betrieb vorgesehenen liegt.

In der Turbinenfabrik werden in erster Linie Dampfturbinen, außerdem Kreiselpumpen, Kreiselverdichter, Zahnradgetriebe und Kondensatoren angefertigt. In diesen Werkstätten entstand vor mehr als dreißig Jahren die erste Anzapfturbine der Welt, hier wurden 1916 die damals größten Turbosätze gebaut, nämlich zwei Maschinen zu je 50 000 kW für das Goldenbergwerk bei Köln. Für das Großkraftwerk Klingenberg lieferte die AEG-Turbinenfabrik die drei 80 000 kW-Turbinen und für das Mitteldeutsche Großkraftwerk Golpa-Zschornewitz sogar eine 85 000 kW-Turbine.

In einem anderen Stadtteil Berlins liegt das Kabelwerk Oberspree der AEG. Als Ausgangspunkt für die Kabelherstellung dienen Kupfer- oder Aluminiumbarren, die auf dem Wasserweg in das Werk gelangen. Das Auswalzen der Barren erfolgt in dem vollautomatisch arbeitenden Walzwerk des Kabelwerkes. Der einzelne Barren wird vom Fabrikhof aus in die Glühkammer des Walzwerkes geschoben, dort auf 800 ° C erhitzt und dann den Walzenstraßen zugeführt. Schienen lenken seinen Weg, der durch immer schmalere Tore führt. Schließlich wird aus dem ungefähr 1 m langen Barren eine nur noch daumenstarke Schlange von großer Länge, deren weitere Streckung zu einem 7—8 mm starken Band die Fertigwalzenstraße übernimmt. In der Drahtzieherei wird der Draht in Ziehstählen mit immer enger werdenden Bohrungen noch weiter gestreckt, bis er endlich nach Durchlaufen der Feinzieherei nur noch die Stärke eines Menschenhaares hat.

Abb. 73. Zusammenbau einer Dampfturbine in den AEG-Werkstätten

Die Verarbeitung des Drahtes zu Kabeln erfolgt in der Starkstrom- oder in der Fernmeldekabelfabrik. Die Fernmeldekabelfabrik liefert Fernsprechkabel, Seekabel, Telegrafen- und Fernsehkabel, während die Starkstromkabelfabrik die Kabel für Spannungen bis zu 220 000 V sowie besondere Niederspannungskabel herstellt. Die Verarbeitung der Drähte zu Kabeln wird auf sogenannten Verseilmaschinen vorgenommen. Sie drehen die Drähte, die in ihrer Mitte zusammenlaufen, zu einem schon fast fertigen Kabel. Die Isolierzwischenlagen, meistens Papierbänder, werden hierbei gleich miteingeflochten. Die größte dieser Verseilmaschinen ist 65 m lang und ein Musterbeispiel für vollkommen selbständige Durchführung eines verwickelten Arbeitsganges in einer einzigen Maschine.

In einem anderen Werk werden Transformatoren und Hochspannungsgeräte gebaut. Um die in den Kraftwerken erzeugte Energie von verhältnismäßig niedriger Spannung mit möglichst geringen Verlusten durch Freileitungen fortleiten zu können, ist es notwendig, sie auf eine hohe Spannung zu bringen und sie aus Gründen der Sicherheit am Verbrauchsort wieder auf einen niedrigen Wert herabzusetzen. Diese Arbeit verrichten die Transformatoren oder, wie man heute sagt, die Umspanner. Es genügt jedoch nicht, den Strom nur umzuspannen, sondern es ist außerdem noch erforderlich, den Hochspannungsstrom durch Schutzgeräte aller Art besonders zu überwachen. Deshalb schließt die Transformatorenfabrik die Herstellung auch aller übrigen Geräte der Hochspannungstechnik mit ein.

Hierzu gehört z. B. der Hochspannungsschalter. Ihm fällt neben der eigentlichen Schaltung gleichzeitig die wichtige Aufgabe zu, den beim Schalten hoher Spannungen entstehenden Lichtbogen zu löschen. Bei den modernen Druckgasschaltern, wie sie in dieser Fabrik entwickelt worden sind, wird der Lichtbogen mit Preßluft ausgeblasen, während der früher ausschließlich gebräuchliche Ölschalter den Lichtbogen mit seiner Ölfüllung erstickte.

Ein großer Feind aller Hochspannungsanlagen ist der Blitz. Mit der Erforschung der Gewitterüberspannungen beschäftigt sich vornehmlich das Hochspannungslaboratorium des Werkes, wo Hochspannungen von 2,5 Mill. Volt gegen Erde erzeugt werden können. Auf Grund der Versuche sind zum Schutz der Geräte in den Hochspannungsanlagen besondere Überspannungsableiter entwickelt worden.

Auf einem anderen Gelände stehen die Fabriken für Isolierstoffe, für Schweißmaschinen, Fahrkartendrucker, Lokomotiven, Elektrokarren, elektrische Industrieöfen und Kühlschränke sowie für den Bau von Behältern und Geräten für die chemische Industrie.

Im Jahre 1900 zeigte die AEG auf der Weltausstellung in Paris bereits eine elektrische Vollbahnlokomotive, und ein Jahr später stellte ein von ihr gebauter Schnelltriebwagen mit über 200 km Stundengeschwindigkeit eine neue Welthöchstleistung auf. Als eine der neuesten Schöpfungen des Elektrolokomotivbaues der AEG sei die E-19-Schnell-Lokomotive genannt. Diese Lokomotive kann mit vollbesetztem Zug eine Geschwindigkeit von 180 km einhalten.

Weitere große Fabrikanlagen erzeugen Rundfunkgeräte, Schaltgeräte und Verteilungsanlagen für Niederspannung, Gleichrichter sowie Stromrichtgefäße und viele andere Dinge. Daneben besitzt die AEG noch zahlreiche Sonderwerkstätten, die über das ganze Reich verteilt sind.

72. Großkraftwerk Klingenberg.

Das nach dem Entwurf des verstorbenen Geheimrats K l i n g e n b e r g erbaute Kraftwerk, das seinen Namen trägt, ist ein Denkstein deutscher Ingenieurkunst. Es entstand zu einer Zeit, in der Deutschland noch schwer unter den Nachwirkungen des Weltkrieges litt. Zwar war die künftige Entwicklung des Strombedarfs durchaus ungewiß, doch war bereits eine Überalterung der vorhandenen Anlagen zu verzeichnen, weil während der Kriegsjahre keine modernen Werke hinzugefügt werden konnten. Gerade auf dem Gebiete des Kraftwerkbaues hatte, besonders in den Vereinigten Staaten, in dieser Zeit des Stillstandes in Deutschland eine stürmische Entwicklung stattgefunden.

Nachdem Geheimrat Klingenberg während des Weltkrieges schon einmal durch den Bau des Kraftwerks Zschornewitz als erster den Gedanken des Großkraftwerkes zum Siege geführt hatte und damit richtungweisend für die Neubauten im Ausland wurde, so setzte er sich nunmehr die Aufgabe, nicht nur zeitgemäß, sondern abermals richtungweisend zu bauen. Und in der Tat wurde das Kraftwerk Klingenberg in einer Weise geplant und errichtet, die nicht nur die allgemeine Anerkennung der gesamten technischen Welt fand, sondern für viele Jahre immer wieder als Vorbild diente. Wurde damit die gründliche deutsche Ingenieurarbeit wieder bewiesen, so verdient die Leitung der damaligen Städtischen Elektrizitätswerke eine gleich hohe Anerkennung dafür, daß sie das Wagnis übernahm, das in der Erstellung eines übermodernen Riesenwerkes lag, und darüber hinaus auch der repräsentativen äußeren Gestaltung Opfer brachte.

Die technische Aufgabe lautete damals: Das neue Werk sollte von vornherein als Grundlastwerk gelten. Damit hatte es aber in erster Linie mit der Fernversorgung aus den mitteldeutschen Braunkohlenkraftwerken in wirtschaftlichen Wettbewerb zu treten. Durch seine Lage in unmittelbarer Nähe von Berlin war es auf den Bezug von Kohle aus den weit entlegenen Steinkohlengebieten Oberschlesiens und Westfalens angewiesen. Allerdings mußten die hohen Beförderungskosten teurer Kohle durch geringen Verbrauch je Kilowatt erträglich gestaltet werden, um so die Lieferpreise des Fernstromes von den unmittelbar an den Gruben liegenden Braunkohlenkraftwerken zu unterbieten.

Die Lösung bestand zunächst in der Verwendung von Staubkohle, die als Antrieb bei der Förderung und Sortensichtung in den Gruben reichlich anfiel und bis dahin in anderer nutzbringender Weise nicht verwendbar und so entsprechend billig war. Die unmittelbare Verfeuerung dieses Brennstoffes war ausgeschlossen. Es mußte der Umweg über die Vermahlung genommen werden, also die reine Staubfeuerung Anwendung finden. Auf diesem Gebiet lagen in Deutschland nur wenige Erfahrungen vor, so daß es ein Wagnis bedeutete, sich ausschließlich auf diese Feuerungsart abzustellen.

Für das Mahlen der Kohle wurde eine besondere Mahlanlage vorgesehen, in der für das ganze Werk das Trocknen und Mahlen sowie auch eine gewisse Vorratsspeicherung vorgenommen wird. Mittels Preßluft wird der fertige Staub in die Kesselhausbunker gefördert und gelangt von dort aus über Zuteilschnecken unter Beifügung von Luft in die Brenner der Feuerung. Die Einrichtung hat sich durchaus bewährt und auch bewiesen, daß die ausgezeichnete Regelbarkeit staubgefeuerter Kessel ein Höchstmaß an Wirtschaftlichkeit der Feuerung erreichbar macht.

Eine Selbstverständlichkeit war darüber hinaus das Bestreben, den Wärmeverbrauch je Kilowattstunde auf ein Mindestmaß zu beschränken. Dies erreichte man zum Teil dadurch, daß die Dampfturbinen in einer Größe ausgeführt wurden, die wiederum für Deutschland ungewöhnlich war. Wesentlich trug dazu ferner eine weitgehende Vorwärmung des Speisewassers mittels Anzapfdampf bei, der hier zum ersten Male nicht aus den Hauptmaschinen, sondern aus besonders dafür aufgestellten Vorwärmmaschinen genommen wurde.

Nach 15jährigem Betrieb kann heute festgestellt werden, daß die Gesamtplanung in allen Punkten richtig war. Alle Einrichtungen erfüllen ihren Zweck in höchster Vollkommenheit und mit einer Betriebssicherheit, die beispielhaft ist. So kann das Kraftwerk Klingenberg auch heute noch als Musterbeispiel gelten, wenn auch sein Wärmeverbrauch je Kilowattstunde durch neuzeitliche Anlagen, die dann mit wesentlich höheren Dampfdrücken arbeiten, unterboten wird. Durch Hinzufügen einer Vorschaltanlage läßt sich übrigens dieser Nachteil verhältnismäßig einfach beheben. Der hochwertige innere Ausbau hat sein Gegenstück in der äußeren Gestaltung, die jeden Beschauer in ganz besonderer Weise beeindruckt.

Daneben ist auch die Zufuhr der Kohle dadurch in neuartiger und vorbildlicher Weise gelöst worden, daß man sie mittels Großraumgüterwagen durch die Bahn und mittels Kähnen auf dem Wasserweg heranschafft. Die Beförderungsmittel des Werkes sind demgemäß eingerichtet und so leistungsfähig gestaltet worden, daß sowohl eine zuverlässige Förderung der erheblichen, täglich erforderlichen Kohlenmengen gewährleistet, als auch eine ausgiebige Lagerung ermöglicht wird.

73. Oskar von Miller.

Unter den großen deutschen Ingenieuren, die um das Jahr 1900 herum der technischen Gestaltung von Wirtschaft und Arbeit das Gepräge gegeben haben, spielt Oskar von Miller eine besondere Rolle. Er war ein erfolgreicher Elektrotechniker, aber zugleich auch Organisator und Menschenführer, erfüllt von zäher Willenskraft und Zielstrebigkeit. Am 7. Mai 1855 wurde er in München als zehnter Sohn unter 14 Kindern seiner Eltern geboren. Sein Vater war Erzgießer von Beruf und übertrug seine Freude an technischer Betätigung schon früh auf seinen Sohn. Für diesen gab es daher keine andere Wahl, als Ingenieur zu werden.

Oskar von Miller ging zunächst mit der Absicht um, Straßen und Kanäle zu bauen und Flüsse zu regulieren. Im Jahre 1878 kam er nach Dinkelsbühl, um an der dort im Bau befindlichen Bahn Betätigung zu finden. Entscheidend war im Jahre 1881 seine Entsendung nach Paris zum Besuch der dortigen elektrischen Ausstellung. Hier entstand bei ihm der Plan für eine noch größere Ausstellung in seiner Vaterstadt München, den er im nächsten Jahr verwirklichen konnte. An seinen Namen knüpft sich auch die Errichtung der ersten elektrischen Kraftübertragung durch Gleichstrom auf der 57 km langen Strecke von Miesbach nach München anläßlich der Elektrizitätsausstellung im Jahre 1882.

Nach diesem Versuch ging Oskar von Miller dazu über, elektrische Energie auf größere Entfernungen zu übertragen. Inzwischen hatte man die Vorzüge des Drehstroms erkannt, und auf Anregung Oskar von Millers erfolgte im Jahre 1891 die Übertragung der elektrischen Kraft von Lauffen am Neckar zur zweiten großen Elektrizitätsausstellung in Frankfurt a. M. auf 178 km durch Drehstrom. Dieser Versuch gelang über alles Erwarten gut und führte schließlich dazu, in allen Teilen Deutschlands und auch im Ausland große Kraftzentralen zu errichten, die weite Gebiete mit Strom zu beliefern in der Lage waren. Auch das Walchensee-Kraftwerk am Kochelsee ist eine Schöpfung Oskar von Millers.

Der Ausklang seiner Lebensarbeit war aber die Schaffung des Deutschen Museums in München. Dieses von aller Welt bewunderte Werk stellt eine Sammlungsschau aus dem großen Reich der Technik dar. Im Jahre 1903 legte Miller seine Pläne für die Dauerausstellung der Öffentlichkeit vor und konnte bei der bereits 1906 erfolgten Eröffnung des Museums die Besucher durch die Vielfältigkeit der gezeigten technischen Dinge in Erstaunen setzen. Das Bildungsziel des Deutschen Museums geht über das Erkennen und über die Förderung technischer Interessen hinaus. Sein letztes Ziel ist der Weg zur Ehrfurcht nicht nur vor den Werken, sondern vor allem auch vor den Schöpfern dieser Werke. Viele Millionen von Menschen haben das Deutsche Museum besucht und die dort dargestellte Entwicklung großer menschlicher Leistungen auf sich wirken lassen. Damit hat Oskar von Miller, der am 9. April 1934 einem Herzleiden erlag, der Nachwelt ein unvergeßliches Vermächtnis hinterlassen.

Aussprüche über die Technik.

Max Eyth: „Ursache aller Erfindungen ist nicht der Spieltrieb, nicht der Zufall, nicht Bedürfnis, nicht Not, nicht ein bewußter oder unbewußter Nachahmungstrieb des in der Natur Erschauten: es ist der schöpferische Drang im Geiste des Menschen, die Lust am Zeugen, die Freude am Erschaffen."

Carl Benz: „Wo immer etwas Großes geleistet worden ist auf dem Amboß der Technik, da waren Hammerschläge nötig."

Rudolf Diesel: „Die Macht der Idee hat nur in der Einzelseele des Urhebers ihre ganze Stoßkraft, nur dieser hat das heilige Feuer zur Durchführung."

Fritz Todt: „Wir brauchen Meister der Technik, deren Blickfeld über den Rand ihrer Straße, ihres Wasserlaufs hinaus reicht, die neben dem engen materiellen Zweck die kulturelle Seite einer technischen Aufgabe sehen und sie als Meister ihres Berufes zu erfüllen befähigt sind." „Technik ist weder in der Aufgabenstellung noch in der Durchführung die ausschließliche Angelegenheit weniger Fachleute, sondern die Angelegenheit eines ganzen Volkes."

Friedrich Münziger: „Aufgabe der Ingenieure ist es, mit den Mitteln der Technik durch Verbessern und Verbilligen vorhandener und Erfinden neuer Maschinen sowie durch zahlreiche hiermit zusammenhängende Maßnahmen die Bedürfnisse des einzelnen und eines ganzen Volkes zu decken."

XI. Anhang.

74. Das metrische Maßsystem.

Maße, sowohl Längen-, Flächen- als auch Raummaße, und Gewichte sind Normen von grundsätzlicher Bedeutung, die in allen Kulturländern durch Gesetze einheitlich festgelegt und geschützt sind. Ohne diesen gesetzlichen Schutz wäre ein ordnungsmäßiger Warenverkehr unmöglich. Die Einheitlichkeit der Maße und Gewichte ist heute so selbstverständlich, wie die Einheitlichkeit der Münzwerte. Von den Schwierigkeiten des Warenverkehrs in früheren Zeiten, in denen die Regelung der Maß- und Gewichtssysteme noch unvollkommen war, können wir uns heute kaum noch eine Vorstellung machen. Im zwischenstaatlichen Warenaustausch ist die Anwendung gleicher Maß- und Gewichtseinheiten in der ganzen Welt eine notwendige Forderung, die aber noch nicht voll verwirklicht ist.

Früher herrschte in dieser Beziehung infolge der Verschiedenheit der Maß- und Gewichtssysteme eine recht große Verwirrung. Unvermeidliche Irrtümer verursachten derartige Schwierigkeiten und Umständlichkeiten, daß sich die französische Nationalversammlung im Jahre 1791 entschloß, einen Ausschuß für die Aufstellung einheitlicher Maße und Gewichte einzusetzen. Er wählte als Längeneinheit ein Maß, das dem zehnmillionsten Teil des Erdquadranten entsprach. Dieses Grundlängenmaß wurde das „Meter" (m) genannt. Für größere Längen hat man das „Kilometer" (km) eingeführt und 1000 m = 1 km gesetzt. Für kleinere Messungen verwendet man das „Dezimeter" (dm), das „Zentimeter" (cm), das „Millimeter" (mm) und das „Mikron" (μ). Das Dezimeter ist der zehnte Teil eines Meters, das Zentimeter der hundertste Teil, das Millimeter der tausendste Teil, das Mikron der millionste Teil eines Meters. Nachstehende Übersicht zeigt das Verhältnis dieser Einheiten zueinander:

	km	m	dm	cm	mm	μ
1 km	1	10^3	10^4	10^5	10^6	10^9
1 m	10^{-3}	1	10	10^2	10^3	10^6
1 dm	10^{-4}	10^{-1}	1	10	10^2	10^5
1 cm	10^{-5}	10^{-2}	10^{-1}	1	10	10^4
1 mm	10^{-6}	10^{-3}	10^{-2}	10^{-1}	1	10^3
1 μ	10^{-9}	10^{-6}	10^{-5}	10^{-4}	10^{-3}	1

Aus diesen Werten lassen sich die Flächenmaße derart errechnen, daß man die Längenmaße ins Quadrat erhebt. Es ist z. B. 1 m $\times$ 1 m = 1 Quadratmeter (m²).

In ähnlicher Weise errechnet man die Raummaße. Zu diesem Zweck werden die Längenmaße in die 3. Potenz erhoben. Es ist z. B. 1 m $\times$ 1 m $\times$ 1 m = 1 Kubikmeter (m³) oder 1 dm $\times$ 1 dm $\times$ 1 dm = 1 Kubikdezimeter (dm³).

Die Gewichtseinheit, das „Kilogramm" (kg), wurde aus dem Meter abgeleitet. Sie wurde dargestellt durch die Menge von 1 dm³ chemisch reinem Wasser im Zustand der größten Dichte, also bei 4°C und 760 mm Barometerstand. Für größere Gewichte gebraucht man die „Tonne" (t) = 1000 kg, bei kleineren Gewichtsfeststellungen das „Gramm" (g) = 0,001 kg und das „Milligramm" (mg) = 0,001 g. Aus folgender Zusammenstellung ist das Verhältnis der Gewichtseinheiten ersichtlich:

	t	kg	g	mg
1 t	1	10^3	10^6	10^9
1 kg	10^{-3}	1	10^3	10^6
1 g	10^{-6}	10^{-3}	1	10^3
1 mg	10^{-9}	10^{-6}	10^{-3}	1

Will man Flüssigkeiten mengenmäßig feststellen, so benutzt man die Einheit „Liter" (l). Sie entspricht der Raumeinheit 1 dm³.

Die Aufstellung des Dezimalsystems, auch „metrisches System" genannt, war ohne Zweifel ein entscheidender Fortschritt. Diese Maßordnung wurde im Jahre 1840 in Frankreich verbindlich eingeführt, während die übrigen Staaten zunächst noch zögerten, sie zu übernehmen. Erst als Deutschland dem metrischen System zustimmte, trat eine entscheidende Wendung ein. Am 1. Januar 1872 wurde es im Deutschen Reich gesetzlich verankert. Weltgeltung erlangte das Dezimalsystem schließlich im Jahre 1875 durch den Beschluß der sogenannten Meterkonvention in Paris, an der 17 Staaten der Welt teilnahmen.

Heute ist das Metermaß und damit das metrische Maßsystem von 32 Staaten der Welt anerkannt. Eine Verpflichtung der Konventionsstaaten, das metrische System in ihrem Land einzuführen, besteht aber nicht. Daher kommt es, daß die sogenannten anglikanischen Länder infolge ihrer konservativen Einstellung von der Anwendung des metrischen Systems noch wenig Gebrauch gemacht haben. Sie verwenden vielmehr noch das überlieferte Zollmaß, das seinen Ursprung hat in der Zeit, in der Maße und Gewichte nach willkürlich gewählten Größen, z. B. nach den Gliedmaßen der Menschen, bestimmt wurden (1 Fuß = 12 Zoll). Die Schwierigkeiten, die sich besonders in der Technik bei der Anwendung des Zollsystems ergeben, sind ein großes Hindernis für den Fortschritt und den Austausch von Industrie-erzeugnissen in der Welt. Deshalb bemühen sich auch fortschrittlich gesinnte Kreise in denjenigen Staaten, in denen das metrische System bisher keine Anwendung gefunden hat, ernstlich um seine Einführung. Da sie ohne Zweifel im Interesse der Weltwirtschaft liegt, wäre es zu wünschen, daß auch Länder, die jetzt noch abseits stehen, zum metrischen Maßsystem übergehen. Die Vorteile, die damit verbunden wären, kämen allen Völkern der Welt zugute.

75. Das Deutsche Normenwesen.

Unter Normung versteht man die planmäßig durchgeführte Vereinheit-lichung von bestimmten Dingen des menschlichen Lebens. Normung ist auf allen Gebieten zu finden, wo sich Menschen zu einem Gemeinschaftsleben zusammengeschlossen haben. Schon die Sprache, die Schrift, die Zeiteinteilung usw. können in gewissem Sinn als genormt aufgefaßt werden. Auch Münzen, Maße und Gewichte sind nach bestimmten Einheiten und Richtlinien aufgestellt worden. Je größer und zahlreicher die Beziehungen zwischen den Menschen wurden, desto mehr wuchs das Bedürfnis nach einheitlicher Ver-ständigung. Insbesondere erforderte die Entwicklung der Technik auf dem Gebiet der Güterherstellung in den letzten Jahrzehnten immer mehr Verein-barungen und Regeln, die zu dem Begriff der Normen geführt haben.

In früherer Zeit dauerte es lange, bis sich ein neues Maß oder eine neue Regel durchsetzte. Normen brauchten zur Entwicklung gewöhnlich Jahr-hunderte, in den besten Fällen vielleicht nur Jahrzehnte. Eine Norm entstand meist willkürlich und blieb auf einen engen Raum beschränkt. Länder, Pro-vinzen und selbst größere Städte hatten eigene Münzen und Maße. Erst spät sah man ein, welche Vorteile die Vereinheitlichung aller Dinge mit sich brachte. Heute werden die Normen in Jahren, ja sogar manchmal in Monaten oder in wenigen Wochen auf Grund der vorliegenden Erfahrungen und Kennt-nisse aufgestellt und anschließend in die Praxis eingeführt. Für uns ist es selbstverständlich, daß die elektrische Glühlampe genau in jede Fassung, der Stecker der elektrischen Leitung genau in jede Steckdose und jede normale Schraubenmutter auf den zugehörigen Schraubenbolzen passen. Und doch hat erst in diesem Jahrhundert der Gedanke der Normung allgemein Eingang gefunden.

Einzelne technische Betriebe mögen sich bereits im Ausgang des 19. Jahrhunderts in ihren Werkstätten besondere Normenstellen geschaffen haben. Die Vorschriften blieben aber noch auf das eigene Werk beschränkt oder bestenfalls auf einen einzelnen Industriezweig. Erst das Frühjahr 1917 gab dem Normungsgedanken entscheidenden Auftrieb.

In Deutschland wurde der „Normalienausschuß für den Maschinenbau" gegründet und mit der Aufgabe betraut, die hauptsächlichsten Maschinen-elemente, wie Schrauben, Niete, Stifte, Keile, zu vereinheitlichen. Bereits nach einem halben Jahr stellte sich heraus, daß dieser Rahmen zu eng ge-zogen war. Deshalb wurde der „Normalienausschuß für den Maschinenbau" am *22.* Dezember 1917 in den „Normenausschuß der deutschen Industrie" umgewandelt. Aber bald dehnte sich die Tätigkeit des Normenausschusses auf Gebiete aus, die nicht mehr allein zur Industrie gerechnet werden können. Daher wurde im Jahre 1926 beschlossen, den „Normenausschuß der deutschen Industrie" von nun an „Deutscher Normenausschuß" zu nennen. Diese Stelle sammelt alle Vorschläge, begutachtet die Entwürfe und hat darauf zu achten, daß keine Unstimmigkeiten der Normen untereinander entstehen. Sie legt das Ergebnis in besonderen Blättern nieder, die man Normenblätter nennt. Diese tragen das geschützte Zeichen DIN, eine Abkürzung für: „Das ist Norm." Die Normen selbst sind stets das Ergebnis freiwilliger Gemeinschaftsarbeit der Erzeuger, der Verbraucher sowie des Handels unter Mitwirkung der Behörden und der Wissenschaft.

Die Anwendung der Normen vermindert die Zahl der Sorten und vereinfacht Herstellung und Lagerhaltung. Sie führt zu einer Herabsetzung des Betriebskapitals, schaltet Mißverständnisse bei der Beschaffung aus und verkürzt die Lieferzeiten. Endlich erleichtert sie auch die Beschaffung von Ersatz und den Austausch von Teilen. So werden durch die Normung wesentliche Ersparnisse an Material, Arbeit, Zeit und Geld erzielt.

Auch die Zeichnungen und Formeln der Technik wurden durch die Normung vereinfacht. Das geschah durch Vereinbarung von Grundsätzen für die zeichnerische Darstellung, durch die Kennzeichnung der verschiedenen Bearbeitungsangaben und Güteforderungen und durch die Festlegung von bestimmten Formelzeichen, die heute nicht mehr wahllos benutzt werden.

Wie bereits erwähnt, wird auch die Auswahl und die Zahl der Sorten durch die Normung beeinflußt. Hier sind es die Formen und Abmessungen, aber auch die Eigenschaften der Baustoffe, Gütevorschriften und Abnahmebedingungen, die genormt und damit vereinheitlicht wurden. Neben den allgemeinen Werkstoffnormen für Eisen und Stahl und für Nichteisenmetalle seien als Normen dieser Art auch die Baunormen erwähnt, ferner gehören hierher die Textilnormen.

Überblickt man das große Gebiet der Normenarbeit, so hat man zwischen zwei grundsätzlichen Arten zu unterscheiden:

1. die Grundnormen, die allgemeine Bedeutung haben;
2. die Fachnormen, die nur für bestimmte Gebiete gelten.

Zu den Grundnormen sind alle Größen für Papiere, Geschäftsbriefe, Zeichnungen, alle Einheiten und Formelzeichen zu rechnen, ferner für die Technik besonders wichtige Maße, Rundungen, Wellendurchmesser, Kegelabmessungen, Gewinde und Passungen. Außerdem gehören dazu auch die Begriffe sowie Eigenschaften, Zusammensetzungen, Prüf- und Lieferbedingungen und Roh- und Werkstoffe. Die Fachnormen beziehen sich auf alle Teile des allgemeinen Maschinenbaues, des Lokomotivbaues, der Elektrotechnik, des Bauwesens, der Textilindustrie, des Bergbaues, der Landwirtschaft usw.

In Deutschland wurden bisher über 6400 Normenblätter für Technik und Wirtschaft herausgegeben. Eine große Anzahl weiterer Normenblätter ist in Vorbereitung. Diese Arbeiten können mithin noch keineswegs als abgeschlossen angesehen werden. Techniker und Ingenieure jedes Landes wissen aber heute bereits die Normung als sinnvolles Mittel zur Vereinfachung und Ordnung zu schätzen.

Die Vorteile der Normung mögen noch durch einige Beispiele zahlenmäßig belegt werden. Eine deutsche Maschinenfabrik konnte ihre Profilsorten durch Anpassung an die Lagereisennormen von 448 auf 140 herabsetzen. Dadurch verringerte sich das Eisenlager von 3500 auf 1200 Tonnen. Eine Transmissionsfabrik in Deutschland verkleinerte ihr Lager dank der Normung um 36 v. H. Ein elektrischer Betrieb verwendete vor der Normung 71 verschiedene Kabelschuhe, deren Zahl durch die Normung auf 16 vermindert wurde.

Die großen Vorzüge der Normung sind naturgemäß nicht nur in Deutschland allein erkannt worden; sie werden vielmehr in der heutigen Zeit in allen wirtschaftlich erschlossenen Ländern der Erde ausgenutzt. Ähnlich wie in Deutschland bestehen zur Zeit Normenausschüsse in 27 verschiedenen Staaten. Von diesen sind 21 in der Internationalen Föderation der Nationalen Normen-Vereinigung (ISA-International Federation of the National Standardizing Associations) zusammengeschlossen. Die Arbeit wird in den einzelnen Ländern von technischen Ausschüssen geleistet, die nach Bedarf zu zwischenstaatlichen Normentagungen zusammentreten, deren letzte 1938 in Berlin und 1939 in Helsinki stattgefunden haben. Es werden keine internationalen Normen aufgestellt, sondern nur ISA-Empfehlungen, nach denen die Länder ihre eigenen Normen angleichen, so daß auf diese Weise eine Übereinstimmung herbeigeführt werden kann. Eine große Anzahl von Normungsaufgaben sind von der 1926 gegründeten ISA in Angriff genommen und zum Teil zu einem Abschluß geführt worden. Selbstverständlich harren noch viele Aufgaben ihrer Lösung.

76. Lehrsätze, die jeder Techniker kennt.

Die gerade Linie ist die kürzeste Verbindung zwischen zwei Punkten.

Was an Kraft gewonnen wird, geht an Weg verloren.

Leistung ist Arbeit in der Zeiteinheit.

Zwei Kräfte halten sich im Gleichgewicht, wenn sie gleich groß sind, entgegengesetzt gerichtet sind und in derselben Wirkungslinie arbeiten.

Das statische Moment mehrerer in einer Ebene zerstreuter Kräfte in bezug auf einen gegebenen Drehpunkt oder eine Drehachse ist gleich der algebraischen Summe der statischen Momente aller Einzelkräfte.

Ist ein Körper in seinem Schwerpunkt unterstützt, so ist er in jeder beliebigen Lage im Gleichgewicht.

Der **Wirkungsgrad** einer Maschine ist stets gleich dem Verhältnis der nutzbaren Arbeit zur aufgewendeten Arbeit.

Jeder Körper auf der Erde erfährt von ihr eine Beschleunigung, die „Fallbeschleunigung" genannt wird.

Das Gewicht eines Körpers ist das Produkt aus Masse dieses Körpers und Beschleunigung der Schwere.

194

Die Energie der Welt ist konstant (Gesetz von Mayer).

Die durch einen elektrischen Leiter fließende Elektrizitätsmenge ist proportional der aufgedrückten Spannung und umgekehrt proportional dem Widerstand des Leiters (Ohmsches Gesetz).

77. Wie studiert der Ausländer in Deutschland technische Wissenschaften?

Der hohe Stand der deutschen Forschung, Wissenschaft und Praxis in der Technik hat alljährlich schon immer Tausende ausländischer Studenten nach Deutschland gezogen, die hier eine technische Ausbildung suchen oder das im Heimatland durchgeführte Studium ergänzen und vertiefen wollen. Viele Führer der Wirtschaft im Ausland haben ihre beruflichen Kenntnisse auf deutschen Technischen Hoch- oder Fachschulen erhalten und später noch vom Heimatland aus die rasch fortschreitende Entwicklung der Technik in Deutschland verfolgt.

Es dürfte darum in einem „Technischen Lesebuch für Ausländer" angebracht sein, auch auf die Möglichkeiten des technischen Studiums für Ausländer in Deutschland hinzuweisen. Diesem Zweck mögen die folgenden Zeilen dienen.

Es gibt in Deutschland zunächst die Einrichtung der Technischen Hochschulen. Dies sind vollakademische Lehranstalten, die dem Studierenden das Rüstzeug zu wissenschaftlicher und forschender Arbeit auf dem Gebiet der Technik vermitteln. Solche Institute befinden sich in Großdeutschland in Aachen, Berlin, Braunschweig, Breslau, Brünn, Danzig, Darmstadt, Dresden, Graz, Hannover, Karlsruhe, München, Prag, Stuttgart und Wien. Dazu gehören auch die Bergakademien in Clausthal und Freiberg in Sa. sowie die montanistische Hochschule in Leoben und verschiedene landwirtschaftliche Hochschulen. Alle Hochschulen verlangen als Vorbedingung für ein vollgültiges Studium die Vorbildung auf einer den deutschen Gymnasien und Oberschulen gleichwertigen Anstalt.

Wenn die im Heimatlande erworbene Schulbildung dem deutschen Reifezeugnis nicht als ebenbürtig anerkannt wird, so muß eine Ergänzungsprüfung oder von Fachschülern mit der Reife bestimmter ausländischer höherer Fachschulen ein Probestudium abgelegt werden. Da die Anforderungen für die Ergänzungsprüfung bzw. für das Probestudium aber sehr hoch sind, können nur besonders begabte Studierende mit dem Bestehen dieser Prüfung oder Aufnahme nach dem Probestudium rechnen. Ferner muß in den meisten Fachrichtungen eine einjährige praktische Tätigkeit in geeigneten Betrieben nachgewiesen werden, die jedoch auch in Deutschland durchgeführt werden kann. Hiervon müssen mindestens sechs Monate vor Aufnahme des Studiums geleistet sein.

Als Abschluß des Studiums, das in der Regel 7—8 Semester erfordert, gilt die Diplomprüfung, die zur Führung des Titels „Diplomingenieur" (abgekürzt: „Dipl.-Ing.") berechtigt. Gegebenenfalls kann zusätzlich auch eine Doktorprüfung zur Erwerbung des akademischen Grades eines Doktor-

Ingenieurs (abgekürzt: „Dr.-Ing.") oder eines Doktors der Naturwissenschaften (abgekürzt: „Dr. rer. nat.") abgelegt werden. Dem Chemiker wird nach bestandener Abschlußprüfung der Titel „Diplom-Chemiker" (abgekürzt: „Dipl.-Chem.") und dem Landwirt der Titel „Dipl.-Landwirt" verliehen.

Sofern eine vollgültige fachliche Schulung mit Abschlußprüfung nicht beabsichtigt ist, kann der Ausländer, der die geforderte Vorbildung nicht nachweisen kann, auch ohne diese als außerordentlicher Student, Hörer oder Gastteilnehmer die Vorlesungen einer Hochschule besuchen. Ferner bietet sich ausländischen Akademikern, die bereits über ein abgeschlossenes Studium in ihrem Heimatlande verfügen, durch Besuch einer deutschen Hochschule die Gelegenheit zu weiterer wissenschaftlicher Forschung oder zur Ausbildung in einem bestimmten Fach unter sachgemäßer Anleitung. Weitere Auskünfte über das Studium an deutschen Technischen Hochschulen gibt eine vom TWB-AFÜ, Berlin W 9, Lennéstr. 6a, herausgegebene Druckschrift.

Neben diesen Hochschulen gibt es im Großdeutschen Reich eine große Zahl von Fachschulen, die sich vorzüglich für das Studium von Ausländern eignen, weil sie im Unterricht die allgemeinen technischen Grundlagen eingehend behandeln und dabei stets besonderen Nachdruck auf die Erfordernisse mit der Praxis legen. Auch diese Schulen stehen auf beachtlicher Höhe und vermitteln den Studierenden eine ausgezeichnete Ausbildung; sie haben deshalb auch stets eine starke Anziehungskraft auf Ausländer ausgeübt. Auch das Studium an den Fachschulen setzt im allgemeinen eine mehrjährige praktische Tätigkeit sowie das Bestehen einer Aufnahmeprüfung voraus, wobei eine Vorbildung erforderlich ist, die etwa der Reife der Mittelstufe eines Gymnasiums oder einer Oberschule entspricht. An manchen Schulen sind auch Vorbildungsabteilungen eingerichtet, um denjenigen, deren Vorbildung den Anforderungen nicht voll genügt, die erforderlichen Vorkenntnisse zu vermitteln.

Nachfolgende Übersicht gibt die wichtigsten Arten der deutschen Fachschulen an:

1. Ingenieurschulen,
2. Schiffsingenieur- und Seemaschinistenschulen,
3. Bauschulen,
4. Bergschulen,
5. Textilfachschulen,
6. Chemieschulen,
7. Landwirtschaftliche Forst- und Gartenbauschulen,
8. Meisterschulen des deutschen Handwerks,
9. Schulen für Holzwirtschaftswissenschaften.

Im allgemeinen ist für den Eintritt in diese Schulen das 16. Lebensjahr festgesetzt; an einigen Schulen, wie z. B. an den Ingenieurschulen, muß das vollendete 17. Lebensjahr erreicht sein. Die Studienzeit an den Fachschulen beträgt je nach der Fachrichtung 1—2$^{1}/_{2}$ Jahre. Zum Abschluß kann eine Prüfung abgelegt und ein Abschlußzeugnis erworben werden. Die Studienzeit an den Ingenieurschulen umfaßt fünf Semester $= 2^{1}/_{2}$ Jahre. Es werden hier vor allem Ingenieure für Konstruktion und Betrieb ausgebildet, die später in Maschinenfabriken, elektrotechnischen Fabriken, Berg- und Hüttenwerken, Schiffswerften, Luftfahrtbetrieben, Kraftwerken u. a. Betätigung finden können. Neben dem Abschlußzeugnis stellen die Ingenieurschulen noch ein besonderes Ingenieur-Zeugnis aus, das in Deutschland die Berechtigung gibt, die Bezeichnung „Ingenieur" zu führen und den Ingenieurberuf auszuüben. Mit

Abb. 74. Ausländische Studenten in Deutschland bei Versuchen an einer dieselelektrischen Anlage

dem Abschlußzeugnis von bestimmten Fachschulen ist unter gewissen Voraussetzungen die Zulassung zum ordnungsmäßigen Studium auf einer Technischen Hochschule verbunden, wobei die an der Fachschule verbrachte Studienzeit zum Teil auf das Hochschulstudium angerechnet werden kann.

Außer den genannten Schulen gibt es in Deutschland noch eine Reihe von Sonderschulen. Die vielen Hunderte aller deutschen Fachschulen namentlich aufzuführen, würde der Platz dieses Aufsatzes nicht ausreichen. Interessenten sei deshalb empfohlen, sich an den obenerwähnten TWB-AFÜ in Berlin zu wenden, der gern jede weitere Auskunft hierüber gibt sowie auch Praktikantenstellen und die Verbindung zur gewünschten Fachschule vermittelt.

Der Vollständigkeit halber sei noch erwähnt, daß es in Deutschland unter Staatsaufsicht stehende Fernunterrichtseinrichtungen gibt, die dem Ausländer, der nicht nach Deutschland reisen kann, den Ausbildungsstoff durch Unterrichtsbriefe oder sonstige Schriften vermitteln. Der Fernunterricht hat in hierzu geeigneten Fällen auch gute Erfolge erzielt; er kann aber natürlich niemals die persönliche Einwirkung des Lehrers auf den Schüler ersetzen. Abgeschlossene Berufsausbildungen, also z. B. zum Ingenieur u. a., können jedoch nicht vermittelt werden. Auch dürfen auf Grund des Fernunterrichts keine Prüfungen abgehalten oder Abschlußzeugnisse ausgestellt werden. Die Teilnehmer erhalten lediglich Bescheinigungen über die Teilnahme am Fernunterricht.

Um den in Deutschland studierenden Ausländern, die die deutsche Sprache noch nicht voll beherrschen, Gelegenheit zur Verbesserung ihrer Sprachkenntnisse zu geben, werden an fast allen Hochschulen und einigen Fachschulen Sprachkurse abgehalten. Hier werden die Ausländer so weit gefördert, daß sie den technischen Vorträgen ohne Schwierigkeiten zu folgen vermögen. Der Unterricht vermittelt darüber hinaus auch die Kenntnis Deutschlands und seines geistigen Lebens.

In der Überzeugung, daß das kulturelle und wirtschaftliche Schaffen der Völker sich auf eine unvoreingenommene und vorbehaltlose Zusammenarbeit aller stützen muß, wird Deutschland seine Hoch- und Fachschulen wie bisher auch in Zukunft dem Nachwuchs der ganzen Welt offen halten.

78. Deutsche Forscher und Erfinder im Reiche der Technik.

1. Ernst Abbe, geboren 1840, gestorben 1905, ist als Physiker und Schöpfer der wissenschaftlichen Grundlagen für die Optik bahnbrechend gewesen.
2. Karl Benz, geb. 1844, gest. 1929, baute die erste Verbrennungskraftmaschine.
3. August Borsig, geb. 1804, gest. 1854, baute als Begründer der nach ihm benannten Lokomotivfabrik die ersten Dampflokomotiven in Deutschland.
4. Carl Bosch, geb. 1874, gest. 1940, Bahnbrecher und Organisator der chemischen Industrie; seine technische Großtat war die erstmalige Herstellung des Salpeters aus Luftstickstoff.
5. Robert Bosch, geb. 1861, gest. 1942, bedeutender Industrieller, besonders auf dem Gebiet der elektrischen Zündungen für Verbrennungskraftmaschinen.
6. Robert Bunsen, geb. 1811, gest. 1899, Meister im Ersinnen experimenteller Methoden und deren Anwendung auf technische Probleme; von ihm stammt der im Laboratorium noch heute gebrauchte Bunsenbrenner sowie das Bunsenelement.
7. Gottlieb Daimler, geb. 1834, gest. 1900, erfolgreicher Erfinder auf dem Gebiet des Automobilmotors.
8. Rudolf Diesel, geb. 1858, gest. 1913, schuf auf dem Gebiet der Wärmekraftmaschinen den nach ihm benannten und in der ganzen Welt als „Dieselmotor" bekannten Verbrennungsmotor.
9. Franz Dinnendahl, geb. 1775, gest. 1826, Pfadfinder auf dem Wege des technischen Fortschritts, stellte die erste Dampfmaschine auf der Zeche Wohlgemut bei Essen auf.
10. Max Eyth, geb. 1836, gest. 1906, Ingenieur und Dichter, förderte die Landwirtschaft durch Einführung zweckmäßiger Maschinen.
11. Heinrich Focke, geb. 1890, erfolgreicher Flugzeugkonstrukteur und Schöpfer des Hubschraubers.
12. Joseph von Fraunhofer, geb. 1787, gest. 1826, Entdecker der Spektrallinien; ihm sind außerdem erhebliche Fortschritte in der Herstellung des optischen Glases wie im Schleifen von Linsen zu verdanken.
13. Carl Friedrich Gauß, geb. 1777, gest. 1855, hat der Technik durch mathematische Erfolge und durch die Schaffung des „absoluten Maßsystems" gedient.
14. Hermann Gruson, geb. 1821, gest. 1895, entwickelte ein Verfahren zur Erzeugung von Hartguß.
15. Otto von Guericke, geb. 1602, gest. 1686, der deutsche Begründer der experimentellen Wissenschaften, bekannt durch seine Versuche zum Nachweis des luftleeren Raumes.
16. Johann Gutenberg, sein eigentlicher Name war Johann Gensfleisch zu Gutenberg, geb. 1397, gest. 1468, Erfinder der beweglichen Gußlettern und damit Schöpfer der Buchdruckkunst.
17. Johann Georg Halske, geb. 1814, gest. 1890, begründete mit Werner v. Siemens die Telegrafenbauanstalt Siemens & Halske in Berlin.

18. E r n s t H e i n k e l, geb. 1888, konstruierte erfolgreich Land- und Segelflugzeuge aller Arten.
19. H e r m a n n v o n H e l m h o l t z, geb. 1821, gest. 1894, bahnbrechend als Naturforscher und Physiker, Erfinder des Augenspiegels, erfaßte zuerst das Gesetz der Wechselwirkung aller Kräfte in der Natur.
20. P e t e r H e n l e i n, geb. 1480, gest.1542, Erfinder der Taschenuhren.
21. K a r l A n t o n H e n s c h e l, geb. 1780, gest. 1861, beschäftigte sich mit dem Bau von Eisenbahnen und Lokomotiven, fertigte die erste brauchbare Zeichnung für Betreibung eines Wagens durch Dampfkraft an.
22. H u g o J u n k e r s, geb. 1859, gest. 1935, bahnbrechender und erfolgreicher Forscher auf dem Gebiete der Wärmeausnutzung, der Verbrennungsmotoren und der Metallflugzeuge.
23. G u s t a v K i r c h h o f f, geb. 1824, gest. 1887, entdeckte das Hauptgesetz der Wärmestrahlung und förderte die Kenntnis der Verteilung elektrischer Ströme in einem Leitersystem.
24. F r i e d r i c h K ö n i g, geb. 1774, gest. 1833, Erfinder der Schnellpresse, die die Grundlage für den gewaltigen Aufschwung des Druckgewerbes und die Möglichkeit für eine Entwicklung des Zeitungswesens schuf.
25. A l f r e d K r u p p, geb. 1812, gest. 1887, veranlaßte einen Aufschwung in der Verarbeitung des Eisens, namentlich durch Verbesserung der Gußstahlerzeugung.
26. G o t t f r i e d W i l h e l m L e i b n i z, geb. 1646, gest. 1716, der vielseitige Gelehrte, war bahnbrechend auf Gebieten der Naturkunde, Mathematik und Volkswirtschaft, bekannt als Schöpfer der Analysis des Unendlichen.
27. J u s t u s v o n L i e b i g, geb. 1803, gest. 1873, hat die Theorie der organischen Chemie im Interesse der Landwirtschaft gefördert und wichtige chemische Entdeckungen gemacht, Schöpfer der modernen Düngerlehre und Reformator des Ackerbaues.
28. O t t o L i l i e n t h a l, geb. 1848, gest. 1896, Begründer der Flugtechnik.
29. F r i e d r i c h L i s t, geb. 1789, gest. 1846, bedeutender Volkswirtschaftler, förderte den Ausbau des Eisenbahnwesens.
30. C a r l v o n L i n d e, geb. 1842, gest. 1934, großer Bahnbereiter und Erfinder auf dem Gebiet der Physik und Technik, baute die erste Kältemaschine.
31. R e i n h a r d M a n n e s m a n n, geb. 1856, gest. 1922, machte gemeinsam mit seinem Bruder Max die Erfindung der nahtlos gezogenen Röhren.
32. W i l h e l m M a y b a c h, geb. 1846, gest. 1929, arbeitete zusammen mit Gottlieb Daimler als erfolgreicher Automobilmotor-Konstrukteur.
33. R o b e r t M a y e r, geb. 1814, gest. 1878, entdeckte das „Gesetz von der Erhaltung der Energie" und damit den Zusammenhang zwischen mechanischer Arbeit, Wärme, Elektrizität und chemischer Energie.
34. W i l l y M e s s e r s c h m i t t, geb. 1898, ging bahnbrechende Wege in der Konstruktion von Flugzeugen.
35. G e o r g M e i s e n b a c h, geb. 1841, gest. 1912, Erfinder der Autotypie.
36. O s k a r v o n M i l l e r, geb. 1855, gest. 1934, war bahnbrechend in der Ausnutzung der Wasserkräfte zur Erzeugung der Elektrizität, Gründer des Deutschen Museums in München.
37. G e o r g S i m o n O h m, geb. 1789, gest. 1854, berühmter Mathematiker und Physiker, erschloß die Gesetze des elektrischen Stromes und der Stromverzweigungen, bekannt durch das nach ihm benannte „Ohmsche Gesetz".
38. N i k o l a u s A u g u s t O t t o, geb. 1832, gest. 1891, baute die erste Verbrennungskraftmaschine als Viertaktgasmotor.

200

39. Ferdinand Porsche, geb. 1875, erfolgreicher Autofachmann und Konstrukteur des Deutschen Volkswagens.
40. Philipp Reis, geb. 1834, gest. 1874, ein deutscher Lehrer, erfand im Jahre 1861 das Telefon.
41. Conrad Röntgen, geb. 1845, gest. 1923, Physiker, entdeckte im Jahre 1895 die nach ihm benannten Röntgenstrahlen (X-Strahlen).
42. Ferdinand Schichau, geb. 1814, gest. 1896, Wegbereiter der Schiffsbaukunst, hat den ersten eisernen Seedampfer in Preußen gebaut.
43. Johannes Siegesmund Schuckert, geb. 1846, gest. 1895, verbesserte die Dynamomaschine, vervollkommnete den Bogenlampen- und Scheinwerferbau und schuf den Doppelzellenschalter für Akkumulatorenbatterien.
44. Johannes Schütte, geb. 1873, gest. 1940, bekannter Konstrukteur von Luftschiffen, Gründer des „Luftschiffbau Schütte-Lanz" und Kämpfer für den Bau von Großflugmaschinen.
45. Werner von Siemens, geb. 1816, gest. 1892, Pionier der Telegrafentechnik, Erfinder des Doppel-T-Ankers und Entdecker des dynamo-elektrischen Prinzips.
46. Fritz Todt, geb. 1891, gest. 1942, dem als Generalinspektor für das deutsche Straßenwesen der Bau der Reichsautobahnen zu verdanken ist.
47. Friedrich Voith, geb. 1840, gest. 1913, vervollkommnete das Holzschleifverfahren und leitete mit seinen Holzschleif- und Papiermaschinen einen neuen Entwicklungsabschnitt ein; ebenso erfolgreich war er im Turbinenbau.
48. Carl Freiherr Auer von Welsbach, geb. 1858, gest. 1929, erfand den Gasglühstrumpf und die Osmium-Metallfadenlampe.
49. Friedrich Wöhler, geb. 1800, gest. 1882, erzeugte als erster Aluminium.
50. Graf Ferdinand von Zeppelin, geb. 1838, gest. 1917, Erfinder des starren lenkbaren Luftschiffes.

„Der Genius der Technik wächst empor aus der täglichen Arbeit, die in stillem Heldentum der Ingenieur leistet.

79. Liste der wichtigsten deutschen technischen Fachzeitschriften.

1. Allgemeine Technik:

Archiv für technisches Messen (ATM)
Der Betrieb,
Der deutsche Auslands-Ingenieur,
Deutsche Technik
Forschung auf dem Gebiete des
    Ingenieurwesens,
Forschungen und Fortschritte,
Ingenieur-Archiv,
Meßtechnik,
Rundschau Deutscher Technik,
Technik und Wirtschaft,
Technische Zeitschriftenschau,
Umschau,
VDI-Zeitschrift.

2. Bauwesen:

Asphalt und Teer,
Bautechnik,
Bauwelt,
Betonstraße,
Beton und Eisen,
Das Bauwerk,
Der Bauingenieur,
Der Deutsche Baumeister,
Deutsche Bauzeitung,
Die Baugilde,
Moderne Bauformen,
Die Straße,
Straßenbau,
Straßenbautechnik,
Wasserkraft und Wasserwirtschaft,
Zement.

3. Bergbau und Hüttenkunde:

Archiv für Eisenhüttenwesen,
Bergbau vereinigt mit Kohle und Erz,
Berg- und Hüttenmännische Monats-
    hefte,
Die Braunkohle,
Fördertechnik,
Glückauf,
Gießerei,
Metall und Erz,
Montanistische Rundschau,
Stahl und Eisen.

4. Chemie:

Angewandte Chemie,
Berichte der Deutschen Chemischen
    Gesellschaft,
Brennstoff-Chemie,
Chemie in Deutschland,
Chemiker-Zeitung,
Chemische Apparatur,
Chemische Fabrik,
Chemische Industrie,
Chemisches Zentralblatt,
Die chemische Fabrik,
Farben-Zeitung,
Gummi-Zeitung,
Journal für praktische Chemie,
Kali und Erdöl,
Kautschuk,
Kolloid-Zeitschrift,
Kraftstoff,
Kunststoffe,
Kunststoff-Technik und Kunststoff-
    Anwendung,
Liebig's Annalen der Chemie,
Monatshefte für Chemie,
Öl und Kohle,
Pharmazeutische Industrie,
Zeitschrift für analytische Chemie,
Zeitschrift für anorganische und all-
    gemeine Chemie,
Zeitschrift für das gesamte Schieß-
    und Sprengstoffwesen,
Zeitschrift für Elektrochemie,
Zeitschrift für physikalische Chemie.

5. Elektrotechnik:

Archiv für Elektrotechnik,
Der Elektromarkt,
Elektrotechnischer Anzeiger,
Elektrotechnik und Maschinenbau
(E. u. M.),
Elektrizität im Bergbau,
Elektrizitätswirtschaft,
Elektrotechnische Zeitschrift (ETZ),
Elektrische Nachrichten — Technik,
Elektroschweißung,
Elektrowärme,
Elektrotechnische Berichte,
Helios.

6. Gesundheitstechnik:

Gas- und Wasserfach (GWF),
Gesundheits-Ingenieur,
Haustechnische Rundschau.

7. Maschinenbau:

Anzeiger für Maschinenbauwesen,
Die Werkzeugmaschine,
Maschinenbau-Betrieb,
Maschinenmarkt,
Technik in der Landwirtschaft,
VDI-Zeitschrift,
Werkstatt und Betrieb,
Werkstatttechnik und Werksleiter.

8. Metallindustrie und -bearbeitung:

Aluminium,
Autogene Metallbearbeitung,
Elektroschweißung,
Feinmechanik und Präzision,
Gießerei,
Gießerei-Praxis,
Metallwirtschaft,
Metallwirtschaft, Metallwissenschaft,
Metalltechnik,
TZ für praktische Metallbearbeitung,
Zeitschrift für Instrumentenkunde.
Zeitschrift für Metallkunde,
Zeitschrift für Schweißtechnik.

9. Textil-Industrie:

Die Kunstseide,
Zellwolle, Kunstseide und Seide,
Klepzigs Textilzeitschrift,
Kunstseide und Zellwolle,

Melliand Textilberichte,
Monatshefte für Seide und Kunst-
seide, Zellwolle,
Monatshefte für Textilindustrie.

10. Verkehrstechnik:

Automobiltechnische Zeitschrift
(ATZ),
Bahn-Ingenieur,
Deutsche Motor-Zeitschrift,
Der Straßenbau,
Die Straße,
Elektrische Bahnen,
Der Funk,
Funktechnische Monatshefte (FTM)
Glasers Annalen für Verkehrswesen,
Gleistechnik und Fahrbahnbau,
Hochfrequenztechnik und Elektro-
akustik,
Last-Auto,
Luftfahrtforschung,
Luftwissen,
Motor,
Motor-Kritik,
Motorentechnische Zeitschrift (MTZ),
Organ für die Fortschritte des Eisen-
bahnwesens,
Reichsbahn,
Schiffahrt, Schiffbau und Hafenbau,
Telegrafen-Praxis,
Telegrafen-Fernsprech-Funk- und
Fernseh-Technik (TFT),
Verkehrstechnik,
Verkehrstechnische Woche,
Werft, Reederei, Hafen,
Zeitschrift für Fernmeldetechnik.

11. Verschiedenes:

Apparatebau,
Archiv für Wärmewirtschaft und
Dampfkesselwesen,
Anzeiger für die Drahtindustrie,
AWF-Mitteilungen,
Brennstoff- und Wärmewirtschaft,
Das Licht,
Die Technik in der Landwirtschaft,
Die Mühle,
Energie,
Feuerungstechnik,
Fördertechnik,

Heizung und Lüftung,
Holz als Roh- und Werkstoff,
Kälte-Industrie,
Keramische Rundschau,
Korrosion und Metallschutz,
Meßtechnik,
Naturwissenschaften,
Papierfabrikant,
Papier-Zeitung,
Photographische Industrie,
Tonindustrie,
Tonindustriezeitung,
Wärme,
Wärme- und Kältetechnik,
Wirtschaft, Technik, Verkehr,
Wochenblatt für Papierfabrikation,

Zeitschrift für die gesamte Kälte-Industrie,
Zeitschrift für Werkstofftechnik und Maschinenbau,
Zeitschrift für praktische Geologie,
Zeitschrift für Fernmeldetechnik, Werk- und Gerätebau,
Zeitschrift für Instrumentenkunde,
Zeitschrift für technische Physik.

12. **Firmenzeitschriften:**

AEG-Nachrichten,
BBC-Nachrichten,
Demag-Nachrichten,
Rheinmetall-Borsig-Mitteilungen,
SSW-Zeitschrift.

80. Gebräuchliche Abkürzungen technischer Maße und Gewichte.

1. **Längenmaße:**

Kilometer	= km
Meter	= m
Dezimeter	= dm
Zentimeter	= cm
Millimeter	= mm
Mikron	= μ

2. **Flächenmaße:**

Quadratkilometer	= km²
Quadratmeter	= m²
Quadratdezimeter	= dm²
Quadratzentimeter	= cm²
Quadratmillimeter	= mm²

3. **Körper- und Raummaße:**

Kubikmeter	= m³
Kubikdezimeter	= dm³
Kubikzentimeter	= cm³
Kubikmillimeter	= mm³
Liter	= l

4. **Gewichte:**

Tonne	= t
Kilogramm	= kg
Gramm	= g
Milligramm	= mg

Das amtliche Umrechnungsverhältnis von t und kg ist in Deutschland: 1 t = 1000 kg.

5. **Zeitmaße:**

Stunde	= h
Minute	= m
Sekunde	= s

6. **Leistungs- und Arbeitsmaße:**

Pferdestärke	= PS
Watt	= W
Kilowatt	= kW
Kilogrammeter	= kgm
Wattsekunde	= Ws
Wattstunde	= Wh
Kilowattstunde	= kWh
Pferdestärkenstunde	= PSh
Kilowattsekunde	= kWs
Kilokalorien	= kcal
Maß-Einheit der Kraft	= 1 kg
der mech. Leistung	= 1 kgm/s
der Arbeit	= 1 kgm
der elektr. Leistung	= 1 W
der elektr. Arbeit	= 1 Ws
der therm. Leistung	= 1 kcal/s
der therm. Arbeit	= 1 kcal

7. **Thermometermaße:**

Celsius	= C;	Gefrierpunkt =	0⁰;	Siedepunkt =	100⁰
Reaumur	= R;	„ =	0⁰;	„ =	80⁰
Fahrenheit	= F;	„ =	32⁰;	.. =	212⁰

100⁰ C = 80⁰ R = 180⁰ F

In Deutschland erfolgt die amtliche Messung der Temperatur nach Celsius-Graden.

Inhalt

Nachweis der Abbildungen.

Techno-Photographisches Archiv, Potsdam; Nr. 2, 5, 7, 15, 21, 23, 24, 27, 32, 37, 48, 58, 69, 70. — V D I-Verlag, Berlin; Nr. 3, 60. — Osram, Berlin; Nr. 4. — Elwa, München; Nr. 6. — AEG Berlin; Nr. 8, 9, 25, 73. — F. A. Brockhaus, Leipzig; Nr. 10. — Volkswagenwerk, Nr. 11 b. — B. G. Teubner, Leipzig; Nr. 14. — Henschel u. Sohn, Kassel; Nr. 16, 17, 18. — Deutsche Lufthansa, Berlin; Nr. 20. — SSW, Siemensstadt; Nr. 26, 30, 31, 69, 72. — I. G. Farben, Berlin; Nr. 33. — Reichskuratorium für Technik in der Landwirtschaft, Berlin; Nr. 35, 36. — Glaswerke Schott u. Gen., Jena; Nr. 51. — Ruhrgas AG., Essen; Nr. 54, 55, 56. — Knorr & Hirth, München; Nr. 57. — Ph. Holzmann AG., Frankfurt/M.; Nr. 62, 63, 64. — Zeiß, Jena; Nr. 65, 66. — Reichsmeßamt Leipzig; Nr. 67, 68. — Paul Damm, Dresden; Nr. 74.
Die übrigen Abbildungen stammen aus dem Archiv des Verlages R. Oldenbourg, München. Ein Teil der Zeichnungen wurde nach Vorlagen angefertigt.

Die Bearbeitung des Buches erfolgte:

für den technischen Teil durch Bruno Hiltmann, Referent im Technisch-Wirtschaftlichen Beratungsdienst und Ausschuß für Übersetzung deutscher Normen und Lieferbedingungen beim Reichskuratorium für Wirtschaftlichkeit, Berlin.

für den sprachlichen Teil durch Prof. Dr. Johannes Hauptmann, Leiter der Mittelstelle Preßburg der Deutschen Akademie.